第2版

数値計算のための

Fortran90/95 プログラミング入門

牛島省 著

森北出版株式会社

▶ 第2版の発行にあたって

数値計算を行うために，初めてプログラミングを学ぼうという学生や実務者の方々には，プログラム言語としてFortranを利用することを推奨します．Fortran 90/95の特徴は，初版の「はじめに」で述べたように，比較的簡単にプログラムを書くことが可能で，プログラムの誤りを犯しにくい言語であることです．

現在，GNU GPLライセンスのもとで，インターネットから入手できるgfortranという優れたFortranコンパイラを個人のPCにインストールしてプログラムを作ることが可能です．一方，主要な大学や研究所のほぼすべてのスーパーコンピュータには，Fortranコンパイラが用意されています．このことは，数値計算分野では，現在でもFortranはプログラム言語の主役の1つであり，Fortranでプログラムを書いておけば，大規模かつ高速な数値計算を行える可能性があることを示しています．

数値計算を行う方の多くは，複雑かつ高度なプログラミング技法そのものよりも，どのような計算モデルを使うか，また方程式の離散化法や数値計算法，そして得られる数値解はどのようになるか，といった問題により多くの興味があると思います．つまり，プログラミングにはなるべく労力を割かず，これらの問題に重点的に取り組みたいと考えているのです．このような点からも，Fortranは推奨されると考えています．また，次の段階として，ほかのプログラミング言語を学ぶ方にも，Fortranプログラミングで習得した経験は間違いなく役立つことでしょう．

本書第2版では，新たにOpenMPによる並列計算の基礎（第7章）を追加しました．これは，近年のPCには複数のコアが搭載されており，さらにGCC 4.2.0以降のgfortranでは，OpenMPを利用して複数コアを使う並列計算ができるようになったためです．また，頻繁にバージョンアップが行われるソフトウェアのインストール方法などはweb上に記載して，より迅速な対応ができるようにするとともに，初版の記述の細部を見直しました．本書第2版が少しでも皆様のお役に立てば幸いです．

2019年12月

牛島　省

▶ はじめに

先日，計算力学関係の授業でFortran 90/95で書いたサンプルプログラム1) を学生に与えたところ，「これまで他言語を使ってきましたが，Fortranではこんなに簡単にプログラムが書けるのですね」という感想が聞かれた．このように，Fortranの特徴は，「簡単に」数値計算プログラムを書けることであると思う．しかも，作成したプログラムを高性能の計算機にもっていけば，そのまま高速演算が可能であるし，最近では優れたFortran 90/95用のコンパイラが公開されているので，余計な出費をすることなくプログラム開発環境を整えることが可能となった．Fortran 90/95の特徴は以下のように要約されるだろう．

- 数値計算プログラムを簡単かつ簡潔に記述できる．
- プログラムの誤りを犯しにくい言語である．
- 数値計算のための便利な道具があらかじめ用意されている．
- 作成したプログラムを大規模高速演算に使用できる2)．
- 無料のコンパイラが公開されている．

本書は，理工学分野の数値計算プログラムを書くために，初めてFortranを学ぶ人を想定して書かれた入門書である．従来の文法書のように，項目ごとの詳しい記述を行うスタイルをとらず，各章ごとにテーマを絞り，実用的な数値計算プログラムの作り方を短期間で学べる構成とした．すなわち，第1章から第4章では反復演算，配列，副プログラムなどに関連する基本事項を段階的に解説し，第5章と第6章で副プログラムの新機能と数値計算への基本的な応用例を扱う構成としている．プログラミングに必要な技術に最短距離で到達できるように，やや詳しい関連事項は付録にまとめ，後から適宜参照できるようにした．基本的なプログラミング技術は，第1章から第3章あるいは第4章までを学べば十分身につくであろう．また，演習問題には，数値計算の基本となる線形代数などに関連する項目を多く取り上げており，プログラムを作成することでそれらの理解も深まり，また作成したプログラムは発展的な数値計算を行うための道具として再利用できる．

本書の1つの特徴は，これまでのFortranの解説書では触れられることが少なかったコンパイラの取り扱い方法や計算結果の図化の方法など，実際に数値計算を行ううえで

1) 「2次元ラプラス方程式を有限要素法で離散化して，得られる連立1次方程式の解を共役勾配法で求める」という内容のプログラム．
2) 作成したプログラムをそのまま高速計算機で実行でき，また軽微な変更により並列演算も可能[1]．

重要となる関連事項の記述が多く含まれていることである．筆者の意図がうまく実現していれば，本書を参考にして自宅のPCにコンパイラやグラフィックソフトウエアを無償で導入し，独力でFortranのプログラミングから計算結果のグラフィック表示，さらに基本的な数値計算プログラムの作成までを習得できるであろう．ほぼ全員がプログラミング初心者である大学1年生のFortran演習の授業を筆者は担当しているが，そこで経験する初学者が犯しやすい誤りや注意事項なども随所に書き加えている．

Fortran 90/95では，数値計算プログラムを作成するために，以下の機能を利用できる[3)]．

- 実行中に配列メモリを動的に確保し，また解放する機能（割付け配列）．
- 配列演算を容易に行うための機能（配列の組み込み演算，部分配列）．
- 副プログラムの拡張機能（配列を返す関数，総称名や再帰呼び出しなど）．
- プログラム部分を部品化したり，変数を共有する機能（モジュール）．
- その他の機能（ポインタや構造体など）．

本書では，これらの機能のいくつかを詳しく扱っているので，旧来のFORTRAN 77を学んだ方にも役立つ新しいプログラミング方法が見いだされると思う．ただし，基本的な数値計算プログラムを書く場合には，必要以上に多くの機能を使うのではなく，むしろ簡潔な記述で安定に動作するプログラムを作るのが望ましい．このため，本書ではFortran 90/95のすべての機能を網羅するのではなく，数値計算プログラムを作成するために重要である項目を選択して，それらを重点的に取り扱うこととした．したがって，Fortran 90/95の新機能であっても普通の数値計算では必ずしも利用されない部分，たとえばポインタや構造体に関する記述は省略している．

「プログラミングはものづくり」ともいわれるように，計算手順を考え，プログラムを作成し，それが意図したとおりに動作するのを確認することは創造的で楽しい過程でもある．本書が楽しみながら数値計算という目的を達成するための一助となれば幸いである．

2007年6月

牛島　省

3) 1991年の国際規格（ISO/IEC 1539:1991）はFortran 90，また1997年の国際規格（ISO/IEC 1539-1:1997）はFortran 95とよばれる[2]．Fortran 95で追加された機能は軽微なものであるので，本書では後者の国際規格に基づくJIS X 3001-1:1998の内容を，以前のFORTRAN 77と区別してFortran 90/95と表す．

目次

プログラムリスト一覧

第1章 ▶ 反復演算と基本プログラミング

1.1 Fortran 計算環境を整えよう

プログラミングを習得するには，ルールや仕組みを頭で理解しただけでは不十分であり，実際にプログラムを自分の手で書いて動作を確認する，という作業を繰り返し行うことが不可欠である．このためには，読者の手元にある PC に，その作業を行えるような環境を設定しておくと便利である．PC 本体のほかに，あらかじめ何を用意すればよいかを，以下に示すプログラムの作成から実行までの手順に基づいて確認してみよう．

1. プログラムの作成：**エディタ**（テキスト文書を作成，編集するアプリケーション）を使って，Fortran 90/95 の文法に従うプログラムを書く．このプログラムを，たとえば `prog.f90` というテキストファイルとして保存する[1)]．
2. コンパイル：**コンパイラ**を使用して，プログラム `prog.f90` を実行ファイルに変換する．この変換により，プログラムはテキストエディタでは読むことができない**バイナリファイル**に翻訳され，関連するファイルがリンク（結合）されて，実行ファイル（たとえば `a.out`）が作られる．実行ファイルは，シェルウィンドウなどにファイル名を入力することにより，計算機の演算処理がただちに開始される形式のファイルである．この一連の変換作業を，本書では簡単に**コンパイル**とよぶこととする．
3. 実行：`a.out` を実行し，計算結果を得る．必要であれば，得られた計算結果のグラフ表示などを行う．

上記の手順，すなわち，プログラムの作成，コンパイル，そして実行という作業を行うには，エディタとコンパイラが必要であり，そしてできればグラフ表示などを行うアプリケーションがあるとよい．このうち，テキスト文書を作成するためのエディタは，多くの PC にはすでに用意されているので問題ないであろう．PC の操作に慣れていれば，Emacs などのプログラム編集に適したエディタをインターネット上から取得して利用するとよい．UNIX PC[2)] で一般に使用される Emacs 系のエディタは，Apple PC や

---

1) 計算機のデータは 2 進数（binary number）で扱われるが，そのうち文字コードなどに対応したデータはテキストエディタで文字として読むことができる．このようなデータで書かれたファイルをテキストファイルといい，可読でないデータを含むファイルをバイナリファイルという．

2) 総称的に UNIX とよばれる OS を利用する PC を，本書では **UNIX PC** とよぶ．SunOS，HP-UX，IRIX，FreeBSD や Linux など，UNIX にはいろいろな OS がある．macOS も UNIX をベースとしている．

Windows PC でも利用できる．

一方，コンパイラは，次のようにして PC に設定すればよい．

- インターネット上で公開されている無償のコンパイラを利用する．
- 市販のコンパイラを購入してインストールする．

Fortran 90/95 の仕様に従うものであれば，いずれも同様に動作するはずであり，どのコンパイラを利用してもよい．ただし，コンパイル時の**オプション**の付け方や，実行ファイルの演算速度などは，コンパイラにより異なる．インターネット上では，gfortran[3)]など，Fortran 90/95 のコンパイラがいくつか公開されているので，これらを利用してもよいだろう．gfortran は，GNU GPL[4)] というライセンスで，インターネットから入手できる．また，市販のコンパイラでも，ダウンロード後に一定の期間試用できたり，あるいは利用目的によっては無償で使用できる場合があるようなので，インターネット上で確認してみるとよい[5)]．なお，複数のコンパイラを使えるようにしておくと，プログラムの問題点を発見する際に役立つことがある（まれに，コンパイラの誤動作を判別するのに役立つ場合もある）．

計算結果をグラフ表示するためのアプリケーションとしては，使い慣れたものを利用すればよいが，それが手元にない場合には，こちらもインターネット上で公開されているものを利用できる．その例として，本書では gnuplot の基本的な使い方を付録 3 で紹介している．

なお，gfortran と gnuplot のインストール方法については，本書のサポートページ

https://www.morikita.co.jp/books/mid/084722

でも紹介しているので参考にしていただきたい．

1.2　反復演算と基本プログラミング

計算機の性能を表す指標の 1 つに，**GFLOPS**（ギガフロップス）という単位がある[6)]．1 GFLOPS は，1 秒間に 10 億回の**浮動小数点数**演算（後述する実数型変数の計算）を実行できることを意味するが，最近では個人で使用する PC やゲーム機でも GFLOPS 値は年々向上している．このように，演算を繰り返し高速に実行することは計算機が得意とするところであり，同じ演算式を数値を変えながら反復計算する方法は多くの数値

3）GNU Compiler Collection の一部として開発された GNU Fortran project の名称．詳細は https://gcc.gnu.org/wiki/GFortran を参照のこと．

4）詳細は https://www.gnu.org/licenses/gpl-3.0.en.html を参照のこと．

5）市販のコンパイラとしては，**Intel コンパイラ**（https://www.intel.com/）や **PGI コンパイラ**（https://www.softek.co.jp/）などがある．

6）FLOPS は FLoating point number Operations Per Second の略．G（ギガ）は国際単位系（SI）における接頭辞の 1 つで，基礎となる単位の 10 億（10^9）倍を意味する．

計算の基本となっている．本章では，簡単な反復演算を中心に，関連するプログラミングの基本事項を確認していく．

1.2.1 簡単な反復演算

■プログラムを作成する前に 前節の記述などを参考にして，読者の PC には Fortran 90/95 の計算を行う準備が整っているであろう．プログラムは，ホームディレクトリ上にいきなり作成するのではなく，計算対象やテーマに応じた**ディレクトリ**[7] を作り，その中に関連するデータなどとともに納めておくのがよい．ここでは，たとえば keisan というディレクトリを作成する．そして，その中に loop というディレクトリを作り，この loop ディレクトリ内に以下に示すプログラムを作成することとしよう．このように，作成するプログラムをディレクトリごとに整理しておくと，後々の取り扱いが容易になる．

■合計を計算するプログラム 最初に，反復演算により 1 から 100 までの和を求めて結果を出力する，というリスト 1.1 に示されたプログラムを作成しよう．内容の詳細は後で確認することとして，ここではまずリスト 1.1 のプログラムをエディタで作成して，コンパイルした後，実行してみよう．なお，記号 ! とそれより右側にある説明文を打ち込む必要はない．また，プログラムを見やすくするため，各行の先頭を**字下げ**（インデント）して記述することに注意しよう[8]．字下げの詳細については 1.2.2 項で述べる．

リスト 1.1 反復演算により合計を計算するプログラム

```
program loop                  ! プログラム文 (プログラムの名称を指定)
  implicit none               ! 暗黙の変数型の宣言を無効化する
  integer i, wa               ! 整数型変数 i と wa を宣言
  wa = 0                      ! 合計を求める変数 wa をゼロクリア
  do i = 1, 100               ! do ループによる反復演算
     wa = wa + i
  enddo
  write(*, *) 'wa = ', wa     ! 結果の出力
end program loop              ! end 文
```

リスト 1.1 のプログラムを，たとえば loop.f90 という名前のファイルとして保存する．ファイル名のドット以降の部分，すなわち .f90 は**拡張子**といわれる．Fortran 90/95 のプログラムのファイル名の拡張子は，.f ではなく，通常 .f90 とする．このようにすると，エディタやコンパイラに Fortran 90/95 のプログラムとして解釈され，都合がよい．

7) 以降，Apple PC や Windows PC では「ディレクトリ」は「**フォルダ**」と適宜読み替える．
8) Emacs 系のエディタでは，Tab（タブ）キーを行内で押すと，自動的に字下げができる．

このファイルを gfortran や市販のコンパイラを使用してコンパイルし，実行する．gfortran を用いる場合のプログラムのコンパイルと実行方法については，サポートページを参照されたい．これらが正しく行われると，次の結果がディスプレイ上に表示される．

```
wa =  5050
```

このようにプログラムの動作が確認できたところで，以下ではその内容を詳しく見ていくことにしよう．

■プログラムの構成　リスト 1.1 に示されたプログラムの全体的な構成は，次のようになっている．

主プログラムの記述形式

```
program プログラムの名称
  宣言文 (implicit none 宣言，変数の宣言)
  実行文 (総和の計算と結果の出力)
end program プログラムの名称
```

リスト 1.1 では，1 行目がプログラムの名称を記述する**プログラム文**，2，3 行目が**宣言文**である．これらの宣言文では，implicit none 宣言とプログラム中で使用する変数の宣言が行われている．宣言文の後に，プログラムの本体である，合計を計算するための**実行文**が続く．このように，宣言文は実行文よりも上に書く規則となっている．そして，プログラムの最後には，end 文を記述する．

上記のように，program 文から始まり，end 文で終わる**プログラム単位**（program unit）を**主プログラム**（main program）という．プログラム単位の詳細は，3.1 節で解説する．一般のプログラムでは，主プログラムと第 3 章以降で扱う副プログラムが組み合わされた形となるが，第 2 章までは，主プログラムのみから構成されるプログラムを考えることとする．

■プログラムと変数の名称　リスト 1.1 の第 1 行目にある program 文には，次のように適当な**プログラムの名称**を記述する．この program 文は省略可能だが，プログラムを読みやすくするため，本書では省略しないこととする[9]．

```
program プログラムの名称
```

リスト 1.1 の例では，loop というのがこのプログラムの名称である．プログラムの名称は，先頭の文字が英字であることが必要で，2 番目以降の文字には英数字とアンダースコア _ が使用できる．名称の長さは 31 字まで許されるが[10]，プログラム名は内容を表

9）「program プログラムの名称」を省略した場合には，end 文に続く「program プログラムの名称」も省略する．end 文そのものは省略できない．

10） Fortran 95 対応のコンパイラでは，さらに長い名称が許される．

す簡潔なものがよい．プログラムの名称に関するこのような規則は，プログラム中で用いる変数（リスト 1.1 の例では i と wa）にも同じように適用される．

プログラム名や**変数名**に関して，初心者には次のような間違いがよく見られる．

- プログラム名や変数名の先頭に，数字などの英字以外の文字を使う．
- プログラム名や変数名に，ハイフンやピリオドなど，許可されていない文字を入れてしまう．
- プログラムや変数名，またプログラム文中に日本語などの**2 バイト文字**（**全角文字**）を使う[11]．
- プログラム名と同じ変数名を使う．
- Fortran で用意されている**組み込み手続き**（付録 2 参照）の名称と同じ名前のプログラムとしたり，組み込み手続きと同じ名前の変数を宣言する．そして，そのプログラム中で，同一名称の組み込み手続きを使用する．たとえば，プログラム名称を program sin として，その中で組み込み関数 sin を使用する[12]．

上記の誤りがあるとコンパイル時にエラーが出るので，プログラムを修正して再びコンパイルする．リスト 1.1 のプログラムを正しく実行できた読者は，上記の間違いを含んだプログラムを作成して，コンパイル時にどのようなエラー表示が出るかを見てみるとよい．

主プログラムの最終行には，リスト 1.1 に示されるように end **文**を書く．end 文を省略することは許されず，またプログラムの最終行以外のところに書くことはできない．リスト 1.1 では，end 文の後にプログラム名称を付けている．この名称は省略可能であるが，明示したほうがわかりやすいプログラムとなる[13]．

■コメント領域と宣言文　リスト 1.1 では，記号！とその右側に各行の説明が書かれている．記号！と，それより右側にある同一行の部分は，**コメント領域**，あるいは**注釈**といわれ，プログラム部分とはみなされない．このため，コメント領域には，プログラムの説明などを自由に記述することができる．リスト 1.1 のように，日本語（2 バイト文字）を使用してもよい．また，行頭に！を付ければその行が無視されるので，実行文の動作を一時的に停止させることができる．これを利用して，プログラムの動作確認やエラーの検出を行ってもよい．

11）とくに，全角の空白を入れてしまうと，問題の箇所は「空白」なので，プログラムを見ただけではエラーの原因がわからないため注意しよう．なお，コメント領域（記号！以降の同一行の部分）と文字列を扱う部分（アポストロフィ「'」や引用符「"」で囲まれた領域）では，日本語も使用できる．

12）組み込み手続きと同じプログラム名や変数名を使うこと自体はエラーではないが，そのプログラム中では同一名称の組み込み手続きが使えなくなってしまう．

13）Emacs 系のエディタでは，環境変数が適切に設定されていれば，end と打った後に Tab キーを押すと，プログラム名が補完される．

2行目の implicit none は，**暗黙の変数の型**に関する規約[14] を無効にする宣言である．implicit none を宣言することにより，使用するすべての変数を宣言することが義務づけられるが，後で述べるように，文字の打ち間違いなどのエラーの防止に役立つので，この宣言を省略してはならない．

3行目では，実行文中で使用する整数型の変数 i と wa を宣言している．このように，integer i, wa と宣言すると，i と wa は**基本整数型**という変数となる．基本整数型は，通常4バイトの大きさのメモリ領域を使って表現される整数である[15]．

プログラム中では，整数，実数，複素数，文字，論理式など，対象に応じて型の異なる変数を使い分ける．整数型，実数型，複素数型は合わせて**数値型**とよばれる．Fortran 90/95 で使用する変数の型に関しては，付録1.1に解説があるので参照されたい．なお，implicit none 宣言は，これらの変数の宣言よりも前に記述する必要がある．

implicit none 宣言と整数型変数の宣言

```
program プログラムの名称
  implicit none     ! 最初に implicit none 宣言を必ず行った後，
  integer i, wa     ! 整数型変数 (i と wa) を宣言する
  ... この後に実行文を書く
end program プログラムの名称
```

■do ループによる総和の計算　次に，リスト1.1の4行目から8行目までの実行文を見てみよう．このうち以下のプログラム部分は，反復演算により合計を求める基本パターンである．

do ループで合計を求める基本パターン

```
wa = 0           ! 最初に変数 wa の値を 0 とする
do i = 1, 100    ! do ループによる反復演算
   wa = wa + i   ! wa に i を加算する
enddo            ! do ループの終端
```

この演算では，最初に合計を求める変数 wa を 0 とし，反復計算により wa に値を加算していくことで合計を得る．最初の行の演算

```
wa = 0
```

は，「両辺が等しい」という意味ではなく，右辺の 0 を左辺の wa に代入するという演算（**ゼロクリア**）を表す．宣言された直後の変数の値は一般に不定であるので，合計を求めるために値を足し込んでいく変数は，必ずゼロクリアする必要がある．同様に，

14）implicit none 宣言がなければ，変数の先頭がアルファベットの順で i から n までの範囲の文字の場合には整数，それ以外では実数となるという規約．implicit none 宣言すれば，この規約は無視してよい．

15）1ビット（bit）は計算機が扱うデータの最小単位で，0か1かという2つの状態を表す．1バイト（byte）は8ビットのデータである．

```
wa = wa + i
```

は，右辺の wa と i の和を計算して，それを左辺の wa に代入するという演算を表す．なお，加算を表す + という演算子の代わりに -，*，/ という演算子を用いれば，それぞれ減算，乗算，除算を行った結果が左辺の wa に格納される（当然ではあるが，乗除算の場合には，wa に意味のある初期値を入れておく必要がある）．演算式の詳細は，1.3.4 項で述べる．

リスト 1.1 の 5 行目にある do 文中の変数 i は，**制御変数**（あるいは do **変数**，カウンタ）といわれる．制御変数には必ず整数型変数を用いる[16]．制御変数の**始値**と**終値**を 1 および 100，すなわち do i = 1, 100 とすると，i の値が $1, 2, \ldots, 100$ と順に変化して enddo までの間の演算が繰り返し行われる．この do 文から enddo 文までのプログラム範囲は do **ループ**とよばれる．

リスト 1.1 の do ループで行われる反復演算のうち，最初に実行される次の演算

```
wa = wa + i
```

では，i が 1 であり，ゼロクリアにより右辺の wa が 0 となっているので，それらの和である 1 が左辺の wa に代入される．do ループの 2 回目の演算では，i が 2，右辺の wa が 1 であるので，その和である 3 が左辺の wa に代入される．同様の反復演算が，i が 100 となるまで繰り返し続けられる．do ループ中で変数の値がどのように変化するかを確認するために，後述の write 文を do ループ中に一度書いてみるとよい（ただし，そのままでは出力も 100 回行われるので，終値を 10 などとする）．なお，do ループ内では制御変数の値を変更するような代入演算を行ってはならない．

■変数の初期値と変数への代入の順序　変数は，一般に宣言されただけの状態では値が「不定」であり，代入演算や read 文による読み込みなどが行われて，初めて値が確定する．値が不定な変数には 0 以外の無意味な数値が入っている場合もある．このため，リスト 1.1 の例では，wa の初期値を 0 と設定してやらないと，合計は正しく求められないことに注意しよう．なお，コンパイラによっては，**オプション**などの設定により，変数の初期値を自動的に 0 にできる場合があるが，プログラムは計算機やコンパイラが変わっても同様に動作するように書くべきであるので，コンパイラの特殊機能に依存するプログラミングは避けたほうがよい．初期値の設定が必要な変数に対しては，必ずプログラム中で所定の値を代入する記述を行う．

また，プログラムの実行文は，後述する制御文を使って処理の流れを人為的に変更しない限り，上から順に実行されていく．このため，同じ変数に代入演算が何度か行われ

---

16)　過去の FORTRAN では実数型の制御変数が許されたが，廃止予定事項となっている（実数型は 1.3 節で解説する）．一部のコンパイラでは実数型の制御変数はすでに使えないようである．

る場合には，直前に行われた代入演算の結果が変数に格納されていることに注意しよう．プログラム中の変数の値を確認するには，次に述べる write 文をプログラム中に書き加えて値を出力すればよい．

■write 文による出力　リスト 1.1 のプログラムでは，wa に格納された合計の値を write 文により出力している[17)]．write( ) の括弧内には，識別子や制御パラメータなどが記述されるが，通常使用するものは「ファイル番号」と「書式（フォーマット）」である[18)]．これらをカンマで区切り，左側にファイル番号，右側に書式を書く．また，write( ) に続いて出力対象となる変数を記述する．複数の変数を出力する場合には，それらをカンマで区切る．以上をまとめると，次のような形式となる．

write 文の基本的な使い方

write(ファイル番号，書式) 出力対象，...，出力対象

ファイル番号は出力先を指定するもので，* と書くと，**標準出力**（処理系で定められた出力先で，通常の PC ではディスプレイ画面）に出力される．また，**書式**に * と書くと，**並び出力**（list-directed output）となり，write 文の後に並ぶ変数の型に合った書式で出力が行われる．並び出力を行った場合の表示形式，たとえば実数の有効桁の末尾まで続く 0 を表示するか否かなどは，コンパイラにより異なる．なお，書式を指定する場合の出力方法については，付録 1.3 に解説があるので参照されたい．リスト 1.1 の例では，**文字定数** 'wa = ' と変数 wa が write 文の出力対象である．文字定数については，付録 1.1 を参照のこと．

■implicit none 宣言について　implicit none 宣言を行うことで，タイプミスなどにより，宣言していない変数をうっかりプログラム中に使用してしまうというエラーを防ぐことができる．リスト 1.2 は，リスト 1.1 で implicit none 宣言を行わず，do ループ内の代入文の右辺で，wa とすべきところを va と打ち間違えた失敗例である．

リスト 1.2　検出しにくいタイプミスを含むプログラム例

```
program loop_err
  ! implicit none 宣言をしない (この行はコメントである)
  integer i, wa
  wa = 0
  do i = 1, 100
     wa = va + i  ! 右辺の wa を va と打ち間違えてしまった!!
```

17）出力に print 文を用いることも可能であるが，write 文は print 文より多くの機能があるので，本書では write 文のみを使う．

18）正確には「ファイル番号」は装置識別子，「書式」は書式識別子であるが，本書ではわかりやすい表現を使う．

```
  enddo
  write(*, *) 'wa = ', wa
end program loop_err
```

実際にリスト1.2のプログラムを作成して実行してみると，コンパイルおよび実行の際にエラーは表示されないが，実行結果は誤ったものとなるだろう．このように，リスト1.2のプログラムには，「エラーは出ないのに，なぜか結果がおかしい」，という非常に困った**バグ**が含まれているのである[19)]．しかし，リスト1.1のように implicit none 宣言を行っていれば，コンパイルの段階で，打ち間違えた変数に対してエラーが表示されるので，このようなミスを防ぐことができる．

なお，コンパイラによっては，**オプション**を設定することにより，宣言していない変数をプログラム中で使用した際に，エラーを表示できる場合がある[20)]．コンパイラにこのような機能がある場合には，これを有効にしたうえで，さらにプログラム中では必ず implicit none 宣言を行うという2重のチェックをかけておくとよい．

プログラミングのポイント 1.1

☑ **implicit none 宣言を必ず行うこと．**

演習 1.1 リスト1.2のプログラムを作成して，コンパイルおよび実行時にどのような結果が得られるかを確かめよ．また，このプログラムに implicit none 宣言を加えて，コンパイル時のエラー出力を確認せよ．

1.2.2 自由形式で見やすいプログラムを書く

ところで，リスト1.1のプログラムは，**自由形式**で書かれている．自由形式では，1行につき132桁以内の部分にプログラムを自由に書くことができる[21)]．しかし，1行あたり132桁が利用できるといっても，実際には，エディタの画面で見やすいように，適当な範囲内に納まるようにプログラムを書く．また，リスト1.1のように，Fortranプログラムでは基本的に1行に1つの宣言文や実行文を書く[22)]．長い文は，**継続行**として次の行に分けて記述し，先行する行の末尾に記号 & を付ける．

```
write(*, *) &    ! 先行する行の末尾に & を付ける
  'wa = ', wa    ! 継続行
```

19) プログラム中の誤りをバグ（bug：虫）という．バグを取り除くことを**デバッグ**（debug）という．

20) gfortran の場合は，gfortran -fimplicit-none loop.f90 のようにオプションを付けてコンパイルする．

21) 参考までに，**固定形式**は，注釈行の印は行の先頭，継続行の印は先頭から6文字目に書かねばならない，といった規則に従う記法である．Fortran 95 の自由形式では，より多くの桁数を利用できる．

22) セミコロン「;」で区切ることにより，同一行に複数の実行文を書くことも可能であるが，プログラムが見にくくなるため，この記法は用いないほうがよい．

また，プログラムを書く場合には，do 文と enddo 文に挟まれた範囲などが識別しやすいように，必ず行の先頭を適切に**字下げ**（**インデント**）して書く[23)]．字下げが行われていないプログラムは読みにくいばかりでなく，エラーを発生させる原因にもなる．

Fortran 90/95 では，従来の FORTRAN[24)] と同様に，大文字，小文字の区別はない（これを case-insensitive という）．このため，たとえば `write` 文は，`Write`，あるいは `WRITE` と書いても同様に動作する．また，たとえば変数 num と Num，NUM は同じものなので，これらを異なる変数として使い分けることはできない．昔の記法では，プログラムは大文字を使って書かれることが多かったが，最近はプログラムを小文字で書くことが多い．本書でも基本的に小文字を使って記述する．なお，定数や特殊な変数を大文字で表現するなど，エラーを防ぎ，プログラムをわかりやすくするための工夫は，適宜行うとよいだろう．また，文字列の内容に関しては，大文字・小文字は区別される（付録 1.3 参照）．

プログラミングのポイント 1.2

☑ プログラムは必ず字下げ（インデント）を適切に行い，見やすく書くこと．

1.2.3 次のステップに移るための準備

本節の冒頭で述べたように，これまでのプログラムは，あるディレクトリ（たとえば `loop`）内で作成されているだろう．新しい問題に対するプログラムを作成する場合には，1つ上のディレクトリに移動し，そこでまた新しいディレクトリを作成して，その中で作業を行うこととしよう．必要に応じて，以前のディレクトリからプログラムや関連するファイルをコピーして，それらを編集すればよい．

また，正常に動作することが確認されたプログラムに改良を加えていく場合には，元のプログラムを残しておいて，それをコピーしたものを編集するとよい．このようにすると，編集作業に失敗して修復不能となった場合でも，再び元のプログラムから作業をやり直すことができる．

プログラミングのポイント 1.3

☑ 取り扱うテーマごとに個別のディレクトリを作成して，その中にプログラムや関連するデータファイルなど一式を作成する．

☑ プログラムの編集作業を開始する前にバックアップをとる．

23) 行頭でスペースキーを何度も押すのは面倒なので，エディタの字下げ機能を利用しよう．前述のように，Emacs 系のエディタでは，Tab キーにより字下げやプログラム名の補完が行える．

24) 国際規格（ISO/IEC 1539-1:1991）から，FORTRAN でなく Fortran と表現されるようになった[2]．

演習 1.2 自然数の**累乗の和**を表す公式に以下のものがある.

$$\sum_{k=1}^{n} k = \frac{1}{2}n(n+1), \quad \sum_{k=1}^{n} k^2 = \frac{1}{6}n(n+1)(2n+1), \quad \sum_{k=1}^{n} k^3 = \frac{1}{4}n^2(n+1)^2$$

n に 100 以下の適当な自然数を設定し，各式の左辺が表す和を do ループを用いて計算した結果と，右辺の値の両方を出力し，それらが一致することを確かめよ[25]．Fortran では，**べき乗**を求める演算子は ** であり，たとえば k^3 は k ** 3 と表される.

演習 1.3 $a_n = a_{n-1} + a_{n-2}$ $(n \geq 3)$ という関係で定められる整数列を考える（**フィボナッチ数列**）．$a_1 = 1$，$a_2 = 2$ のとき，この数列の a_1 から a_{10} までの値を出力するプログラムを do ループを用いて作成せよ.

1.2.4 if 文と stop 文

リスト 1.1 に示した合計を求めるプログラムに若干の変更を加えて，条件分岐や演算の停止といった機能を追加しよう．リスト 1.3 は，1 から 100 までの整数のうち，偶数と奇数の和をそれぞれ計算するプログラムである.

リスト 1.3 偶数と奇数の和を反復計算により求めるプログラム

```
program loop_odd_even
  implicit none
  integer i, wa0, wa1
  wa0 = 0                                    ! 初期値を 0 とする
  wa1 = 0                                    ! 初期値を 0 とする
  do i = 1, 100
     if (mod(i, 2) == 0) then
        wa0 = wa0 + i                        ! 偶数を加算
     else if (mod(i, 2) == 1) then
        wa1 = wa1 + i                        ! 奇数を加算
     else
        stop 'something is wrong !!'  ! 異常動作を検出するための stop 文 (省略可)
     endif
  enddo
  write(*, *) 'wa0, wa1, wa = ', wa0, wa1, wa0 + wa1
end program loop_odd_even
```

リスト 1.3 の do ループの内部では，制御変数 i が偶数か奇数かを判別するため，組み込み関数の 1 つである**余り関数** mod(a, p) を if 文に利用して，条件判定を行っている[26]．if 文の基本的な記述形式は次のように表される.

if 文の基本的な使い方

```
if (論理式 a) then
   ... 実行文 A (論理式 a が真であれば実行文 A が実行される)
```

25) n に過大な値を用いると，総和の値が基本整数型で扱える範囲を超えてしまい，正しい和が得られなくなる場合があるので注意する（付録 1.1 参照）.

26) **組み込み関数**とは，Fortran 90/95 であらかじめ用意されている関数である（付録 2 参照）.

```
else if (論理式b) then
   ... 実行文B (論理式aが真でなく，論理式bが真であれば実行文Bが実行される)
else
   ... 実行文C (論理式a，bが真でないときには実行文Cが実行される)
endif
```

上記の実行文Aから実行文Cの箇所には，それぞれ複数の実行文を記述してもよい．if文の括弧内の**論理式**は，単一の論理型変数，あるいは関係演算子や論理演算子を使って書かれた真か偽の値をとる式である（詳細は付録1.2参照）．if文で最も多く用いられるのは，数値を比較する論理式であろう．これは，次のような**関係演算子**を用いて書かれる．

関係演算子を用いる数値の比較

```
if (a >  b)   aがbより大きければ真
if (a >= b)   aがbより大きいか等しいとき真
if (a <  b)   aがbより小さければ真
if (a <= b)   aがbより小さいか等しいとき真
if (a == b)   aがbと等しければ真
if (a /= b)   aがbと等しくなければ真
```

なお，上記以外のif文の使い方については，付録1.2を参照されたい．

リスト1.3のif文で用いられているmod(a, p)は，aとpに整数を用いると，aをpで除したときの余りを整数で返す関数である．これを利用して，mod(i, 2)が0であれば偶数，1であれば奇数と判定し，それぞれの合計wa0，wa1に加算している．プログラムに問題がなければ，mod(i, 2)の値は0か1しかありえないが，リスト1.3では，プログラムの作り間違いなどによる異常な動作を検出するために，

```
else
   stop 'something is wrong !!'
```

という部分を加えている．stop文は，プログラムの処理を停止するために用いられる．実際には，このstop文が実行されることはないはずだが，エラーや予期せぬ動作を防ぐために，最初にプログラムを書くときにはこのような「安全装置」を設けておくとよい．正常な動作が確認されたら，この部分は削除してもよい．

なお，stop文には，この例のように，アポストロフィ「'」で囲んだ文字列を追加することができる（引用符「"」を使用してもよい）．stop文が実行されるときには，その文字列を出力してから処理が終了するので，停止する理由などをここに書いておくと便利である．

1.2.5 無限ループ

今度は，リスト 1.1 の合計を計算する範囲を，キーボード入力（**標準入力**）で定めるように書き換えてみよう．入力と結果の表示が繰り返し行われるように，**制御変数なしの do ループ**を使ってリスト 1.4 のように記述する．

リスト 1.4 1 から入力値までの和を計算するプログラム（無限ループを使用）

```
program loop_inf
  implicit none
  integer wa, n, i
  do                              ! 制御変数なしの無限ループ (外側の do ループ)
     write(*, *) ' input n (if n <= 0, stop) : '  ! 数値入力を促す表示
     read (*, *) n                ! 数値を標準入力から読み込む
     if (n <= 0) stop ' good bye ... ' ! 入力値が 0 以下なら停止
     wa = 0
     do i = 1, n                  ! 総和を計算する do ループ (内側の do ループ)
        wa = wa + i
     enddo
     write(*, *) 'wa = ', wa
  enddo
end program loop_inf
```

このプログラムでは，2 つの do ループが使われていて，一方がほかのループに含まれる形になっている．これを **2 重ループ**という．外側の do ループは，制御変数なしの do ループとなっているので，do–enddo の間にループから抜け出す仕組みを作っておかないと，反復演算が無限に繰り返されることになる[27]．リスト 1.4 では，入力された数値が 0 以下であれば，stop 文が実行されて終了する．

このプログラムをコンパイルして実行すると，5 行目の write 文により，次のように数値の入力を促す表示がディスプレイ上に表示される．

```
 input n (if n <= 0, stop) :
100  <- 数値をキーボードから入力した例
```

入力を促す表示の後で**改行**を行いたくなければ，5 行目の write 文を次のように書く．

```
write(*, '(a)', advance = 'no') ' input n (if n <= 0, stop) : '
```

この write 文の書式については付録 1.3 で解説されている．

リスト 1.4 では，この write 文に続き，入力値を読み込む read **文**が実行される．read 文の基本的な使い方を以下に示す．

read 文の基本的な使い方

read(ファイル番号，書式) 入力対象，...，入力対象

27) プログラムを強制的に終了するときには，Ctrl（コントロール）キーを押しながら，c のキーを押す．

read( )の括弧内には，write( )の括弧内と同様にして，**ファイル番号**と**書式**をカンマで区切ってこの順序で書く．read 文では，ファイル番号は入力元を指定し，これを * とすると，標準入力（処理系で定められた入力元で，通常の PC ではキーボード）からの入力となる．また，read 文の書式を * とすると，**並び入力**（list-directed input）となり，read 文の後に並ぶ変数の型に合った書式で読み込みが行われる[28)]．

リスト 1.4 では，整数型変数 n と同じ型のデータとして読み込みを行う．このため，数字以外の英字や記号をキーボードから入力すると，エラーを起こす．また，3.14 などの実数を入力すると，小数点以下が切り捨てられた整数とみなされて，3 が n に代入される．もし，0.99 と入力すると，切り捨てにより n は 0 となり，処理は終了する．

1.2.6　do ループの始値・終値とストライド（増分値）

do ループの制御変数の始値と終値をそれぞれ m，n とすると，反復演算を行うプログラムは以下のように書かれることが示された．

```
do i = m, n
   ...
enddo
```

リスト 1.1 およびリスト 1.4 では，いずれも制御変数の始値と終値の大小関係は $m \leq n$ となっていて，反復計算における制御変数の増分値は 1 であった．do ループでは，制御変数の終値の後にカンマを付け，その後に整数あるいは整数型変数を書くと，**ストライド**（制御変数の増分値）を指定することができる．ストライドが省略されたときは，ストライドは 1 と解釈される．ストライドを 0 とすることはできない．

ストライド（増分値）が指定された do ループ

```
do i = m, n, k   ! 始値m，終値n，ストライドkのdoループ（m <= n のとき）
  wa = wa + i    ! mからn以下の範囲で，iをkずつ増加させた演算が行われる
enddo
```

一方，制御変数の始値と終値の大小関係を $m > n$ としてもエラーではなく，この場合には do–enddo の間の演算は 1 度も実行されずに，enddo 文の次の実行文へ処理が移ることになる．制御変数の始値 m と終値 n の関係が $m > n$ である場合には，ストライドに負の値を指定すれば，m から n へ向かって制御変数が減少していく反復演算を行うことができる．以下に，いくつかの例を示す．

```
do i = 1, 4, 2
   write(*, *) i      ! 1と3が順に出力される
enddo
```

28）書式を指定する場合の入力方法については，付録 1.3 に簡単な説明がある．

```
do i = 4, 1, -2
   write(*, *) i      ! 4と2が順に出力される
enddo

do i = 0, 0, -1
   write(*, *) i      ! 0が1つ出力される
enddo
```

演習 1.4 上記のように，いろいろな条件の do ループを書いて出力を確認せよ．また，do ループ終了後（enddo 文の直後）における制御変数の値を確認せよ．

1.2.7 exit 文，cycle 文，goto 文

do ループによる反復計算を行う場合に，ある条件が満たされたときには，反復演算を終了してループから抜け出し，enddo 文より後にある処理に移りたい場合や，ループ内の残りの演算を行わずに最初の do 文に戻って反復演算を続けたい場合がある．このような場合には，exit 文や goto 文，cycle 文を使う．次に示すリスト 1.5 のプログラムでは，負の値が入力されたときには総和を計算せず，do 文へ戻り，0 が入力されたら無限ループから抜けて，enddo 以下の行が実行される．

リスト 1.5 1 から入力値までの和を計算するプログラム（exit 文，cycle 文を使用）

```
program loop_exit
  implicit none
  integer wa, n, i
  do
     write(*, *) ' input n (input 0 to stop) : ' ! 数値入力を促す表示
     read (*, *) n      ! nの値を読み取る
     if (n == 0) then
        exit            ! ループから抜けて，enddo文の次の実行文に移る
     else if (n < 0) then
        write(*, *) ' sorry, input positive n ... '
        cycle           ! これ以降の処理を行わずに，上にあるdo文へ戻る
     endif
     wa = 0
     do i = 1, n
        wa = wa + i
     enddo
     write(*, *) 'wa = ', wa
  enddo
  write(*, *) 'exit from do-loop ... '
end program loop_exit
```

この例のように，exit 文が実行されると do ループの演算は終了し，処理は enddo 文の次の実行文に移る．また，cycle 文が実行されると，それ以降の enddo 文までの行は実行されずに，do 文へ戻る．exit 文と cycle 文の基本的なはたらきを以下に示す．

exit 文と cycle 文

```
do i = m, n            ! do 文 ←
   ...
   if (a == b) cycle   ! a と b が等しければ do 文に戻る
   ...
   if (c == d) exit    ! c と d が等しければ do ループから抜ける
   ...
enddo                  ! enddo 文
...                    ! enddo 文の次の実行文 ←
```

リスト 1.5 で使用した exit 文と cycle 文は，いずれも goto 文を使用して記述することができる．また，if 文を用いれば，cycle 文を使わずに済む場合もある．その例をリスト 1.6 に示す．

リスト 1.6　1 から入力値までの和を計算するプログラム（if 文と goto 文を使用）

```
program loop_goto
  implicit none
  integer wa, n, i
  do
     write(*, *) ' input n (input 0 to stop) : '
     read (*, *) n
     if (n == 0) then
        goto 1          ! ループの外にある文番号 1 の continue 文へジャンプする
     else if (n < 0) then
        write(*, *) ' sorry, input positive n ... '
     else
        wa = 0
        do i = 1, n
           wa = wa + i
        enddo
        write(*, *) 'wa = ', wa
     endif
  enddo
1 continue              ! 1 という文番号が付いた continue 文
  write(*, *) 'exit from do-loop ... '
end program loop_goto
```

このプログラムでは，無限ループの enddo 文の次の行に continue **文**がある．continue 文は何もしない実行文である．リスト 1.6 の continue 文の先頭には，1 という**文番号**が付けられており，8 行目の goto 1 が実行されると，演算処理はこの文番号の行へ移る[29]．なお，上記の例では，continue 文を使わずに，下から 2 行目の write 文の先頭に 1 という文番号を付けてもよい．goto 文の基本的なはたらきを以下に示す．

29）continue 文は，この例のように文番号とともに利用され，栞のように使われることが多い．

goto 文の基本的な使い方

```
        ...
        goto 文番号       ! 処理が goto 文に達すると,
        ...
文番号  実行文            ! 指定された文番号へジャンプする
```

goto 文は, 処理の流れがわかりにくくなるため, あまり使用しないほうがよいといわれる. しかし, **多重ループ**から抜けるときには, 便利なので利用してもよい. 次の例では, **3 重ループ**の中に exit 文が含まれている.

```
  do i = 1, 2
     do j = 1, 2
        do k = 1, 2
           write(*, *) 'i, j, k = ', i, j, k
           if (k >= 1) exit
        enddo
     enddo
  enddo
  write(*, *) 'out of the loop'
```

処理が exit 文に到達すると, 1 つ外側の do ループに移動する. しかし, 3 重ループの外側への移動ではないので, これを実行すると次のような結果が表示される.

```
 i, j, k =            1           1           1
 i, j, k =            1           2           1
 i, j, k =            2           1           1
 i, j, k =            2           2           1
```

このような多重ループの外側へ一気に抜けるには, goto 文を使えば

```
  do i = 1, 2
     do j = 1, 2
        do k = 1, 2
           write(*, *) 'i, j, k = ', i, j, k
           if (k >= 1) goto 1
        enddo
     enddo
  enddo
1 write(*, *) 'out of the loop'
```

と簡単に書くことができる.

演習 1.5 リスト 1.4 のプログラムを改良して, 入力値を 2 つの整数 m, n とし (m $\leq$ n), その範囲の整数の和 $\sum_{i=m}^{n} i$ を計算するプログラムとせよ.

演習 1.6 演習 1.5 のプログラムを改良して, m $>$ n の場合でもその範囲の整数の和を計算できるようなプログラムとせよ.

演習 1.7 相異なる n 個のものから r 個をとる**順列**と**組み合わせ**の数 (${}_nP_r$ と ${}_nC_r$) は, それぞれ ${}_nP_r = n!/(n-r)!$, ${}_nC_r = n!/[r!\,(n-r)!]$ と表される. n と r をキーボードから入力して, ${}_nP_r$ と ${}_nC_r$ を出力するプログラムを do ループを用いて作成せよ. ただし, $0 \leq r \leq n$ とし,

n は 10 以下の自然数とする．

演習 1.8　100 万以下の自然数 n が入力されたとき，それが**素数**であるかどうかを判定するプログラムを作成せよ．素数とは，「1 あるいは自分自身でしか割り切れない 1 より大きな整数」である．ここでは簡単に，組み込み関数 mod を利用して，除算の余りを調べることにより，素数か否かを判定するプログラムとせよ30)．

演習 1.9　1 万以下の 2 つの自然数 m，n が入力されたとき，それらの**最大公約数**を求めるプログラムを作成せよ．

演習 1.10　1 万以下の整数が入力されたとき，これを素数の積として表示（**素因数分解**）するプログラムを作成せよ（一例として，除算の余りが 0 となる素数を表示し，その商に対して除算の余りが 0 となる素数を見つける演算を繰り返す，といった方法などが考えられる）．

1.3　実数型変数を用いる反復計算

1.3.1　数値積分を行うプログラム

次に，実数型の変数を用いるプログラムを作成しよう．関数 $f(x)$ の定積分を数値計算により近似的に求めることを**数値積分**という31)．**台形公式**とよばれる数値積分法では，図 1.1 に示すように，積分区間を n 等分して点 $x_0, x_1, \ldots, x_n$ を定め，$y_k = f(x_k)$ 上の点を直線で結んで作られる台形の面積を合計することにより，定積分の近似値を求める（$k = 0, 1, \ldots, n$）．

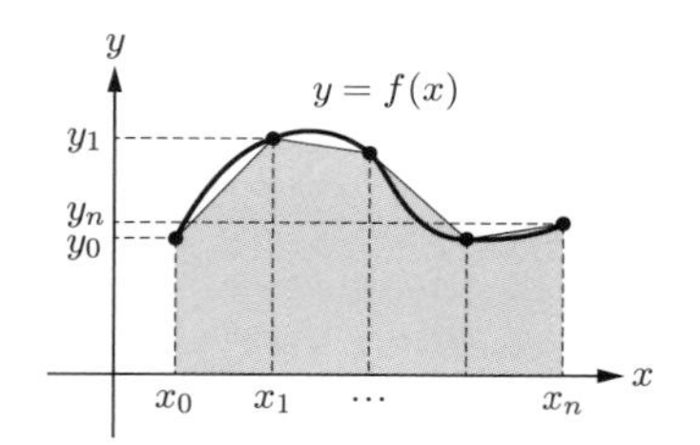

図 1.1　台形公式による数値積分

台形の面積を合計した値 s を求める計算は，次のように表される．

$$s = \frac{1}{2}\Delta x \sum_{k=0}^{n-1}(y_k + y_{k+1}) = \left[\frac{1}{2}(y_0 + y_n) + y_1 + y_2 + \cdots + y_{n-1}\right]\Delta x \quad (1.1)$$

したがって，s を求めるには，積分区間の両端の点の y を 1/2 倍した値とほかの点の y の和を求め，その結果に Δx を乗ずればよい．

台形公式による数値積分を行うプログラムを作成するために，次の例題を考える．

30)　簡単には，2 以上 $\sqrt{n}$ 以下の整数で割り切れるかどうかを調べる．平方根を求める組み込み関数 sqrt には整数を用いることができないので（付録 2 参照），$\sqrt{n}$ 以下の最大の整数は，`int(sqrt(dble(n)))` とする．実際の素数判定プログラムには，より複雑なアルゴリズムが用いられている[3]．

31)　数値積分法には，ここで扱う台形公式のほかに多くの手法がある．詳細は文献 [4] などを参照．

[例題 1.1]　台形公式を用いて，次の定積分の近似値を求めるプログラムを作成せよ．

$$S = 6 \int_0^1 x(1 - x)\, dx \tag{1.2}$$

この例題に対するプログラム例は，リスト 1.7 のようになる．例題 1.1 の定積分の値は 1 であり，積分区間の分割数 n を大きくしていくと，計算された近似値は 1 に近づくことが確かめられる．

リスト 1.7　台形公式により数値積分を行うプログラム

```
program daikei_sekibun
  implicit none
  real(8) dx, x, y, s               ! 倍精度実数型の変数を宣言
  integer i, n                      ! 整数型の変数を宣言
  write(*, *) 'input n : '          ! 入力を促す表示
  read(*, *) n                      ! 分割数 n を読み込む
  if (n < 1) stop 'stop, n < 1'     ! n < 1 なら停止する
  dx = 1.0d0 / dble(n)              ! 分割幅 (台形の高さ)
  s = 0.0d0                         ! 面積をゼロクリア
  do i = 0, n
     x = dx * dble(i)               ! 分割された x 軸上の点の値
     y = x * (1.0d0 - x)            ! x に対応する y の値
     if (i == 0 .or. i == n) then
        s = s + 0.5d0 * y           ! 両端は 1/2 倍して加算
     else
        s = s + y                   ! ほかの点はそのまま加算
     endif
  enddo
  s = 6.0d0 * s * dx                ! 定積分の近似値を計算
  write(*, *) 's = ', s
end program daikei_sekibun
```

リスト 1.7 の 3 行目では，`real(8) dx, x, y, s` として，**倍精度実数型**の変数 dx, x, y, s を宣言している．倍精度実数型変数は，8 バイトのメモリ領域により表現される実数を表す変数である．この (8) を付けずに，単に `real` とすると，**基本実数型**となる．基本実数型は，4 バイトのメモリ領域により表される実数型で，**単精度実数型**ともいわれる．単精度および倍精度実数は，10 進数で表したときに，それぞれ約 7 桁および約 15 桁の精度をもつ．技術計算では，単精度実数型変数を用いると計算精度が不足し，結果が不正確な値となることが多い．このため，とくに理由のない限り，実数型変数はすべて倍精度実数型変数として宣言するのがよい（付録 1.5 参照）．なお，単精度実数型と倍精度実数型は，正確にはそれぞれ種別パラメタ（kind）が 4 および 8 の実数型である．実数の型や精度の詳細は，付録 1.1 を参照されたい．

倍精度実数型変数の宣言

```
real(8) x, y, z   ! 倍精度実数型変数 x, y, z の宣言
```

リスト1.7の演算の主要部分は，式(1.1)の計算であり，リスト1.1の総和を求めるプログラムと同様に，sを**ゼロクリア**してからdoループで所定の値を加算していく方法が用いられている．リスト1.7のプログラムでは，次の点に注意してほしい．

- 倍精度実数型変数を用いる実行文中では，数値の末尾にd0が付けられている．
- dbleという組み込み関数が用いられている．

数値の末尾に付けられたd0（0は数字のゼロ）は，数値の精度を倍精度として変数に代入する指示であり，dble()という組み込み関数は，括弧内に書かれた変数（引数）[32]を倍精度実数型変数に変換するものである．これらの詳細を次項以降で解説する．

1.3.2　倍精度実数型変数への数値の代入

リスト1.7では，たとえばs = 0.0d0のように，右辺の数値の末尾にd0が付けられている．これは数値の精度を倍精度として変数に代入するための指示で，d0を付け忘れてはならない[33]．たとえば，次のようなプログラム部分を考える．

```
real(8) a, b   ! a, bは倍精度実数型変数
a = 1.2        ! d0が付いていない!!
b = 3.4        ! d0が付いていない!!
write(*, *) 'a,  b = ', a,  b
write(*, *) 'a * b = ', a * b
```

このように，右辺の数値にd0を付け忘れると，詳細は処理系にも依存するが，たとえば次のように出力されてしまう．

```
a,  b =    1.20000004768372        3.40000009536743
a * b =    4.08000027656556
```

しかし，右辺の数値にd0を付ければ，次のように出力される[34]．

```
a,  b =    1.20000000000000        3.40000000000000
a * b =    4.08000000000000
```

このように，変数の型が倍精度であっても，数値にd0を付け忘れると精度が低下してしまうことがある．なお，d0は10^0を意味しており，3.14d0（$= 3.14 \times 10^0$）は0.314d1（$= 0.314 \times 10^1$）あるいは31.4d-1（$= 31.4 \times 10^{-1}$）などと表記してもよい．

32）3.2.4項で述べるように，関数やサブルーチンの括弧内に記述される変数を**引数**（ひきすう）という．

33）d0の代わりにe0とすると，基本実数型（単精度実数型）となる．数値の精度を設定する一般的な方法については，付録1.1を参照．

34）コンパイラによっては，出力の際に末尾に付く0の表示が省略される場合もある．

プログラミングのポイント 1.4

- ☑ 実数を表す変数は，基本的には倍精度実数型変数として宣言する．
- ☑ 倍精度実数型変数に数値を代入するときには，数値の末尾に d0 などの表示を付けること．

1.3.3 型の異なる変数を用いる演算

整数型と倍精度実数型のように，型の異なる変数を同一式中に用いる演算（**混合演算**）は可能であろうか．次のプログラム部分では，組み込み関数により円周率 π の値を求めている．

```
integer n                    ! 整数型変数
real    r                    ! 単精度実数型変数
real(8) pi1, pi2, pi3, pi4   ! 倍精度実数型変数
n = 2
r = 0.0
pi1 = 2.0     * acos(0.0)    ! 右辺は単精度実数 * 単精度実数
pi2 = 2.0d0   * acos(0.0d0)  ! 右辺は倍精度実数 * 倍精度実数
pi3 = dble(n) * acos(dble(r)) ! 右辺は倍精度実数 * 倍精度実数
pi4 = dble(n) * acos(r)      ! 右辺は倍精度実数 * 単精度実数
```

すでに述べたように，dble(n) は引数 n を倍精度実数型に変換する組み込み関数であり，acos(x) は $\cos^{-1} x$ を求める組み込み関数である[35]．上記を実行して，pi1 から pi4 までを順に出力すると，一例として以下の数値が得られる．

```
3.14159274101257     ! 実際の pi は 3.1415926535 8979323846... である
3.14159265358979
3.14159265358979
3.14159274101257
```

この 2 行目と 3 行目の出力に見られるように，右辺の型が倍精度に統一されている場合には，倍精度実数型の有効桁までの精度を有する数値が得られる．一方，1 行目と 4 行目では単精度実数が混在しているため，精度の低い値となっている．このように計算精度が低下することがあるので，倍精度実数型変数への代入演算では，右辺の型を倍精度に揃えておくのが安全である．

上記のような混合演算では，型に優先順位が設けられており，優先される型に合わせて演算がなされる．しかし，実際にプログラムを書く場合には，このような優先順位に依存した書き方よりも，型を揃えて記述するほうが簡単かつ明瞭である．ただし，実数

---

35) acos(x) は「総称名」という機能により，単精度および倍精度実数型変数を引数にできる（5.3 節参照）．acos(x) は $0 \le$ acos(x) $\le \pi$ の範囲の値を返すので，プログラム中では 2.0d0 * acos(0.0d0) または acos(-1.0d0) とすることにより π の値を簡単に取得できる．なお，$\sin^{-1} x$ と $\tan^{-1} x$ を求める関数 asin(x) と atan(x) は，ともに $-\pi/2 \le$ asin(x), atan(x) $\le \pi/2$ の範囲の値を返す．

あるいは複素数の**べき乗**を求めるときには，2.0d0 ** 3 のように，べき指数に整数を用いる[36)]．

なお，型の変換に関係する組み込み関数としては，以下のようなものがある．

```
real(8) d
d = 2.0d0 * acos(0.0d0)
write(*, *) dble(2)      ! 倍精度実数化
write(*, *) d
write(*, *) real(d)      ! 単精度実数化
write(*, *) int (2.5d0) ! 小数点以下を切り捨てて整数化
write(*, *) nint(2.5d0) ! 小数点以下を四捨五入して整数化
```

各関数の意味は右側に書かれたコメントのとおりで，出力結果は以下のようになる．

```
2.00000000000000
3.14159265358979
3.141593
         2
         3
```

1.3.4　演算式の記述に関するその他の注意事項

■加減乗除とべき乗　演算式を記述する際に注意すべき点をあげておく．これまでに見たように，加減乗除は +，-，*，/ という記号で表され，べき乗は ** を用いて計算される．これらは**組み込み演算子**といわれ，この演算子を用いる演算は**組み込み演算**とよばれる．このうち，- は単独の項に付けることが可能であり（単項演算子），以下のように記述することができる．

```
a = - b
```

また，**0 による除算**を行うと演算に支障をきたすので，除算を行う実行文の前には，分母が 0 でないことを確認する if 文を入れる習慣をつけよう[37)]．リスト 1.7 では，分割幅を求める演算式で dx = 1.0d0 / dble(n) という除算が行われているが，その前の行で n が 1 以上であることを確認している．

また，初心者がよく間違える記述に，**整数の除算**がある．たとえば，4 の平方根を計算するつもりで次のように書くと，答えは 1 となってしまう．

```
4 ** (1 / 2)
```

36)　2.0d0 ** 3 では 2.0d0 を 3 回掛けた値が計算されるが，2.0d0 ** 3.0d0 とすると，処理系によっては計算に対数が用いられて正確な値が得られなかったり，あるいは負の数のべき乗が計算できない場合があるといわれる．このため，べき指数が整数で表せるときは，実数型でなく整数型を用いるほうがよい．

37)　0 による除算を行うと，演算が停止するか，処理系によっては NaN（Not a Number，非数）と扱われて計算が継続する．当然，後者の計算結果は意味をなさない．

これは，**整数あるいは整数型変数の除算**の結果は，小数点以下が切り捨てられた整数となるためで，指数部分の (1/2) は 0 となり，4 の 0 乗が計算されて結果は 1 となるのである．したがって，このような演算では実数を用いる必要がある．

■演算順序　次に，演算式中で個々の**演算が行われる順序**を確認しておこう．式中に括弧があれば，その中の演算が先に行われる．括弧が付いていなければ，

- べき乗は，乗除演算より先に行われる．
- 乗除演算は，加減演算より先に行われる．

というルールがある．たとえば，

```
1 + 2 * 3 ** 2
```

という演算は，$1 + [2 \times (3^2)] = 19$ である．また，演算式は左から評価されるので，

```
4 * 6 / 3 * 2
4 * 6 / 3 / 2
```

の 1 行目は $[(4 \times 6)/3] \times 2 = 16$ であり，2 行目は $[(4 \times 6)/3]/2 = 4$ である．なお，べき乗の計算，たとえば

```
2 ** 2 ** 3
```

は $2^{(2^3)} = 2^8 = 256$ となり，右側から評価される．実際に，これらの複雑な演算式を書くときには，括弧を使って演算順序を明示するほうが簡単であり確実である．

■複雑な式の記述方法　最後に，複雑な式の記述方法について補足しておく．たとえば，プログラム中で以下の y を計算する場合を考える（演習 1.24 参照）．

$$y = \frac{(-1)^{n-1}}{(2n-1)^2} e^{-a[(2n-1)\pi/d)]^2 t} \sin \frac{(2n-1)\pi x}{d} \tag{1.3}$$

この y の計算式を継続行を使って 1 文で記述してしまうと，演算式が長くなり，たいへん読みづらいプログラムとなるだろう．このような場合には，式の各部分を別の変数で表し，最後にそれらの変数を使って y を記述するとわかりやすくなる．n が整数型，ほかは倍精度実数型の変数とするとき，一例として以下のように記述する[38]．

```
pi = 2.0d0 * acos(0.0d0)
dk = dble(2 * n - 1)
if (dk == 0.0d0 .or. d == 0.0d0) stop 'dk or d = 0'
b  = (-1.0d0) ** (n - 1) / dk ** 2
ei = a * (dk * pi / d) ** 2
ex = exp(-ei * t)
c  = dk * pi * x / d
y  = b * ex * sin(c)
```

---

38) e^{-x} は，プログラム中では組み込み関数を使って exp(-x) とする．

プログラミングのポイント 1.5

- ☑ 0による除算をしない（除算の前に分母の値を確認する）.
- ☑ 整数の除算に注意する.
- ☑ 長い演算式は部分ごとに分けて記述する.
- ☑ 基本的には混合演算は避け，たとえば倍精度実数型変数への代入文の右辺は倍精度実数型に統一して記述する.
- ☑ べき指数が整数のときには，これを整数（あるいは整数型変数）とする.

演習 1.11　リスト 1.3 で用いた余り関数 `mod(a, p)` と同じ結果を出力するプログラムを `mod` を使わずに記述せよ．`a`，`p` は整数とする．組み込み関数 `int` を使ってもよい．

演習 1.12　初項 a が 16.0，公比 r が 0.8 である**等比数列** $a_n = ar^{n-1}$ の最初の 10 項の n と a_n を出力するプログラムを作れ．また，この等比数列の第 n 項までの和 S_n は，$S_n = a(1-r^n)/(1-r)$ と表される．do ループを用いて各項の和を求めたときの値と，この公式による S_n の値を比較するプログラムを作成せよ[39].

演習 1.13　次式の**標準正規分布**（平均 0，分散 1 の正規分布）を $[a, b]$ の範囲で数値積分するプログラムを作成せよ（$a < b$ とする）[40].

$$f(x) = \frac{1}{\sqrt{2\pi}} e^{-x^2/2} \tag{1.4}$$

演習 1.14　**テイラー展開**により，e^x は近似的に次のように表される[41].

$$e^x \approx f(x, n) = 1 + \frac{x}{1!} + \frac{x^2}{2!} + \frac{x^3}{3!} + \cdots + \frac{x^n}{n!} \tag{1.5}$$

do ループを用いて，e の近似値 $f(1, n)$ を $n = 1$ から $n = 10$ まで 10 個求めて出力するプログラムを作れ．また，e の値は組み込み関数を使うと `exp(1.0d0)` として計算される．この値と，テイラー展開を用いて計算した値の差の絶対値を `er` とするとき，各 n と `er` の値を出力せよ．なお，変数 `x` の**絶対値**は，組み込み関数を使って `abs(x)` として求められる．

1.4　反復計算の簡単な応用例

1.4.1　ニュートン法

反復計算を利用する簡単な応用例として，**ニュートン法**（あるいはニュートン－ラフソン法）のプログラムを考える．ニュートン法は，関数 $f(x)$ の導関数 $f'(x)$ を利用して，反復計算により $f(x) = 0$ の解を求める方法である．$f(x) = 0$ の真の解を α とするとき，その近傍にある近似解を x_k とする．テイラー展開の 1 次の項までを用いると，

39）実数を用いる計算では，数学的には同一の式でも，異なる演算により得られた結果は，丸め誤差などが原因で，通常完全には一致しないので注意（付録 1.5 参照）.

40）0 以上の実数 `x` の平方根は，`sqrt(x)` として計算される．π の値の設定方法は p. 21 脚注参照.

41）無限級数を有限項で表したときの誤差を，（項の）**打ち切り誤差**（truncation error）という.

$f(\alpha)$ は次のように近似される.

$$f(\alpha) \approx f(x_k) + f'(x_k)(\alpha - x_k) \tag{1.6}$$

$f(\alpha) = 0$ であるので，これより次の近似解 x_{k+1} が得られる.

$$\alpha \approx x_{k+1} = x_k - \frac{f(x_k)}{f'(x_k)} \tag{1.7}$$

上記の反復計算の過程は，図 1.2 のように表される．$y = f(x)$ という関係を，点 $(x_k, f(x_k))$ を通る接線 $y = f(x_k) + f'(x_k)(x - x_k) \equiv g(x)$ で近似する．この近似式から得られる $g(x) = 0$ の解，すなわち接線が x 軸と交わる点を新しい近似解 x_{k+1} とする．この演算を繰り返して，真の解 α に十分近い近似解を求める．ニュートン法では，$f(x_0) \cdot f''(x_0) > 0$ となるように初期値 x_0 を選ぶと収束解が得られやすいとされている[42].

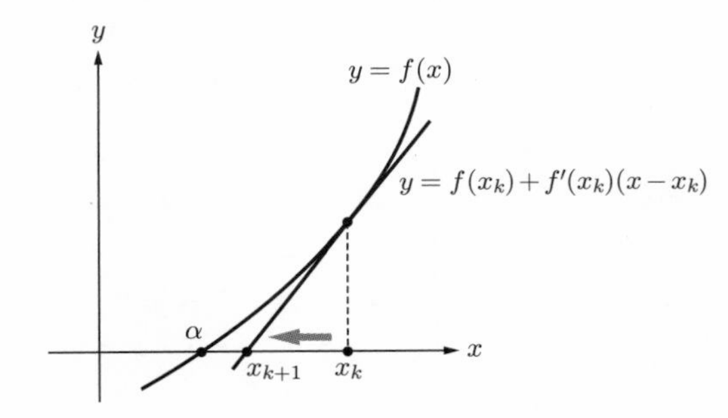

図 1.2 ニュートン法の反復過程

[例題 1.2] ニュートン法により正の実数 a の平方根 $\sqrt{a}$ を求めるプログラムを作成せよ.

この例題では，$f(x) = x^2 - a$ として，$f(x) = 0$ の正の解をニュートン法により求めればよい．式 (1.7) より，例題 1.2 の近似解を求める関係式は次のように表される.

$$x_{k+1} = x_k - \frac{x_k^2 - a}{2x_k} \tag{1.8}$$

たとえば x_k の初期値を a とすれば，反復計算により近似値は $\sqrt{a}$ に近づく．式 (1.8) を用いて，初期値 a から新しい近似値を繰り返し求めるプログラムを作成すればよい．x_{k+1} と x_k の差が十分小さくなった時点で反復を終了し，近似値や反復回数，誤差などの情報を出力するプログラム例は次のようになる.

42) ニュートン法の収束条件などの詳細は，文献 [4]，[5] を参照.

リスト 1.8　ニュートン法により $\sqrt{a}$ を求めるプログラム

```
program newton_sqrt
  implicit none
  real(8) :: x1, x2, a, er, er0 = 1.0d-6      ! er0は誤差の許容値
  integer :: k, km = 100                      ! kmは最大反復回数
  write(*, *) 'input a : '                    ! 入力を促す表示
  read(*, *) a                                ! 入力された数値をaに格納
  if (a <= 0.0d0) stop 'a <= 0.0d0'           ! a>0を対象とする
  x1 = a                                      ! 近似解の初期値をaとする
  do k = 1, km
     x2 = x1 - 0.5d0 * (x1 ** 2 - a) / x1     ! 新しい近似解x2を計算
     er = abs(x2 - x1)                        ! x1とx2の差の絶対値をer
     if (er < er0) exit                       ! er<er0なら反復計算終了
     x1 = x2                                  ! 継続するときはx2をx1とする
  enddo
  write(*, *) 'kai, k, er = ', x2, k, er      ! 近似解，反復回数，誤差を出力
end program newton_sqrt
```

プログラム中の誤差の許容値 er0 は「**しきい値**」とよばれる．リスト 1.8 の 3 行目では，er0 を宣言する際に，初期値を 1.0d-6（$= 10^{-6}$）と設定している．このように，Fortran 90/95 では，変数の宣言時に初期値を指定することができるが，その宣言文には**2連コロン**「::」を入れる必要がある．リスト 1.8 の 4 行目でも，同様にして整数型変数 km の宣言と初期値の設定を行っている．なお，このプログラムでは，しきい値を満たす収束解が得られない場合でもプログラムが終了するように，最大反復回数を km とする反復計算を行っている．収束解を求める反復演算では，予想以上に多くの反復回数を要する場合があるので，このように最大反復回数を設定しておくとよい．

プログラミングのポイント 1.6

☑ **宣言文中で初期値を指定する場合には，2連コロン「::」を入れる．**

演習 1.15　k を 2 以上の整数，a を正の実数とするとき，ニュートン法を用いてべき乗根 $\sqrt[k]{a}$ を求めるプログラムを作成せよ．

1.4.2　逐次代入法

方程式 $f(x) = 0$ の解を求める問題において，この方程式が $x = F(x)$ と変形できるとする．このとき，

$$x_{k+1} = F(x_k) \tag{1.9}$$

という形の反復演算を行い，その収束解として $f(x) = 0$ の解を得る方法が**逐次代入法**である．式 (1.9) が収束するためには，方程式 $x = F(x)$ の真の解を α とするとき，$\alpha < x_k$ であるときには，$F(x)$ が $[\alpha, x_k]$ で連続かつ (α, x_k) で微分可能であり，$\alpha < c < x_k$

なる c に対して，$|F'(c)| < 1$ であればよいとされている[43]．

演習 1.16 次式は，微小振幅波の**分散関係式**といわれる．

$$\frac{L}{T} = \sqrt{\frac{gL}{2\pi}\tanh\frac{2\pi h}{L}} \tag{1.10}$$

ここで，g は重力加速度，L，T，h は順に波の波長，周期，水深を表す．周期 T と水深 h が与えられたとき，式 (1.10) を満足する波長 L を逐次反復法により求めるプログラムを作成せよ．たとえば，h が 2.5 m，T が 5 秒のときに波長は何 m となるか[44]．

1.4.3 モンテカルロ法

モンテカルロ法あるいはモンテカルロ・シミュレーションは，乱数を利用する反復計算により，問題の近似解を求める計算法である．モンテカルロ法を用いて，円周率を求める次の例題を考えよう．

[例題 1.3] 0 以上 1 未満の範囲に一様に分布する疑似的な乱数 x，y を発生させることにより，x-y 平面上で $0 \leq x, y < 1$ の範囲 R に含まれる点 (x, y) を定める．図 1.3 に示すように，この点を多数発生させて，そのうち原点を中心とする半径 1 の四分の一円 C に含まれる点の個数をカウントする．N 個の点を発生させたときに，n 個の点が C に含まれる場合，N を大きくしていくと，n/N という比は C と R の面積比，すなわち $\pi/4$ に近づくと考えられる．これを利用して，円周率 π を推定するプログラムを作成せよ．

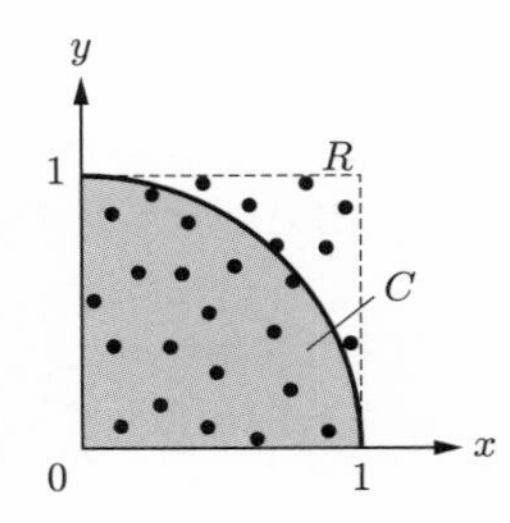

図 1.3 四分の一円と乱数により発生させた点群

ここでは，題意の $[0, 1)$ の範囲に一様に分布する疑似乱数を生成するために，組み込みサブルーチン `random_number` を利用する．組み込みサブルーチンとは，Fortran 90/95 であらかじめ用意されているサブルーチンである（付録 2 参照）．関数は `y = sin(x)` のように実行文中に関数名を記述して使うが，サブルーチンは `call` 文を使って呼び出す（第 3 章参照）．すなわち，`call random_number(x)` とすると，x に上記の乱数が設定される．プログラム例をリスト 1.9 に示す．

43) 逐次代入法の詳細は，文献 [4] を参照．

44) たとえば，L の初期値を h とすればよい．$\tanh x$ は組み込み関数を使って `tanh(x)` として計算できる．水深 2.5 m で周期が 5 秒のとき，波長は約 23 m となる．

リスト 1.9　モンテカルロ法により円周率 π を計算するプログラム例

```
program monte_pi
  implicit none
  real(8) x, y, pi, pi0
  integer :: n, i, im = 2 ** 20 ! imは乱数により定められる点の総数
  pi0 = 2.0d0 * acos(0.0d0)     ! pi0は組み込み関数により定めた円周率
  n = 0                         ! nをゼロクリアする
  do i = 1, im
     call random_number(x)      ! xに乱数を設定
     call random_number(y)      ! yに乱数を設定
     if (x ** 2 + y ** 2 <= 1.0d0) n = n + 1 ! 条件を満たす点の総数をカウント
  enddo
  pi = 4.0d0 * dble(n) / dble(im)  ! モンテカルロ法により推定された円周率
  write(*, *) 'pi, pi0, er = ', pi, pi0, pi - pi0 ! 結果を出力
end program monte_pi
```

リスト 1.9 のプログラムでは，反復回数を定める整数型変数 im に 2^{20} という大きな値を設定しているが，変数には代入可能な最大値が定められており，それより大きい数を扱うことはできないので注意する（付録 1.1 参照）．プログラムの 4 行目では，im の宣言時に初期値を設定するため，**2 連コロン**「::」を入れている．

1.5　入出力に関する機能

1.5.1　出力リダイレクション

これまでに作成したプログラムでは，実行結果はディスプレイ上に表示された．しかし，多量の実行結果が出力される場合や，計算結果のグラフを描いたりする場合には，実行結果をファイルに書き出したほうが便利である．**出力リダイレクション**という操作を行うと，出力結果をファイルに書き出すことができる．たとえば，リスト 1.1 の実行ファイル a.out を次のようにして実行する[45]．

```
./a.out > output.d
```

すると，ディスプレイには何も出力されないが，同じディレクトリ内に output.d というファイルが作られて，その中に出力結果が書き込まれる．output.d の内容は，プログラムを作成するときに使用したテキストエディタで読むことができる．

上記の出力リダイレクションでは，既存のファイルが存在する場合に，その内容は**上書き**されてしまうが，> の代わりに >> を用いると，既存のファイルの末尾に追加される形で出力される．

45）UNIX PC ではシェルウィンドウ，Apple PC ではターミナルでこのように入力する．Windows PC では，コマンドプロンプトで a.exe > output.d と入力する．なお，処理系でテキストファイルの拡張子が指定される場合（たとえば .txt に限られる場合）には，それを用いる（output.txt など）．

また，コンパイルの際に，**エラーメッセージ**が多量に画面上に出力される場合には，たとえば次のようにしてコンパイルを行ってみよう[46]．

```
gfortran loop.f90 > & err.d
```

すると，通常の出力結果に加えてエラーメッセージがファイル err.d の中に書き込まれるので，エディタで開いてその内容を読むことができる．このように，エラーメッセージを出力リダイレクションするには，> & を用いる．ところで，エラーを修正する場合には，ある箇所のエラーにより，正しく書かれた後述の部分がエラーと判定されることがあるので，エラーメッセージの先頭に位置するものから順に解決していくのがよい．

プログラミングのポイント 1.7

- ☑ 長いエラーメッセージは，出力リダイレクションにより，ファイルに書き出すと読みやすい．
- ☑ エラーメッセージは先頭に表示されたものから順に解決する．

演習 1.17 リスト 1.1 のプログラムを用いて，出力リダイレクションの機能を確認せよ．また，プログラム中に文法エラーを作り，コンパイル時のエラーメッセージに関する出力リダイレクションの機能を確認せよ（PC でその機能が使える場合）．

1.5.2 入力リダイレクション

出力リダイレクションとは逆の操作として，**入力リダイレクション**がある．入力リダイレクションを行うには，キーボード入力の代わりに，データが記入された入力ファイルを用意しておいて，これをプログラム実行時に読み込ませる．たとえば，リスト 1.4 のプログラムを実行する際には，キーボードから整数値を入力した．今度は，次のような内容のテキストファイルを用意して，これを input.d という名前を付けて保存する．

```
10
100
1000
0
```

リスト 1.4 のプログラムでは無限ループが用いられているので，処理を終了させるために最終行には 0 と書く．また，最終行の数値の末尾でリターンキー（あるいは Enter キー）を押して**改行**しておかないと数値がうまく読み取れない場合があるので，データを作成する際には最終行の数値（上記の例では 0）の後で必ず改行する習慣を付けよう．

次に，リスト 1.4 の実行ファイル a.out を次のようにして実行する．

```
./a.out < input.d
```

46） この方法は，Windows PC のコマンドプロンプトでは使えない．

すると，キーボードから 10，100，1000 と入力したときと同じ結果がディスプレイに表示された後，プログラムは終了する．なお，上記のように，input.d の最終行にプログラム中の無限ループを終了させるために 0 を記入しておかないと，「input.d から読み込むべきデータがない」という表示が出て異常終了してしまう．

上記の結果を出力リダイレクションにより，output.d へ出力するには，以下のようにすればよい．

```
./a.out < input.d > output.d
```

なお，stop 文の後に付けられた文字列は，通常の出力結果ではなく，エラーメッセージと扱われるので，これも output.d へ出力する場合には，上記の > を > & とする．

1.5.3　open 文と close 文を用いる入出力ファイル操作

■open 文と close 文の使い方　プログラム中に open 文を記述してファイルにアクセスし，ファイル入出力を行うことができる．一般のプログラムでは，複数の入力および出力ファイルが扱われるので，前項のリダイレクション機能よりもこの方法が多く用いられる．次の例題を考えよう．

[例題 1.4]　x，y を $-5 \leq x, y \leq 5$ の範囲でそれぞれ $d = 10/(n-1)$ 刻みで変化させ（n は 3 以上の整数），各 (x, y) に対する $z = \sin x \cos y$ の値を出力するプログラムを作成せよ．open 文を用いて n をファイル入力し，x，y，z をファイル出力せよ．また，出力ファイルの数値を（gnuplot の splot などを利用して）3 次元グラフとして表示せよ．

リスト 1.10 にプログラム例を示す．

リスト 1.10　入出力ファイルを利用するプログラム

```
program file_io
  implicit none
  real(8) d, x, y, z
  integer :: n, i, j, fi = 10, fo = 11 ! 初期値設定する場合には :: を付ける
  open(fi, file = 'input.d')           ! 入力ファイルを開く
  open(fo, file = 'output.d')          ! 出力ファイルを開く
  read(fi, *) n                        ! 入力ファイルから n を読み込む
  close(fi)                            ! 入力ファイルを閉じる
  if (n < 3) stop 'stop, n < 3'        ! n の値をチェック
  d = 10.0d0 / dble(n - 1)             ! x,y の増分 d を設定
  do j = 1, n
     y = -5.0d0 + dble(j - 1) * d      ! y の値を設定
     do i = 1, n
        x = -5.0d0 + dble(i - 1) * d   ! x の値を設定
        z = sin(x) * cos(y)            ! x,y から z を計算
        write(fo, '(3e12.4)') x, y, z  ! 書式を利用してファイル出力
```

```
      enddo
      write(fo, *) '' ! gnuplot 描画の際に直線が引かれないように空行を入れる
   enddo
   close(fo)          ! 出力ファイルを閉じる
end program file_io
```

整数値（たとえば 31）が 1 つ記入されたファイル input.d を同じディレクトリ内に用意して，リスト 1.10 のプログラムを実行する．すると，input.d の数値が n に読み込まれて，2 重ループ内で x，y，z が計算され，それらが output.d という出力ファイルに書き出される．図 1.4 のように，open 文を用いることにより，入出力ファイルが指定される．

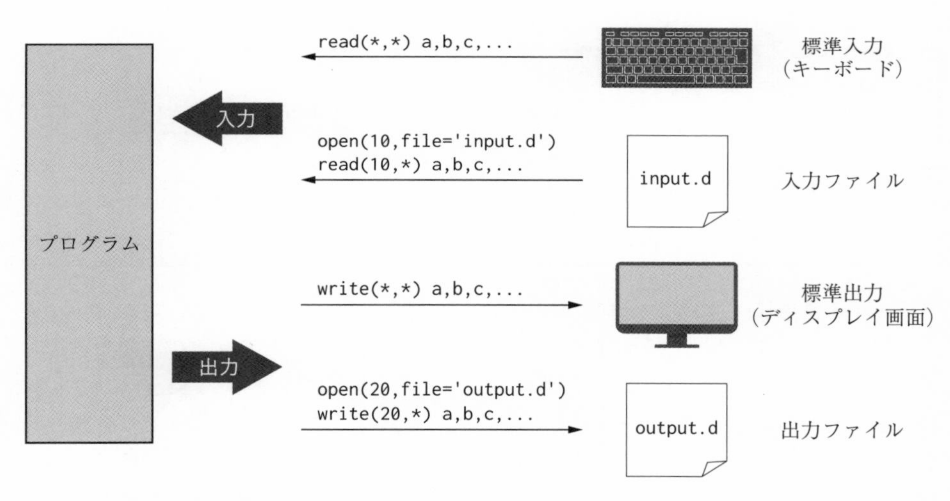

図 1.4　プログラムと入出力

なお，リスト 1.10 では，内側のループの enddo 文の直後で，**空行**（空白の行）を出力している．これは，gnuplot で描画される直線を区切るためのものである（付録 3 参照）．

また，リスト 1.10 では，x，y，z をファイル出力する際に，

```
write(fo, '(3e12.4)') x, y, z
```

として，write 文で出力の**書式**（フォーマット）'(3e12.4)' が指定されている．並び出力により write(fo, *) ... と出力してもよいが，書式を指定すると出力結果が見やすくなり，1 行に多くの出力を行っても途中で改行されることがない[47]．上記の書式

47）ただし，Fortran 90/95 の規格では，1 行に出力する文字数に関する規定がないため，コンパイラによっては 1 行あたりの最大出力文字数が指定されている場合がある（たとえば，1,024 文字までなど）．コンパイラを変えて実行した際に，出力時にエラーが出る場合は，この点を確認してみよう．

3e12.4 により，3 つの実数が指数形式で小数点以下 4 桁まで表示される（書式の詳細は，付録 1.3 を参照）．

リスト 1.10 のプログラムを実行すると，同じディレクトリ内に output.d というファイルがなければそれが新しく作られ，ファイルがすでに存在していれば，そこに演算結果が**上書き**される．また，入力ファイル input.d はプログラムではないので，その内容を変更しても再コンパイルは不要である．このため，入力パラメータを変化させる計算では，プログラム中に直接数値を打ち込むよりも，入力ファイルを利用するほうが扱いやすい．

入力ファイルからの読み取り，あるいは出力ファイルへの書き出しを行う手順をまとめると，次のように表される[48]．

open 文とファイル入出力

1. open 文を用いて，入出力ファイル名とファイル番号を結びつける．
   open(入力あるいは出力ファイル番号, file = 'ファイル名')
2. 次に，そのファイル番号を read 文あるいは write 文に用いて入出力を行う．
   read (入力ファイル番号, *) a, b, ...
   write(出力ファイル番号, *) c, d, ...
3. 入出力が終了したら，ファイルを閉じる
   close(入力あるいは出力ファイル番号)

ファイル番号には 0 以上の整数を用いる．ただし，ファイル番号 5 と 6 は，open 文で使用されていなければ，それぞれ標準入力（通常キーボード入力）と標準出力（通常ディスプレイへの出力）として使用される．つまり，read(5, *) は read(*, *) と同じであり，write(6, *) は write(*, *) と同じである．このため，ファイル番号として 5 と 6 は使用しないほうがよい．なお，入力ファイル番号と出力ファイル番号を取り違えないようにしよう．入力ファイルに対して write 文で出力を行うと，せっかく作成した入力ファイルが壊れてしまう．

入出力ファイルを閉じるには，**close 文**を用いる．ファイル入出力の処理が終了したら，誤った処理を防ぐためにも，ただちに

```
close(ファイル番号)
```

としてファイルを閉じるのがよい．とくに，入力ファイルは，読み込みが終了したらすぐに close 文で閉じるのが安全である．

■open 文と入出力の制御　open 文には，いろいろな指定子を用いて，入出力時の処理を制御することができる．たとえば，入力ファイルを「読み取り専用」とし，誤って書

48）open 文でファイルを開かずに，直接 write(10, *) ... のように書き出すと，通常 fort.10 というファイルが作られてそこに出力される．簡単にファイル出力を行うには，この方法を用いてもよい．

き込むことを防止するには，次のように action = 'read' を open 文の括弧内に記述する[49]．

```
open(fi, file = 'input.d', action = 'read')
```

このように記述すると，入力ファイルに対して write(fi, *) という書き込みを行おうとしたときにエラーが表示され，処理は停止する．action に 'write' を指定すれば，書き込み専用となる．何も指定しないと，'readwrite'，すなわち読み書きいずれも可能な状態でファイルが開かれる．

また，ファイルオープンの成功あるいは失敗を確認するには，次のように iostat を記述して，整数型変数（以下の例では is）にその値を代入する．

```
open(fi, file = 'input.d', iostat = is)
```

ファイルのオープンに成功すると is には 0 が入り，失敗すると 0 以外の数値が入る．ここでは，プログラム中の通常の代入文と異なり，右辺の変数 is に結果が代入されることに注意しよう．左辺は定められた記述名であり，常に iostat と記述する（大文字でもよい）．たとえば，入力ファイルを読み取り専用で開き，もし入力ファイルが存在しないときには処理を停止させるには，次のようにすればよい．

```
integer :: fi = 10, is
open(fi, file = 'input2.d', action = 'read', iostat = is)
if (is /= 0) stop 'cannot open file'
```

また，ファイルに含まれるデータ数が不明である場合には，以下の例のように，read 文に iostat 指定子を用いて，データの終端に到達したかどうかを確認できる．

```
integer iost, iv
open(10, file = 'input.d')      ! 入力ファイルを開く
do                              ! 制御変数なしの無限ループ
   read(10, *, iostat = iost) iv ! iostat 指定子の値を iost に代入
   if (iost < 0) exit           ! ファイル終了条件が検出されたら exit
   write(*, *) 'iv = ', iv
enddo
```

上記の例のように，iostat 指定子の値は右辺にある整数 iost に代入され，ファイル終了条件が検出された場合には，iost の値は負となる．

一方，リスト 1.10 のように，出力ファイルを次のようにして開くと，すでにファイル output.d が存在する場合には，その内容が失われて新しい結果が出力される．

```
open(fo, file = 'output.d')
write(fo, *) ...
```

もし，output.d が存在して，その内容に追加する形式で出力したい場合には，以下のように position = 'append' という指定子を加えればよい．

49）open 文の括弧内の記述では，アポストロフィ「'」の代わりに引用符「"」を使うこともできる．

```
open(fo, file = 'output.d', position = 'append')
write(fo, *) ...
```

このようにすると，既存の内容の末尾に新しい出力結果が追加される[50)].

なお，以上の例では入出力ファイル名はプログラム中に直接記述されていたが，文字型変数を用いてファイル名を定めることも可能である（p. 234 参照）.

■gnuplot による描画　さて，例題 1.4 に対するリスト 1.10 のプログラムがうまく実行できたら，次に出力ファイル output.d のデータを gnuplot により 3 次元グラフとして表示してみよう．gnuplot を起動して，gnuplot のプロンプトに次のように入力する．

```
gnuplot> set hidden3d
gnuplot> splot 'output.d' with lines
```

1 行目は隠線処理を行うためのコマンドで，2 行目は出力ファイルの数値を 3 次元表示するためのコマンドである．上記のように，with lines を指定して，数値が表す点を直線で結んで表示する場合には，リスト 1.10 のように，空行を入れてデータを区切る必要がある．描画の例を図 1.5 に示す．

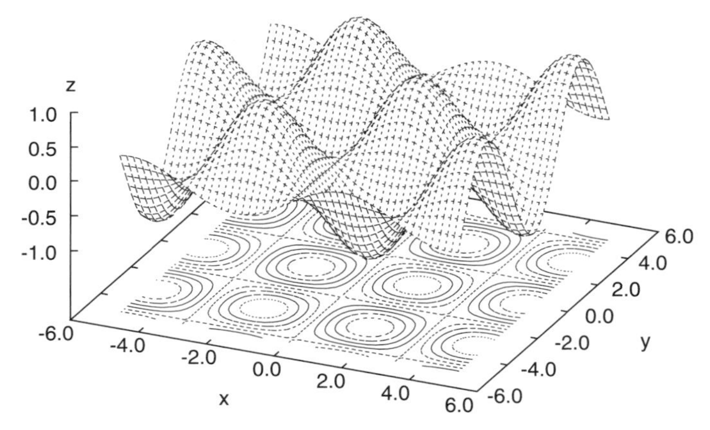

図 1.5　$z = \sin x \cos y$ の 3 次元表示

なお，gnuplot> set contour と入力した後に上記の splot ... を入力すると，図 1.5 のように**等高線**を x-y 平面上に表示することができる．さらに，gnuplot> set pm3d としてから splot ... を入力すると，面が塗りつぶされた表示が行われる．バージョン 4.0 以上の gnuplot であれば，マウス操作が可能なので試してみよう．

50)　上書きされないようにするには，既存の出力ファイルをほかのディレクトリに移動するか，あるいは別の名前のファイルとしておくのが簡単である．

演習 1.18 演習 1.12 で作成した等比級数 a_n の値をディスプレイに表示するプログラムを変更し，n と a_n の値を出力ファイル output.d へ書き出すものとせよ．また，gnuplot を使用して，output.d に出力された n と a_n の関係をグラフに表示せよ[51]．

演習 1.19 $[-1,1]$ の範囲を $n-1$ 等分して得られる n 個の点を $x_1, x_2, \ldots, x_n$ とする．x_i の値と双曲線関数 $\sinh x_i = (e^{x_i} - e^{-x_i})/2$，$\cosh x_i = (e^{x_i} + e^{-x_i})/2$，$\tanh x_i = \sinh x_i / \cosh x_i$ の値をファイルに出力するプログラムを作成せよ（$i = 1, 2, \ldots, n$）[52]．ファイル出力の際には，リスト 1.10 にあるような書式（たとえば 4e12.4）を用いるとよい．また，gnuplot を用いてグラフ表示してみること[53]．

本章では，do ループを用いる反復計算を中心に，条件に応じて処理を選択する if 文，反復演算の制御を行う exit 文や cycle 文，そしてファイルの入出力操作などを解説した．実際のプログラミングで重要となる配列や副プログラムは後の章で学ぶが，本章の内容を理解しただけでも，演習問題にあるような基本的なプログラムを作ることができるだろう．また，本書では gnuplot による描画をたびたび利用しているが，これは計算結果の理解に役立つばかりでなく，プログラムの動作確認のためにも有効である．プログラミングとともに，描画ツールの使い方にも慣れてほしい．以下に，プログラム作成時の要点をまとめておく．

プログラミングのポイント 1.8

- ☑ プログラムは一度にすべてを作らないで，動作を確認しながら（コンパイルと実行を繰り返しながら）少しずつ作成していく．
- ☑ プログラムの動作を確認したり，エラーの原因を探すときには，以下の操作を行ってみよう．
  1. stop 文をプログラムの途中に入れて，その位置まで演算が正しく実行できるかどうかを調べる．
  2. 疑わしい実行文の先頭に ! を付けてコメントとしてみる．
  3. write 文を使って変数の値を納得のいくまで書き出す．

演習 1.20 x-y 平面上で，原点を中心とし，半径が r（>0）である円の円周上の点 P は $x = r\cos\theta$，$y = r\sin\theta$ と表される（$0 \le \theta \le 2\pi$）．θ を 0 から 2π まで $\Delta\theta = 2\pi/n$ 刻みで変化させ（n は 3 以上の整数），各 θ に対する円周上の点の x，y 座標をファイルに出力せよ．また，これらの点を結ぶ内接多角形を gnuplot により表示せよ．

演習 1.21 演習 1.20 の多角形の面積と円の面積の差の絶対値 $|e|$ を求め，分割数 n と $|e|$ の値をファイルに出力するプログラムを作成せよ．また，n と $|e|$ の関係を gnuplot を用いてグラフに表示せよ．

51） 縦軸を対数表示する場合には，gnuplot> set logscale y と指定してから，gnuplot> plot 'output.d' として描画する．元に戻すには，gnuplot> unset logscale y とする．

52） $\sinh x$ などは，組み込み関数を用いて sinh(x) などとして求めることも可能（付録 2 参照）．

53） ファイル output.d に出力された 1 カラム目のデータと 3 カラム目のデータのグラフを描画するには，gnuplot> plot 'output.d' using 1:3 とする（付録 3 参照）．

演習 1.22 実数 a, b, c ($a \neq 0$) をキーボードから入力すると，**2次方程式** $ax^2 + bx + c = 0$ の**判別式** $D = b^2 - 4ac$ の値と，方程式の解を表示するプログラムを作成せよ[54]．解が虚数となる場合は，実部と虚部をそれぞれ表示するものとせよ．

演習 1.23 以下の $K(k)$ を求める積分を**第1種完全楕円積分**といい，べき級数として項別に積分すると，下記のような展開式として表されることが知られている ($0 \leq k^2 < 1$)．

$$K(k) = \int_0^{\pi/2} \frac{1}{\sqrt{1 - k^2 \sin^2 \theta}}\, d\theta = \frac{\pi}{2}\left(1 + \frac{1^2}{2^2}k^2 + \frac{1^2 \cdot 3^2}{2^2 \cdot 4^2}k^4 + \frac{1^2 \cdot 3^2 \cdot 5^2}{2^2 \cdot 4^2 \cdot 6^2}k^6 + \cdots\right) \tag{1.11}$$

展開式の右辺の括弧内の第 n 項までを用いて，$K(k)$ を近似的に求めるプログラムを作成せよ[55]．また，第 n 項まで用いた近似値と第 $n-1$ 項までの近似値との差 e を出力し，n が大きくなると $|e|$ が 0 に近づくことを確認せよ (n は 2 以上の整数)．

演習 1.24 一端が原点に一致するように x 軸に沿って置かれた長さ L の棒がある．棒の**熱伝導率**は κ とする．この棒の両端の温度を 0 に保ち，棒の初期温度分布を $T(0, x) = x$ ($0 \leq x \leq L/2$) および $L - x$ ($L/2 \leq x \leq L$) としたとき，時刻 t における**温度分布** $T(t, x)$ は，フーリエ級数を利用すると次式のように表される．

$$T(t, x) = \frac{4L}{\pi^2}\left(e^{-\lambda_1^2 t} \sin\frac{\pi x}{L} - \frac{1}{3^2}e^{-\lambda_3^2 t} \sin\frac{3\pi x}{L} + \frac{1}{5^2}e^{-\lambda_5^2 t} \sin\frac{5\pi x}{L} - \cdots\right) \tag{1.12}$$

ここに，$\lambda_n^2 = \kappa(n\pi/L)^2$ である．上記の括弧内の級数を 50 項までとり，$\kappa = 0.01$，$L = 1$ として，$t = 0, 1, \ldots, 10$ のときの温度分布を求めるプログラムを作成せよ（演算式の記述方法に関しては，1.3.4 項の式 (1.3) を参照せよ）．$0 \leq x \leq L$ の範囲を m 分割したときの各点 x_i ($i = 1, 2, \ldots, m+1$) における温度 T_i を，上記の時刻ごとにファイル出力すればよい (m は 2 以上の整数)．また，出力ファイルのデータを gnuplot で表示せよ．級数の項数を増減させると表示はどのように変わるだろうか．

---

54) 桁落ちの影響を小さくするための方法については，付録 1.5 参照．

55) 円周率 π を変数に設定する方法は，p. 21 の脚注を参照．多桁数表によると，一例として $k = 0.64$ のとき，$K(k) = 1.78423\,63259\,46738\cdots$ である．

第2章 ▶ 配列を用いるプログラミング

2.1 配列の概要

配列（array）は，固体力学や流体力学などの数値計算プログラムを書くためには必要不可欠である．配列のわかりやすい例は，ベクトルや行列である[1)]．ベクトル $\boldsymbol{x}$ の第 i 成分 x_i や，行列 A の i 行 j 列要素 $a_{i,j}$ のように，整数の添字が付く複数のデータをまとめて表現できる変数が配列であると考えればよい．

詳しくは次節以降で解説するが，たとえば図 2.1 のように，`real(8) x(3)` と宣言すると，倍精度実数を格納できる「枠」が 3 個用意されるとイメージしてみよう．

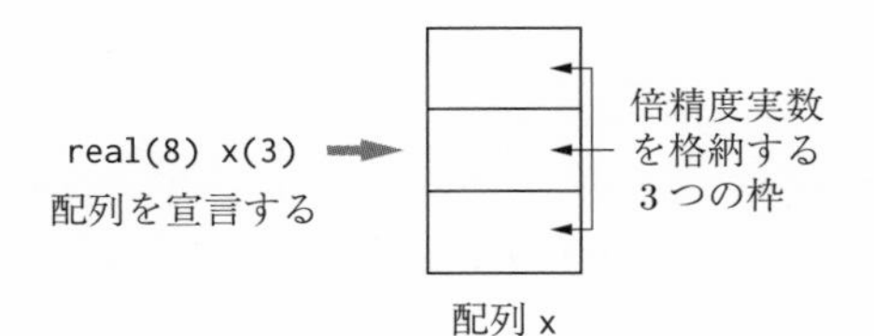

図 2.1 1 次元配列のイメージ

そして，図 2.2 に示すように，3 次元ベクトル $\boldsymbol{x}$ の成分 (x_1, x_2, x_3) を，プログラム中で 3 個の枠に順に入れておく．すると，ベクトル $\boldsymbol{x}$ は配列 x，またベクトル成分 x_i は配列要素 `x(i)` と表され，それらを各種の演算で利用できる（$i, \mathrm{i} = 1, 2, 3$）．

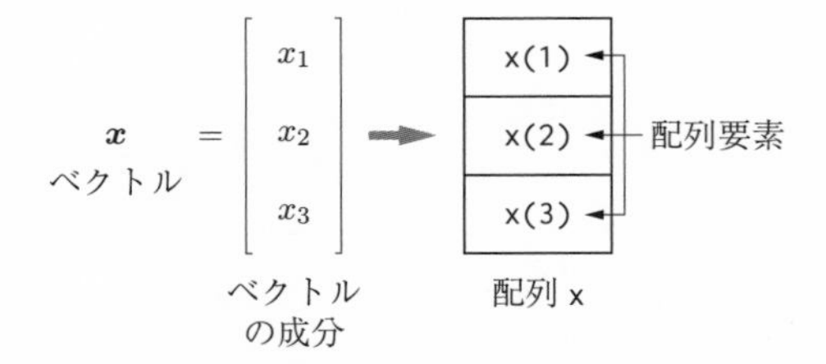

図 2.2 1 次元配列にベクトルを格納する

たとえば，ベクトル成分 x_i の総和 wa を求めたい場合は，do ループを使って，次のように計算できる．

```
wa = 0.0d0
do i = 1, 3
   wa = wa + x(i)
enddo
```

1) 本書では，ベクトルは，適当な座標系により成分表示されているとする．

もし，配列を使わずに，ベクトルの成分を x1，x2，x3 と表せば，総和 wa は，

```
wa = x1 + x2 + x3
```

と計算できる．しかし，成分の数が膨大（たとえば1万）になったときには，これではプログラムを書くのが困難になってしまうことは容易に想像できるだろう．一方，配列を使う場合は，上記の do ループを do i = 1, 10000 と変えるだけでよい．このように，とくに大規模な演算では，配列を用いるプログラミングは重要である．

Fortran 90/95 では，配列を宣言するときの要素数（上記の例の「枠」の数）をプログラム中で動的に設定したり，配列に対する加減乗除などの組み込み演算や，配列を返す関数の利用などが可能となった．このため，プログラミングが柔軟になり，メモリを効率的に利用したり，数式表現と非常によく似た形でプログラム中の配列演算を記述できるようになった．これらの機能を活用してプログラムを書いてみよう．

2.2　配列を使う基本的な演算

2.2.1　ベクトルの内積を求める

2次元平面内に位置ベクトル $\boldsymbol{u}$ と $\boldsymbol{v}$ があり，それらの成分がそれぞれ (u_1, u_2) および (v_1, v_2) であるとする．この2つのベクトルの**内積** p を求める次式の演算を考える．

$$p = \boldsymbol{u} \cdot \boldsymbol{v} = \sum_{i=1}^{2} u_i v_i \tag{2.1}$$

プログラム中では，配列を利用して，ベクトルの成分を次のように表す．

$$u_1, u_2 \to \mathtt{u(1), u(2)}$$

$$v_1, v_2 \to \mathtt{v(1), v(2)}$$

矢印の右側にあるのが**配列要素**（array element）である．配列要素の括弧内の数値を**添字**（subscript）という．数式表現されたベクトル成分 x_i の添字と同様に，配列の添字には必ず整数あるいは整数型の変数を用いる（添字に実数を使うのは誤り）．添字に整数型変数 i を用いて，i の値を do ループで変化させれば，内積計算は次のように書くことができる．

```
dotp = 0.0d0
do i = 1, 2
   dotp = dotp + u(i) * v(i)
enddo
```

この演算は，前章で示された総和を求める際の基本パターン（p. 6）と同様であり，do ループに入る前に dotp をゼロクリアして，これに要素の積を加算していく．上の例で

は，dotp は倍精度実数型としており，前章で述べたように，ゼロクリアの際には右辺の数値 0.0 の後に d0 を付ける．内積計算を上記のように表すと，仮に要素数が 100 になったときには，do ループの制御変数の終値 2 を 100 に変更するだけでよい．

内積を計算するプログラムの全体は，配列の宣言や，配列要素の値を定める代入文を加えることにより，リスト 2.1 のように書かれる．

リスト 2.1　ベクトルの内積を計算する最初のプログラム

```
program dotp1                         ! プログラム文 (プログラムの名称を指定)
  implicit none                       ! 暗黙の変数型の宣言を無効化する
  integer i                           ! 整数型変数 i を宣言
  real(8) u(2), v(2), dotp            ! 倍精度実数型の配列 u,v と変数 dotp を宣言
  u(1) = 1.2d0                        ! 配列 u の第 1 要素の値を代入
  u(2) = 3.4d0                        ! 配列 u の第 2 要素の値を代入
  v(1) = 4.1d0                        ! 配列 v の第 1 要素の値を代入
  v(2) = 2.6d0                        ! 配列 v の第 2 要素の値を代入
  write(*, *) (u(i), i = 1, 2) ! 確認のため配列 u の要素の値を出力
  write(*, *) (v(i), i = 1, 2) ! 確認のため配列 v の要素の値を出力
  dotp = 0.0d0                        ! dotp をゼロクリア
  do i = 1, 2                         ! 内積を計算するための反復演算
     dotp = dotp + u(i) * v(i)
  enddo
  write(*, *) 'dot product = ', dotp ! 結果の出力
end program dotp1
```

リスト 2.1 の後半部分では，上述した内積計算が行われ，最後にその結果を出力している．以下では，配列の宣言方法と，配列要素への値の代入や出力の方法を解説する．

■配列の基本的な宣言方法　リスト 2.1 の 4 行目では倍精度実数型の変数が宣言されており，そのうち u と v が配列である．配列を宣言する 1 つの方法として，使用する要素の個数（寸法）を「2」と整数で指定して，リスト 2.1 のように real(8) u(2) と宣言する方法がある．この宣言により，配列 u に関して，u(1)，u(2) という 2 つの要素が使えるようになる．配列 v についても同様である．

もし，配列 u の添字を −1 から 1 までとしたい場合には，real(8) u(-1:1) のように，添字の上限と下限をコロンで区切って宣言する．図 2.3 は，この配列のイメージである．配列宣言により倍精度実数を格納する 3 個の枠が用意され，それらに「番号」-1，0，1 が付けられる．配列要素は，枠の番号を添字として，x(-1)，x(0)，x(1) と表されることになる．

添字の上下限を数値で指定して配列を宣言する例

```
real(8) u(-1 : 1) ! 3 つの倍精度実数型の配列要素 u(-1),u(0),u(1) が使える
integer m( 0 : 2) ! 3 つの整数型配列要素 m(0),m(1),m(2) が使える
```

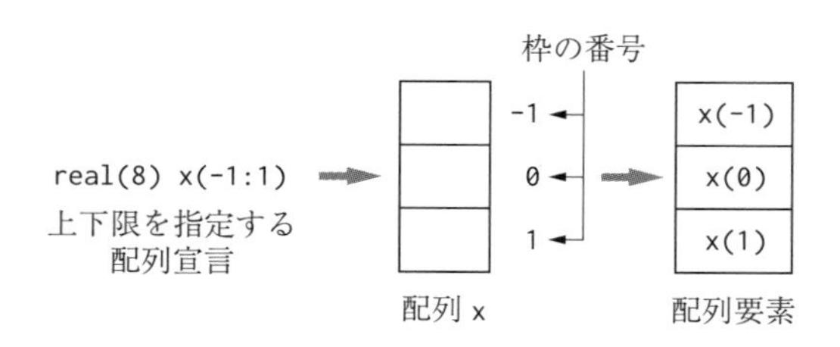

図 2.3　添字の上下限を指定して宣言される1次元配列のイメージ

上記の例では，それぞれ3つの配列要素 u(-1)，u(0)，u(1) および m(0)，m(1)，m(2) が使えるようになる．前者は倍精度実数型，後者は整数型の配列要素なので，これらは倍精度の実数と整数を扱うことができる．リスト 2.1 のように real(8) u(2) と宣言するのは，real(8) u(1:2) と宣言することと同じで，コロンとその左側の数値が省略されると，添字の下限は自動的に1となる．なお，配列を宣言する方法として，寸法の指定に数値を用いない方法もある．それらは 2.5 節で扱われる．

■配列要素の値の設定と出力　リスト 2.1 のプログラムでは，5行目から8行目にかけて，配列 u と配列 v の各要素の値を設定している．配列は倍精度実数型であるので，右辺の数値には d0 を付けている．リスト 2.1 のように，各要素の値をそれぞれ代入文により定めてもよいが，Fortran 90/95 では次のように部分配列に対する**配列代入文**を用いて簡潔に記述することもできる．

```
u(1:2) = (/ 1.2d0, 3.4d0 /)
v(1:2) = (/ 4.1d0, 2.6d0 /)
```

部分配列に対する代入文については，2.3.1 項で詳しく述べる．

次に，リスト 2.1 では，以下のようにして配列要素の値を出力している．

```
write(*, *) (u(i), i = 1, 2)
write(*, *) (v(i), i = 1, 2)
```

write 文に続いて，(u(i), i = 1, 2) と記述すると，u(1) と u(2) が同一行に出力される．ただし，並び出力では，出力するデータ数が多くなると自動的に改行されてしまうことがあるので，確実に同一行にデータを出力する場合には，次のように書式を指定する．

配列要素を同一行に出力する記述例

```
real(8) a(10)   ! 要素数 10 の倍精度実数型配列 a の宣言
integer m(5)    ! 要素数 5 の整数型配列 m の宣言
...
write(*, '(10e12.4)') (a(i), i = 1, 10) ! 書式 10e12.4 を指定して出力
write(*, '(5i6)') (m(i), i = 1, 5)      ! 書式 5i6 を指定して出力
```

上記の書式 10e12.4 は，小数点以下 4 桁を表示する指数形式で，10 個のデータを同一行に出力する指示である（書式の詳細は付録 1.3 参照）．また，書式 5i6 は文字数を 6 個分確保して，その中に右詰めで 1 つの整数を表示する形式で，同一行に 5 個のデータを出力する指示を表す．配列要素の個数が計算条件により変わる場合には，出力の繰り返し回数（10e12.4 の 10 や，5i6 の 5）のほうが出力対象のデータ数より多くても問題ないため，100e12.4 や 100i6 のように，繰り返し回数を表す部分に十分大きい整数を入れておいてもよい．

一方，次のようにすると，途中で改行が行われて，配列要素が出力される．

途中に改行を含む配列要素の出力例

```
real(8) a(10)      ! 要素数 10 の倍精度実数型配列 a の宣言
integer m(10)      ! 要素数 10 の整数型配列 m の宣言
...
do i = 1, 10
   write(*, *) a(i)                  ! 並び出力で各行に 1 つずつ出力される
enddo

do i = 1, 10
   write(*, '(5e12.4)') a(i)         ! e12.4 の書式で各行に 1 つずつ出力される
enddo

write(*, '(2i6)') (m(i), i = 1, 10) ! 各行に 2 個ずつ 5 行分出力される
```

write 文は，改行を抑制する指定[2] を付けなければ，対象データの出力が終了するごとに改行を行うので，上記の最初の do ループによる出力では，並び出力で各行に配列要素を 1 つずつ出力する．また，上記の 2 番目の do ループの出力では，書式は 5e12.4 であるが，出力対象が配列要素 a(i) という 1 つのデータだけなので，e12.4 という書式で各行に配列要素を 1 つずつ出力する．最後の write 文では，1 行に 2 つデータを出力する 2i6 という書式に従い，10 個の配列要素が出力されるので，各行に 2 つずつ 5 行にわたる出力が行われる．以上の出力に関する詳細は，付録 1.3 を参照されたい．

2.2.2 配列要素の値を入力ファイルから読み取る方法

配列要素の値を入力ファイルから読み取る場合の例を以下に示す．

入力ファイルから配列要素の値を読み込む例

```
real(8) a(4), b(4)            ! 倍精度実数型配列 a,b の宣言
open(10, file = 'input1.d') ! 入力ファイル input1.d を開く
open(20, file = 'input2.d') ! 入力ファイル input2.d を開く

do i = 1, 4
```

2) p. 13 あるいは付録 1.3 参照.

```
    read(10, *) a(i)          ! 各行から 1 つずつ配列要素の値を読み込む
  enddo
  read(20, *) (b(i), i = 1, 4) ! 改行の有無に関係なく配列要素の値を 4 つ読み込む
```

read 文は，指定された変数の読み取りが終了すると，次の行へ進む（付録 1.3 参照）．このため，上記の do ループによる配列要素の読み込みでは，入力ファイルの各行に書かれた最初の（左端の）データが配列要素に格納される．このため，もし入力ファイルの内容が，1 行に書かれた 4 つのデータであるとすると，読み取られるデータが 1 つしかないことになり，入力エラーとなる．入力ファイルの内容は，4 行のデータとする必要がある[3]．

一方，上記の最終行の read 文では，入力ファイル中の改行の有無にかかわらず，ファイルの先頭から 4 つのデータが順に読み込まれて配列要素に格納される．1 行に 4 つのデータが書かれていてもよく，また 4 行に 1 つずつデータが書かれていてもよい．

たとえば

```
1.0  2.0  3.0  4.0
```

あるいは

```
1.0
2.0
3.0
4.0
```

なお，read 文で書式を指定すると，その書式に合わない入力データは読めなくなるため，普通は並び入力としておくのがよい．並び入力では，データの書式に依存せずに，変数の型に合わせて入力が行われる．同一行に書かれたデータ間の区切りとしては，1 つ以上のスペースあるいはタブを入れておけばよい．これらのデータ入力の詳細については，付録 1.3 を参照されたい．

2.2.3　配列の上下限を超えるアクセス

do ループの演算で配列要素を扱うときなどに，配列の上下限を超える要素にアクセス（代入や参照）することは重大な誤りであるので注意する．たとえば，リスト 2.1 のプログラムで u(3) や v(0) にアクセスすることは誤りである．これを行うと，無効な値を読み出したり，あるいは書き込みによりメモリ上のデータを破壊する可能性もある．このため，添字が配列の上下限を超えないように，十分注意してプログラムを作成する．

一部のコンパイラには，添字が配列の上下限を超える場合に，警告あるいはエラーを出す**オプション**が用意されている．この機能は非常に有用であるので，使用しているコンパイラにこのオプションがあれば利用するとよい．たとえば，gfortran を使う場合は，

```
gfortran -fbounds-check main.f90
```

3)　この場合には，各行の左端のデータの右隣にコメント（データの説明文など）を書くことができる．

のように，オプション -fbounds-check を付けてコンパイルする．すると，プログラム実行時に，配列の上下限を超える要素へアクセスしたときにエラーメッセージが出される．プログラム作成時には，このオプションを活用しよう[4)]．

プログラミングのポイント 2.1

- ☑ 配列の上下限を超えるアクセスを行わないように注意する．
- ☑ コンパイル時に，配列の上下限をチェックするオプションを使う．

演習 2.1　要素数が 3 である 3 次元ベクトル $\boldsymbol{u}$，$\boldsymbol{v}$ を表す配列 u，v を宣言し，それらの要素の値を入力ファイル mat.d から読み取った後，各要素の値をディスプレイ画面上に出力し，さらに $\boldsymbol{u}$ と $\boldsymbol{v}$ の内積を出力するプログラムを作成せよ．

2.2.4　配列とスカラ

次のように，10 個の要素をもつ倍精度実数型の配列 a と変数 b を宣言する．

```
real(8) a(10), b
```

このとき，配列要素 a(1) から a(10) をプログラム中で使用することができる．個々の配列要素，たとえば a(3) は，b と同様に，単一の倍精度実数型の変数である．このように，単一の変数である a(3) や b を，配列 a と区別して，**スカラ**（scalar）とよぶ．a は配列であるが，a(3) はスカラである．リスト 2.1 の 5 行目から 8 行目では，スカラである各要素への数値の代入が行われている．

2.3　部分配列の基本的な使い方

Fortran 90/95 では，配列の添字の部分に，始値と終値をコロンで区切って記述することにより，その範囲の配列要素を扱えるようになった．このように表現された配列を**部分配列**（array section）という．本節では，部分配列の基本的な使い方を解説する．より進んだ部分配列の利用方法は 2.7 節で述べる．

2.3.1　部分配列に対する配列代入文

以下に，部分配列の記述方法と，部分配列に対する代入演算の例を示す．

部分配列の記述方法と代入演算の例

```
配列変数名 (始値 : 終値)

integer m(10)                       ! 整数型配列 m の宣言
```

4)　オプションは，付録 4.1 で述べる Makefile に書いておくと便利である．なお，動作が確認されたら，このオプションは省略してもよい．オプションを省略すると，計算速度が向上することが多い．

```
  m(1:3) = 0                       ! m(1),m(2),m(3) に 0 を代入
  m(4:6) = (/ 2, 3, 4 /)           ! m(4),m(5),m(6) に順に 2,3,4 を代入
  m(1:3) = (/ (i, i = 1, 5, 2) /) ! m(1),m(2),m(3) に順に 1,3,5 を代入
  m(:)   = 0                       ! 配列 m の全要素に 0 を代入
```

部分配列は，上記のように配列の添字部分に (始値 : 終値) と表示された配列である．通常，始値は配列の添字の下限値以上，終値は上限値以下とする[5)]．始値と終値が同じ値であるとき，たとえば m(3:3) は，スカラ m(3) ではなく，要素数 1 の 1 次元配列を表す．要素数 1 の 1 次元配列は，スカラとは異なる変数である．そのため，スカラ変数 i に対して，i = m(3:3) のような代入演算はできない．

上記の例では，要素数が 10 である整数型配列 m を宣言している．この配列 m の部分配列に対して，いくつかの方法で数値が代入されている．m(1:3) = 0 という実行文では，始値と終値が 1 および 3 である部分配列の要素，すなわち m(1)，m(2)，m(3) に 0 が代入される．配列のすべての要素に 0 を代入する場合には，m(1:10) = 0，あるいは簡単に m(:) = 0 または m = 0 と記述してもよい．m(:) のように，部分配列の始値あるいは終値を省略すると，配列の添字の下限値と上限値が自動的に設定される．このため，m(:) = 0 という演算では，配列 m の全要素に 0 が代入されることになる．全要素に対する演算であることが明確であれば，このように始値と終値は省略してもよいと思われる．しかし，m = 0 という表記では m が配列かスカラかという区別がつかなくなる可能性があるので，使わないほうがよいだろう．

また，上記の例の 3 行目のように，m(4:6) = (/ 2, 3, 4 /) として，部分配列の各要素に異なる数値を代入することができる．この右辺は，**定数配列**（array constants）といわれる[6)]．この代入文では，左辺の部分配列の要素数と，右辺のデータの個数が等しくなければならない．したがって，次のような配列代入文は誤りである．

```
m(2:3) = (/ 2, 3, 4 /) ! 左辺の要素数と右辺のデータの個数が違うので誤り
```

さらに，上記の 4 行目のように，m(1:3) = (/ (i, i = 1, 5, 2) /) という do ループの制御変数のような書き方により，規則的に変化する値を配列要素に設定することもできる．これは，次のような do ループによる代入演算と同じである．

```
j = 1
do i = 1, 5, 2
   m(j) = i
   j = j + 1
enddo
```

5)「添字三つ組」や，始値が終値より大きい場合などの詳細は，2.7 節で解説する．
6)　定数配列を表記するとき，(/ の間にスペースを入れるとコンパイルエラーとなる場合がある．/) も同様．

上記の代入演算では，m(1)，m(2)，m(3) に，順に 1，3，5 という値が設定される．部分配列に慣れないうちは，このように do ループを使って記述してもよい．

2.3.2 配列宣言時の初期値設定

2.3.1 項で述べた部分配列に対する代入文を利用して，宣言時に配列要素の初期値を設定することができる．スカラ変数の宣言時に初期値を設定する場合には，2 連コロン「::」を入れる必要があることを前章で述べた（p. 26 参照）．これと同様に，配列要素に初期値を設定する場合にも，宣言文中には 2 連コロン「::」を入れる．以下にいくつかの例を示す．

配列宣言時に初期値を設定する例

```
integer :: ia(1:4) = 0           ! ia のすべての要素の初期値は 0 となる
integer :: ib(1:2) = (/ 2, 3 /) ! ib の初期値は 2,3 となる
integer :: i, ic(1:2) = (/ (i, i = 5, 3, -2) /) ! ic の初期値は 5,3 となる
```

上記の例では，2.3.1 項の代入演算と同様にして，配列要素に初期値が設定される．なお，上記の 1 行目の宣言文は，始値を省略して integer :: ia(4) = 0 と書いてもよい．

2.3.3 配列に対する組み込み演算

1.3.4 項で述べたように，+，-，*，/ といった演算記号は**組み込み演算子**とよばれる．Fortran 90/95 では，スカラ変数だけでなく，配列あるいは部分配列に対しても組み込み演算子を用いる演算（組み込み演算）が可能である．たとえば，次のようなプログラム部分

```
integer ia(4), ib(4), i
ia(1:4) = (/ 1, 2, 3, 4 /)
do i = 1, 4
   ib(i) = 10 + 2 * ia(i)
enddo
write(*, *) (ib(i), i = 1, 4) ! 12  14  16  18 と出力される
```

の 3 行目から 5 行目にかけての演算は，以下のように 1 行で表すことができる[7)]．

```
ib(1:4) = 10 + 2 * ia(1:4)
```

2.4 節で解説する配列の「**形状**」が同じであれば，配列の組み込み演算は上記と同様に記述することができる．ただし，配列に対する組み込み演算は，配列要素ごとに演算が行われることを意味しており，たとえば 2 つの 2 次元配列の積 ia(1:4, 1:4) * ib(1:4, 1:4) では「対応する要素ごとの積」が求められる[8)]．したがって，この演算は数学で扱

7) これは配列の全要素に対する演算なので，ib(:) = 10 + 2 * ia(:) と記述することもできる．
8) 多次元配列の詳細は，2.4 節で扱われる．

われる「行列の積」とは異なることに注意する（演習 2.20 参照）．

また，組み込み関数のうち，絶対値を求める関数 abs や，平方根を求める関数 sqrt など，いくつかのものは，これらの配列演算式に使うことができる[9]．

```
real(8) :: a(1:4) = (/ -1.0d0, -2.0d0, 3.0d0, 4.0d0 /), b(4)
b(1:4) = sqrt(abs(a(1:4)))  ! 配列を関数の引数としている
```

この2行目の演算は，次の do ループを用いる反復計算と同様である．

```
do i = 1, 4
   b(i) = sqrt(abs(a(i)))   ! 配列要素 (スカラ) を関数の引数としている
enddo
```

いずれの記述方法でも構わないが，部分配列を用いるとプログラムは簡潔に記述され，わかりやすくなる場合がある．ただし，部分配列を用いる場合には，どのような処理が行われるかを十分理解しておくことが必要であり（演習 2.2 参照），慣れないうちは do ループを用いて記述してもよい．

演習 2.2　同じ配列の異なる要素をコピーする，次のプログラム部分

```
ia(1:4) = (/ 1, 2, 3, 4 /)
do i = 2, 4
   ia(i) = ia(i-1)
enddo
```

による演算と，以下のプログラム部分の演算

```
ia(1:4) = (/ 1, 2, 3, 4 /)
ia(2:4) = ia(1:3)
```

とは実行結果が異なる．実際にプログラムを作成して，それぞれのプログラム部分でどのような処理が行われているかを説明せよ．

演習 2.3　要素数 n の整数型あるいは倍精度実数型の配列 a(1:n)，b(1:n)，c(1:n) を用いて，c(:)=(a(:)-b(:))**2 という演算を行った．この演算により配列 c にはどのような結果が格納されるかを説明せよ．また，配列 a，b の要素に適当な値を設定して，この演算を行い，配列 c の要素の値を出力するプログラムを作成せよ．さらに，配列に対する組み込み演算を使わずに，do ループを用いて演算を行うプログラムを作成し，2つのプログラムで同様の計算結果が得られることを確認せよ．

2.3.4　部分配列を用いる配列要素の入出力

2.2.1 項の後半および 2.2.2 項で示された手順により，配列要素の値の出力や，入力ファイルから配列要素へのデータの読み取りが行える．これらの入出力は，本節で示された部分配列を用いると，多少簡単に記述することができる．

p. 40 に示された「配列要素を同一行に出力する記述例」は，部分配列を用いれば，次のように書かれる．

---

9)　組み込み関数の引数にスカラと配列の両方を使用できるのは，総称名という機能による．5.3 節参照．

配列要素を同一行に出力する記述例（部分配列を利用）

```
real(8) a(10)   ! 要素数 10 の倍精度実数型配列 a の宣言
integer m(5)    ! 要素数 5 の整数型配列 m の宣言
...
write(*, '(10e12.4)') a(1:10) ! 書式 10e12.4 を指定して出力
write(*, '(5i6)') m(1:5)      ! 書式 5i6 を指定して出力
```

上記の例では，配列 a および m のすべての配列要素を出力しているので，a(1:10) は a(:)，また m(1:5) は m(:) と記述してもよい．

次に，p. 41 にある「入力ファイルから配列要素の値を読み込む例」のうち，入力ファイル中の改行の有無に関係なくデータを読み込む方法は，次のように書かれる．

入力ファイルから配列要素の値を読み込む例（部分配列を利用）

```
real(8) b(4)                  ! 倍精度実数型配列 b を宣言
open(20, file = 'input2.d')   ! 入力ファイル input2.d を開く
read(20, *) b(1:4)            ! 改行の有無に関係なく配列要素の値を 4 つ読み込む
```

上記の read(20, *) b(1:4) という実行文では，配列 b のすべての要素が読み込まれるので，read(20, *) b(:) と記述してもよい．

2.3.5 組み込み関数 dot_product の利用

Fortran 90/95 では配列に対する演算を行う組み込み関数が用意されているので，これを利用してリスト 2.1 を書き換えてみよう．ベクトルの**内積**を求める場合には，組み込み関数 dot_product を利用できるので，

```
dotp = 0.0d0                    ! dotp をゼロクリア
do i = 1, 2                     ! 内積を計算するための反復演算
   dotp = dotp + u(i) * v(i)
enddo
write(*, *) 'dot product = ', dotp ! 結果の出力
```

というプログラム部分は，

```
write(*, *) 'dot product = ', dot_product(u(1:2), v(1:2)) ! 内積の出力
```

と 1 行で書くことができる．これは配列の全要素に対する演算であるので，

```
write(*, *) 'dot product = ', dot_product(u(:), v(:)) ! または，
write(*, *) 'dot product = ', dot_product(u, v)
```

と記述してもよい．dot_product は，このように 2 つの 1 次元配列を引数[10] として受け取り，内積という単一の数値（スカラ）を返す関数である．このため，上記のように

10) p. 20 の脚注でも述べたように，関数やサブルーチンと受け渡しされる変数や配列を引数という．詳細は 3.2.4 項で解説する．

write 文の直後に書くと，内積の値を出力することができる．なお，引数となる 2 つの配列の寸法（要素の個数）は一致していなければならない．以下に簡単な例を示す．

```
  integer :: ia(3) = (/ 1, 2, 3 /)
  integer :: ib(2) = (/ 4, 5 /)
! write(*, *) dot_product(ia, ib) ! 引数の寸法が一致しないので誤り
  write(*, *) dot_product(ia(2:3), ib(1:2)) ! 23と正しく出力される
```

演習 2.4　ベクトル $\boldsymbol{u} = (u_1, u_2, u_3)$ が与えられたとき，その大きさ $l = \sqrt{u_1^2 + u_2^2 + u_3^2}$ を求めるプログラムを作れ．組み込み関数 dot_product を使う演算と使わない演算の 2 つを記述し，同様の結果が得られることを確認せよ．なお，ベクトルは配列を用いて表すこと（以下の演習でも同様）．

演習 2.5　ベクトル $\boldsymbol{u} = (u_1, u_2, u_3)$ が与えられたとき，これを**正規化**する（大きさが 1 で $\boldsymbol{u}$ と同じ方向に向かうベクトルとする）プログラムを作成せよ．$\boldsymbol{u}$ の大きさが 0 の場合には，0 による除算を行わないように，メッセージを出して終了するようにせよ．

演習 2.6　3 次元空間中のゼロベクトルでないベクトルが，直交座標系の x，y，z 軸の正の向きとなす角を α，β，γ とするとき，$\cos\alpha$，$\cos\beta$，$\cos\gamma$ を**方向余弦**という．3 次元ベクトル $\boldsymbol{u} = (u_1, u_2, u_3) \neq \boldsymbol{0}$ が与えられたとき，各方向余弦は各軸方向に向かう単位ベクトルとの内積を利用して求められることを考慮して，それらの値を出力するプログラムを作成せよ．また，$\cos^2\alpha + \cos^2\beta + \cos^2\gamma = 1$ が成り立つことを確認せよ．

演習 2.7　ベクトル $\boldsymbol{u} = (u_1, u_2, u_3)$ と $\boldsymbol{v} = (v_1, v_2, v_3)$ の**外積**は，

$$\boldsymbol{u} \times \boldsymbol{v} = (u_2 v_3 - u_3 v_2)\boldsymbol{i} + (u_3 v_1 - u_1 v_3)\boldsymbol{j} + (u_1 v_2 - u_2 v_1)\boldsymbol{k} \tag{2.2}$$

と表される．2 つの 3 次元ベクトル $\boldsymbol{u}$，$\boldsymbol{v}$ が与えられたとき，それらの外積により定められるベクトル $\boldsymbol{u} \times \boldsymbol{v}$ の 3 つの成分を出力するプログラムを作成せよ．

演習 2.8　3 次元直交座標系で表される空間中の原点以外の異なる 2 点 P，Q の x，y，z 座標を適当に設定し，原点 O とこれらの 2 点から構成される**三角形の面積** A を求めるプログラムを作成せよ．面積を求める際には，2 つのベクトル $\boldsymbol{a} = \overrightarrow{OP}$，$\boldsymbol{b} = \overrightarrow{OQ}$ を利用すると，

$$A = \frac{1}{2}|\boldsymbol{a} \times \boldsymbol{b}| \tag{2.3}$$

と計算されること，また $a = |\boldsymbol{a}|$，$b = |\boldsymbol{b}|$，$c = |\boldsymbol{b} - \boldsymbol{a}|$，$s = (a + b + c)/2$ とするとき，

$$A = \sqrt{s(s-a)(s-b)(s-c)} \tag{2.4}$$

と計算されること（**ヘロンの公式**）を利用し，式 (2.3) と式 (2.4) から面積 A が同様に計算されることを確かめよ．前者の計算には，演習 2.7 のプログラムを利用すればよい．

2.4　配列の次元と形状

2.4.1　多次元配列

これまでの例に示されたように，ベクトルを表す配列の添字は 1 つであった．これに対して，行列の要素 $a_{i,j}$ のように，行と列を表す 2 つの独立した添字が必要となる場合には，次のようにして配列を宣言すればよい．

```
real(8) a(2, 3) ! たとえば2行3列の行列を表す配列
...
do i = 1, 2
   write(*, *) (a(i, j), j = 1, 3)
enddo
```

上記の配列 a は**2次元配列**といわれる．図 2.4 に，2 次元配列のイメージを示す．配列 a が行列を表すとすれば，real(8) a(2, 3) により，2 行 3 列の枠が用意される．各枠には，行列の要素 $a_{i,j}$ に対応する，倍精度実数の配列要素 a(i, j) を格納することができる．

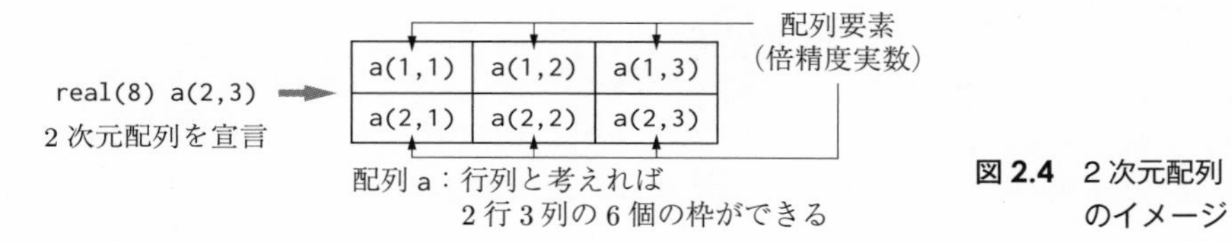

図 2.4 2 次元配列のイメージ

この例では，配列 a に 2 つの独立した添字（上記の例では i と j）を使うことができる．このように，カンマで区切られた添字の数を**次元数**あるいは**ランク**（rank）という．上記の 2 次元配列 a のランクは 2 である．区切りのカンマを増やしていくことにより，3 次元あるいはより多次元の配列を宣言することができる．Fortran 90/95 では，7 次元までの配列を使用することができる．前出のベクトルのように，添字の数が 1 である配列は 1 次元配列といわれる．

2.4.2 配列の寸法，形状，大きさ

多次元配列の各次元の要素の数を，その次元の**寸法**（extent）という．real(8) a (2, 3) と宣言された 2 次元配列 a の最初の次元の寸法は 2 であり，2 番目の次元の寸法は 3 である．寸法を次元の順に並べたリストをその配列の**形状**（shape）という．上記の配列 a の形状は，(2, 3) となる．したがって，形状が同じ 2 つの配列とは，次元の数が同じで，しかもその次元ごとの寸法が等しい配列である．また，配列の要素の総数をその配列の**大きさ**（size）という．配列の大きさは，寸法の積で表される．1 次元配列では，配列の大きさと寸法は等しい．

配列の形状を知るための組み込み関数として，shape がある．配列 a に対して shape (a) は，各次元の寸法を格納した 1 次元配列を返す[11)]．また，組み込み関数 size (a, n) は，最初の引数 a に配列，2 番目の引数 n に何番目の次元かを指定すると，その次元の寸法を返す．2 番目の引数 n が省略されると，配列の大きさを返す．以下に

11) 後で述べる，割付け前の割付け配列を引数とすることはできない．また，スカラを引数とすると，大きさゼロの 1 次元配列を返す．これを出力しても何も表示されない．

これらの組み込み関数の使用例を示す．

```
integer a(-1:2, 3, 0:4), s(3)     ! 3次元配列aと1次元配列sを宣言
write(*, *) 'shape  = ', shape(a) ! 配列aの形状を出力
s(1:3) = shape(a) ! shapeは要素数3の1次元配列を返す．これをsに格納
write(*, *) 's      = ', s(1:3)   ! sの要素を出力
write(*, *) 'extent = ', & ! 順に1,2,3番目の次元の寸法を出力
     size(a, 1), size(a, 2), size(a, 3)
write(*, *) 'size   = ', size(a)  ! 配列aの大きさを出力
```

上記のプログラム部分を実行すると，次のような出力が得られる．

```
shape  =            4           3           5
s      =            4           3           5
extent =            4           3           5
size   =           60
```

なお，shapeは，引数が1次元配列であるときには，単一の数値（スカラ）ではなく，要素数1の配列を返す．このため，次のようにスカラ変数iやia(1)にshapeの戻り値を代入することはできない．しかし，ia(1:1)は要素数1の配列なので，戻り値を代入できる．

```
  integer i, ia(1), m(10)
! i      = shape(m)   ! これは誤り (左辺はスカラ，右辺は配列)
! ia(1) = shape(m)    ! これも誤り (同上)
  ia(1:1) = shape(m) ! これは正しい (両辺とも配列)
  write(*, *) 'ia = ', ia(1:1) ! 10と出力される
```

2.5　配列の宣言方法と割付け配列

2.5.1　配列を宣言する方法

リスト2.1のプログラムでは，2という数値を使用して配列の寸法を指定した．配列を宣言する際の寸法の定め方として，以下のような3種類の方法がある．

1. リスト2.1のように，配列の寸法を「数値」を使って指定する方法．配列の寸法が「決め打ち」されてしまうので，問題の条件によって寸法が変化する場合には，宣言文と実行文中の寸法に関係する部分の書き換えが必要になるという欠点がある．ただし，寸法が不変であれば，この方法でもよい．
2. 定数（constant）を使って配列の寸法を定める方法．**定数**とは，parameter**属性**を付け，値が指定されて宣言された変数である[12]．実行文中においても，寸法に関係する数値にこの定数を用いれば，問題の条件によって寸法が変化する場合でも，定数の値を変更するだけで対応できる．ただし，定数の値を書き換えることは，プログラムの変更であるので，当然再コンパイルが必要である．

12)　定数は「**名前付き定数**」（named constant）ともいわれる．

3. 割付け配列（allocatable array）を用いて，実行文中で配列の寸法を定める方法．定数に限らず，一般の整数型変数を使って配列の寸法を定めたり（**割付け**），また**割付け解除**によりメモリを解放し，異なる寸法を再割付けすることなどができるので，非常に柔軟なプログラミングが可能となる．

上記 1. の方法は，すでに示したとおりである（p. 39 などを参照）．一方，上記の 2. の方法を使って配列を宣言するプログラム例は，次のようになる．

リスト 2.2　定数により配列の寸法を定めるプログラム例

```
program dotp2
  implicit none
  integer i
  integer, parameter :: n = 2 ! 定数 n を宣言 (2 連コロンを入れ，初期値を指定する)
  real(8) u(n), v(n), dotp    ! 定数 n を使って配列を宣言
  !... 配列の初期値を設定 (プログラムは省略)
  dotp = 0.0d0
  do i = 1, n                 ! ループの演算範囲にも定数 n を利用
     dotp = dotp + u(i) * v(i)
  enddo
  write(*, *) 'dot product = ', dotp
end program dotp2
```

リスト 2.2 では，4 行目で parameter **属性**を付けて整数定数 n を宣言している．このように，**属性**を指定して宣言を行う場合には，**2 連コロン**「::」を間に入れる必要がある[13]．リスト 2.2 のプログラムでは，この定数 n を使って配列を宣言し，実行文中の do ループの制御変数の終値にも定数 n を利用している．このため，たとえばベクトルの要素数が 100 となった場合には，リスト 2.2 の 4 行目を

```
integer, parameter :: n = 100
```

と変更してコンパイルすればよい．なお，プログラム中で定数に対する代入演算を行うことはできない．このため，定数の値は実行開始から終了まで不変である．

プログラミングのポイント 2.2

☑ **定数を宣言するときには parameter 属性を付け，初期値を指定する．宣言文には 2 連コロン「::」を入れること．定数には代入演算は行えず，その値は不変である．**

定数を使って配列を宣言する方法

```
integer, parameter :: n = 2   ! 整数型の定数 n を宣言
real(8) u(n)                  ! この n を使って 1 次元倍精度実数型配列 u を宣言
integer m(n, n, n)            ! この n を使って 3 次元整数型配列 m を宣言
```

13）本書では，parameter，allocatable，save，intent，private，public，optional 属性を扱う．

上記 **3.** の割付け配列を使うプログラム例は，以下のようになる．

リスト 2.3　割付け配列を利用するプログラム例

```
program dotp3
  implicit none
  real(8), allocatable :: u(:), v(:) ! allocatable属性を付けて割付け配列を宣言
  integer :: i, n = 2   ! このnは定数ではなく，一般の整数型変数
  real(8) dotp
  allocate (u(n), v(n))              ! 割付けを行う
  !...配列の初期値の設定と内積の計算
  deallocate (u, v)                  ! 割付け解除
end program dotp3
```

リスト 2.3 では，3 行目で allocatable **属性**を指定し，寸法を表す部分にコロンを入れて，割付け配列を宣言している．この宣言文では属性が指定されているので，リスト 2.2 の定数の宣言文と同様に，2 連コロン「::」が必要である．このようにして割付け配列の宣言を行う．

4 行目では，整数型の変数 i と n を宣言し，このうち n の初期値を 2 としている．そして，6 行目で allocate **文**を用いて配列の割付けを行い，寸法を確定する．このときに用いる変数 n は，所定の値が代入された一般の整数型変数であり，定数でなくてもよい．このため，n の値をプログラムの実行文中で定めることとすれば，実行時に配列の寸法を自由に指定できることになる．この割付けを行った後に，割付け配列は演算に使用可能となる．割付け前の割付け配列を演算に使用すると，エラーとなるので注意する．

割付け配列の割付けを解除する場合には，リスト 2.3 の最終行の 1 つ上の行のように，deallocate **文**を使う．すると，配列に割り当てられていたメモリ領域が解放され，そのメモリ領域をほかの配列の割付けなどに使用することができる．次のように，deallocate 文による割付け解除後に，再び異なる寸法で同じ名称の配列を割り付けることも可能である．

```
integer i, j
integer, allocatable :: ia(:)        ! 整数型の割付け配列の宣言
do i = 1, 3
   allocate (ia(-i : i))             ! 割付け
   ia(-i : i) = (/ (j, j = -i, i) /)
   write(*, *) ia(-i : i)
   deallocate (ia)                   ! 割付け解除
enddo
```

ただし，いったん割付けを解除してしまうと，割付け解除前の配列の内容は失われる．なお，リスト 2.3 の例のように，割付け解除後にプログラムが終了する場合には，deallocate 文は省略可能である．

割付け配列の宣言と実行文中で寸法を設定・解除する方法

```
real(8), allocatable :: u(:)       ! 1次元倍精度実数型の割付け配列の宣言
integer, allocatable :: im(:, :)   ! 2次元整数型の割付け配列の宣言
integer m, n                       ! 整数型変数 m,n の宣言
... m, n の値を実行文中で定める
allocate (u(n), im(m, n))          ! 配列 u,im の割付け
... 配列 u, im を用いる演算
deallocate (u, im)                 ! 配列が不要となったら割付け解除する
```

2.5.2 割付け配列の利用例

リスト 2.3 では，配列の寸法を定める整数型変数 n の値が宣言時に指定されているが，この n の値を標準入力（キーボード入力）によって定めるように書き換えてみよう．リスト 2.4 のプログラムでは，配列の寸法は入力された値に基づいて定められる．

リスト 2.4 標準入力から割付け配列の寸法を定める内積計算プログラム

```
program dotp4
  implicit none
  real(8), allocatable :: u(:), v(:)      ! 割付け配列 u,v の宣言
  integer :: n
  write(*, *) 'input n : '                ! 入力を促す表示 (改行を抑制)
  read (*, *) n                           ! n の値を読み取る
  allocate (u(n), v(n))                   ! n を用いて配列の割付けを行う
  write(*, *) 'input u(1 : n) : '
  read (*, *) u(1 : n)                    ! 配列 u の要素の値を読み取る
  write(*, *) 'input v(1 : n) : '
  read (*, *) v(1 : n)                    ! 配列 v の要素の値を読み取る
  write(*, *) 'dp = ', dot_product(u, v) ! 内積を出力 (組み込み関数を利用)
  deallocate (u, v)                       ! 割付け解除 (省略可能)
end program dotp4
```

リスト 2.4 では，read 文を用いて整数型変数 n の値を標準入力から読み取り，この n を使って allocate 文により割付けを行っている．このプログラムをコンパイルして実行すると，入力を促す表示がディスプレイ画面上に現れ，一例として，以下のようにキーボード入力を行うと，内積の計算結果が表示される．

```
input n : 3
input u(1 : n) : 1.2   3.4   5.6
input v(1 : n) : 9.8   7.6   5.4
 dp =  67.84
```

上記の実行例では，配列の要素数を 3 と入力し，次に 2 つの配列要素の値をそれぞれ 3 つずつキーボードから順に入力している．リスト 2.4 の read 文では並び入力を利用しているので，同一行に数値を入力する際には，データの間に 1 つ以上のスペースかタブを入れればよい．すると，内積が出力されて演算が終了する．リスト 2.4 では，配列の

要素数が変わる場合でも，プログラムを書き換える必要はない．

プログラミングのポイント 2.3

☑ **配列の大きさが問題の条件によって変化する場合には，割付け配列を利用する．**

演習 2.9　リスト 2.4 のプログラムを書き換えて，入出力ファイルを利用するものとせよ．すなわち，open 文を用いて，入力ファイルから n と各ベクトルの要素を読み込み，出力ファイルに内積を書き出すものとせよ．このようにすると，計算条件が変わっても，入力ファイルを書き換えるだけでよく，プログラムの再コンパイルは不要であることを確認せよ．

1.4.3 項で述べたように，Fortran 90/95 の組み込みサブルーチンとして用意されている random_number を利用すると，0 以上 1 未満の区間，すなわち $[0, 1)$ の区間に含まれる疑似的な一様乱数を発生させることができる．割付け配列を用いる次の例題を考えてみよう．

[例題 2.1]　$[0, 1)$ の区間の一様乱数を，キーボード入力した個数 n だけ発生させて 1 次元配列に格納し，それを $[-1, 1)$ の区間の一様乱数に変換して出力するプログラムを作成せよ．

この例題に対するプログラムは，次のように表される．

リスト 2.5　一様乱数を 1 次元配列に格納し，変換して出力するプログラム

```
program rnum
  implicit none
  real(8), allocatable :: r(:)           ! 割付け配列の宣言
  integer n
  write(*, *) 'input n (>= 1) : '        ! 入力を促す表示
  read(*, *) n                           ! n の値を読み取る
  if (n < 1) stop 'stop n < 1'           ! n が不適切な値なら停止する
  allocate (r(n))                        ! 割付け
  call random_seed                       ! 乱数の初期値を設定
  call random_number(r(1:n))             ! 配列に [0,1) の乱数を格納する
  r(1:n) = 2.0d0 * r(1:n) - 1.0d0        ! [-1,1) の乱数に変換する
  write(*, *) r(1:n)                     ! 変換した結果を出力
end program rnum
```

上記の random_seed は乱数の初期値を設定するための組み込みサブルーチンである．このサブルーチンを呼び出さなければ，random_number により毎回同じ乱数列が得られる（p. 256 参照）．また，random_number の引数にはスカラ変数だけでなく，リスト 2.5 のように配列を用いることができる．リスト 2.5 のように call random_number (r(1:n)) とすると，1 次元配列 r の r(1) から r(n) までの要素に $[0, 1)$ の区間の一様乱数列が設定される．また，リスト 2.5 の下から 3 行目では，配列に対する組み込み演算を利用して，$[0, 1)$ の区間の一様乱数を $[-1, 1)$ の区間の乱数に変換している．

演習 2.10　例題 2.1 の配列 r の全要素の**平均値**と**標準偏差**を求めるプログラムを作成せよ．

演習 2.11　組み込みサブルーチン random_number と組み込み関数 int を利用して，整数型の 1 次元割付け配列の要素に，0 から 9 までの整数の一様乱数を設定するプログラムを作成せよ[14)]．1 次元配列の要素数 n は，標準入力から定められるようにすること．

演習 2.12　x_i は 0 から 10 まで $10/(n-1)$ 刻みで増加する n 個の数であるとする（n は 2 以上の整数，$i = 1, 2, \ldots, n$）．この各 x_i に対して，y_i が $y_i = 2x_i + 1 + r_i$ という関係により定められるとする．ただし，r_i は $[-1, 1)$ の区間の一様乱数である．x_i と y_i をそれぞれ 1 次元配列 x と y の要素として，それらの値を上記のように設定し，ファイルに出力するプログラムを作成せよ．出力ファイルには，各点の x(i) と y(i) の組が 1 行ずつ書き出されるようにすること．また，出力ファイルのデータを gnuplot でグラフ表示せよ[15)]．

2.6　多次元配列の利用例

2.6.1　2 次元配列で行列を表現する

多次元配列の使用例として，簡単な行列演算を考える．行列 A の i 行 j 列要素 $a_{i,j}$ は，2 種類の添字をもつ 2 次元配列 a の要素 a(i,j) として表すことができる．たとえば，2 行 2 列（2×2）の行列の要素をプログラム中では次のように表す．

$$A = \begin{pmatrix} a_{1,1} & a_{1,2} \\ a_{2,1} & a_{2,2} \end{pmatrix} \rightarrow \begin{pmatrix} \texttt{a(1,1)} & \texttt{a(1,2)} \\ \texttt{a(2,1)} & \texttt{a(2,2)} \end{pmatrix} \tag{2.5}$$

2×2 行列の要素の値をプログラム中で定めて，その値を出力する，という基本的なプログラムは，リスト 2.6 のように書かれる．

リスト 2.6　2×2 行列の要素の値を設定して出力するプログラム

```
program mat1
  implicit none
  integer i, j
  real(8) a(2, 2)                     ! 倍精度実数型の 2 次元配列の宣言
  a(1, 1:2) = (/ 1.2d0, 3.4d0 /) ! 配列要素の値を設定
  a(2, 1:2) = (/ 5.6d0, 7.8d0 /) ! 配列要素の値を設定
  do i = 1, 2                         ! 行を変化させるループ
     write(*, *) (a(i, j), j = 1, 2) ! 列を変化させて出力する
  enddo
end program mat1
```

リスト 2.6 では，配列 a の各要素に次のような値が設定されている．

$$\begin{pmatrix} \texttt{a(1,1)} & \texttt{a(1,2)} \\ \texttt{a(2,1)} & \texttt{a(2,2)} \end{pmatrix} = \begin{pmatrix} 1.2 & 3.4 \\ 5.6 & 7.8 \end{pmatrix} \tag{2.6}$$

14）組み込み関数 int は，p. 22 あるいは付録 2 を参照．

15）出力ファイル名が output.d であるとき，gnuplot を起動して，plot 'output.d', 2*x+1 と入力すると，乱数を加えていない直線 $y = 2x + 1$ が同時に表示され，その周辺に点 (x_i, y_i) がプロットされる．

この設定を行うために，リスト 2.6 では，次の**配列代入文**を利用している．

```
a(1, 1:2) = (/ 1.2d0, 3.4d0 /)
a(2, 1:2) = (/ 5.6d0, 7.8d0 /)
```

このように表記すると，配列要素が式 (2.6) の右辺で示される行列の要素と同様の配置となりわかりやすい．上記では左辺の部分配列への代入が行われており，2 次元配列 a の 2 番目の次元の部分に書かれた始値と終値が定める範囲の要素数と，代入する数値の個数が一致している必要がある．配列の全要素に同じ値を設定するときには，次のように記述してもよい．

```
a(1:2, 1:2) = 0.0d0    ! あるいは,
a(:, :) = 0.0d0
```

リスト 2.6 のプログラムの後半の do ループでは，配列要素の値が出力される．出力結果の一例は，以下のようになる（並び出力の表示はコンパイラにより多少異なる場合がある）．

```
 1.20000000000000        3.40000000000000
 5.60000000000000        7.80000000000000
```

この do ループでは，行列の行を表す制御変数 i が 1，2 と変化して，do 文と enddo 文に挟まれた次の write 文が実行される．

```
write(*, *) (a(i, j), j = 1, 2)
```

この write 文は，2.2 節の後半で述べたように，行列の列を表す制御変数 j を 1 から 2 まで変化させて，各要素の値を同一行に出力する．これは，2.3.4 項で述べたように，

```
write(*, *) a(i, 1:2)
```

と書いてもよい．なお，より多くのデータを同一行へ確実に出力するには，並び出力ではなく，書式を指定する（p. 40 参照）．

2.6.2　2 次元割付け配列を利用する

割付け配列や open 文を用いるファイル入出力を利用して，リスト 2.6 のプログラムを任意の大きさの正方行列に対応できるように改良してみよう．その例をリスト 2.7 に示す．

リスト 2.7　割付け配列の要素の入出力を行うプログラム

```
program mat2
  implicit none
  integer :: n, i, fi = 10
  real(8), allocatable ::  a(:, :)     ! 2 次元の割付け配列を宣言
  open(fi, file = 'mat.d')             ! 入力ファイルを開く
  read(fi, *) n                        ! 配列の寸法 n を入力ファイルから読み取る
```

```
  allocate (a(n, n))                    ! 割付け
  do i = 1, n
     read(fi, *) a(i, 1:n)              ! 配列要素の値を入力ファイルから読み取る
  enddo
  close(fi)                             ! 入力ファイルを閉じる
  do i = 1, n
     write(*, '(100e12.4)') a(i, 1:n) ! 配列要素の値を出力 (書式付き出力)
  enddo
  deallocate(a)                         ! 割付け解除 (省略可能)
end program mat2
```

リスト 2.7 の 4 行目では，2 次元の割付け配列を宣言している．多次元の割付け配列は，このように寸法をコロンで表し，これをカンマで区切って宣言する．次に，正方行列を表す配列の寸法 n を入力ファイルから読み取り，その値を用いて allocate 文により割付けを行う．そして，入力ファイルから配列要素の値を読み取り，それらを出力する[16)]．

一例として，次のような内容の入力ファイルを作成し，これを mat.d というファイル名で保存する．そして，リスト 2.7 のプログラムをコンパイルして実行すれば，各要素の値が書式に従って出力される．

```
2
1.2     3.4
5.6     7.8
```

リスト 2.7 のプログラムは，割付け配列を使用しているため，プログラムを書き換えることなく入力ファイルで指定された大きさの正方行列に対応できる．

[例題 2.2] リスト 2.7 と同様に，割付け配列を利用して，キーボードから入力された整数 n を用いて $n \times n$ 行列を表す 2 次元配列を設定せよ（$1 \leq n \leq 100$）．この $n \times n$ 行列の対角要素を含む上三角部分の要素に一様乱数，それ以外の要素に 0 を設定し，配列の全要素の値を出力するプログラムを作成せよ．

例題 2.1 で利用した組み込みサブルーチン random_seed と random_number を用いれば簡単である．以下にプログラム例を示す．

リスト 2.8 一様乱数を要素とする上三角行列を設定するプログラム

```
program random_umat
  implicit none
  real(8), allocatable :: a(:, :)        ! 2 次元割付け配列の宣言
  integer n, i, j
  write(*, *) ' input n (1<=n<=100) : ' ! n の入力を促す表示 (改行を抑制)
  read (*, *) n                          ! n の値を読み取る
```

16） 書式 100e12.4 については，p. 41 参照．

```
  if (n < 1 .or. 100 < n) stop 'stop, n is invalid' ! nの値が不適切なら停止
  allocate (a(n, n))                     ! 入力値nを用いて割り付ける
  call random_seed                       ! 乱数の初期値を設定
  do j = 1, n
     call random_number(a(1:j, j))       ! j列の1行からj行までの要素に乱数を設定
     a(j+1:n, j) = 0.0d0                 ! j列の対角要素より下の行の要素に0を設定
  enddo
  do i = 1, n
     write(*, '(100e12.4)') a(i, 1:n) ! 要素の値を出力（書式付き出力）
  enddo
end program random_umat
```

演習 2.13　割付け配列を利用して，一様乱数を要素とする $n \times n$ の**対称行列**を設定し，その全要素を出力するプログラムを作成せよ．

2.6.3　多次元配列のメモリ上での配置と効率的なアクセス順序

多次元配列の各要素の値は，メモリ上では1次元的に格納されており，その並び方は，より左側にある添字が先に変化する順序となっている．これは，**列順**（column major order）[17] といわれる並び方で，たとえば a(2,2) と宣言された2次元配列の要素の値は，メモリ上では a(1,1)，a(2,1)，a(1,2)，a(2,2) という順番で格納されている．整数型の配列を用いる次の簡単なプログラムを考えてみよう．

リスト 2.9　2×2 行列を表す整数型配列の全要素を出力するプログラム

```
program imat
  implicit none
  integer a(2, 2)              ! 整数型の2次元配列を宣言
  a(1, 1:2) = (/ 11, 12 /)
  a(2, 1:2) = (/ 21, 22 /)
  write(*, *) a(:, :)          ! 全要素を出力
end program imat
```

これをコンパイルして実行すると，次の出力結果が得られる．

```
          11          21          12          22
```

このように，メモリ上の1次元的な配置 a(1,1)，a(2,1)，a(1,2)，a(2,2) と同じ順序で配列要素の値が出力される．入力の場合も同様であり，read(*, *) a(:, :) とすると，a(1,1)，a(2,1)，a(1,2)，a(2,2) の順に，入力された値が格納される．

多次元配列要素のメモリ上における配置は，このような入出力のみならず，処理速度にも関係する場合がある．一般に，多次元配列を扱う場合には，メモリ上で近接する要素を順にアクセスするほうが，そうでない場合より演算が高速になる．この例を見るために，リスト 2.9 の配列を3次元配列とし，do ループを使ってすべての要素に0を代入

17）C言語ではこれと逆の並び方（**行順**：row major order）となっている．

する次のプログラムを考えよう．

リスト 2.10 3 次元配列要素に 0 を代入する時間を計測するプログラム

```
program mat3d
  implicit none
  integer i, j, k, is, n
  real(8) t1, t2
  integer, allocatable :: a(:, :, :) ! 3 次元割付け配列を宣言
  write(*, *) 'input n : '
  read (*, *) n                      ! 配列の寸法 n を読み込む
  allocate (a(n, n, n), stat = is)   ! 配列の割付け，状態変数値の取得
  if (is /= 0) stop 'cannot allocate (n is too large)' ! 割付け不可なら停止
  ! --- メモリ上で近接する要素に順に 0 を代入
  call cpu_time(t1)                  ! 処理系の時間 t1 を取得
  do k = 1, n
     do j = 1, n
        do i = 1, n
           a(i, j, k) = 0
        enddo
     enddo
  enddo
  call cpu_time(t2)                  ! 処理系の時間 t2 を取得
  write(*, *) 'cpu time = ', t2 - t1 ! 所要時間 t2-t1 を出力
  ! --- メモリ上で離れた位置にある要素に順に 0 を代入
  call cpu_time(t1)                  ! 処理系の時間 t1 を取得
  do i = 1, n
     do j = 1, n
        do k = 1, n
           a(i, j, k) = 0
        enddo
     enddo
  enddo
  call cpu_time(t2)                  ! 処理系の時間 t2 を取得
  write(*, *) 'cpu time = ', t2 - t1 ! 所要時間 t2-t1 を出力
  deallocate(a)
end program mat3d
```

上記のプログラムでは，Fortran 95 で使用できるようになった時間計測のための組み込みサブルーチン cpu_time を利用している．cpu_time は，call 文を使って呼び出すと，引数に処理系の時間（秒単位）を入れて返すサブルーチンである．異なる引数を使って cpu_time を 2 回呼び出し，それらの引数の差を求めれば，その間の演算に要したおおよその時間を知ることができる．

また，リスト 2.10 では，

```
allocate (a(n, n, n), stat = is)
```

として，配列の割付けが成功したかどうかを確認するため，**状態変数** stat が返す結果を整数型変数 is に代入している．1.5.3 項で扱ったファイル操作の場合と同様に，左辺

の stat の結果が右辺にある整数型変数 is に代入されることに注意する．左辺側の記述は，常に stat とする[18]．割付けが成功すれば，is には 0 が入る．ここでは，割付けが成功しなかった場合，すなわち is が 0 でないときには，処理を停止することとしている．実際，n に過大な値が入力されると，配列用のメモリが確保できないため割付けに失敗し，stop 文により処理は停止する．

リスト 2.10 のプログラムには，3 次元配列の 3 種類の添字を動かすために，3 重の do ループが 2 回使われている．前半の **3 重ループ**では，メモリ上で近接する要素に順に 0 が代入されるように，

```
do k = 1, n
   do j = 1, n
      do i = 1, n
```

という順で do ループの制御変数を動かしている．多重ループでは，内側にあるループの制御変数が先に変化するので，このループでは添字が i，j，k の順に変化し，メモリ上で隣接する要素が順にアクセスされる．一方，後半の 3 重ループでは，

```
do i = 1, n
   do j = 1, n
      do k = 1, n
```

としていて，ループの順序が前半のものと逆になっている．このため，メモリ上で離れた位置にある要素が順にアクセスされることになる．

リスト 2.10 のプログラムをコンパイルして実行すると，配列の寸法 n の入力が促され，キーボードから適当な整数値を入力すると，各 3 重ループの演算に要した時間が出力される．PC に十分なメモリが搭載されていれば，配列の寸法 n に少々大きい数値を与えると**計算時間**[19] の差が明瞭になる．以下に実行例を示す．

```
input n : 400
cpu time =    1.320000
cpu time =    9.010000
```

上記の出力例は，前半の処理時間は約 1.3 秒だが，後半の代入演算には約 9 秒の処理時間を要したことを示している．このように，大規模な多次元配列を用いる反復演算では，要素のアクセス順序を意識してプログラミングすると，効率的な処理が行える．ただし，配列のサイズが小さい場合には，計算時間の相違は問題にならない．

演習 2.14　リスト 2.10 のプログラムを作成して，演算時間を計測せよ．配列代入文 a(1:n, 1:n, 1:n) = 0 を使うと演算時間はどのようになるか．

18）open 文の場合は iostat であったが，ここでは stat と書く．stat は大文字でもよい．

19）正確には，cpu_time() が 2 回呼び出された間の経過時間（elapsed time）であるが，本書では簡単に計算時間と表すこととする．

プログラミングのポイント 2.4

☑ 多次元配列を用いる反復演算では，配列の添字のうち，なるべく左側にある添字を先に動かすようにループを組む（多重ループでは左側にある添字を動かすループを内側に入れる）．配列代入文を利用してもよい．

[例題 2.3] 一様乱数を利用して，四面体の 4 頂点の 3 次元座標を適当に設定し，そのデータを出力するプログラムを作成せよ．頂点 P_m の x_i 座標が 2 次元配列 p(i, m) で表されるようにすること（$1 \leq i \leq 3$，$1 \leq m \leq 4$）．また，gnuplot により四面体の 6 辺が順に描画されるように頂点の座標をファイル出力せよ．

プログラム例をリスト 2.11 に示す[20)]．点を表す座標データの間に空行があると，gnuplot で描画する際に，それらは直線で結ばれない（付録 3 参照）．このため，リスト 2.11 では空行を出力している（ただし，この例では空行がなくても描画結果は同様である）．

リスト 2.11 四面体の 4 頂点の 3 次元座標を設定するプログラム

```
program tetra
  implicit none
  integer :: m, n, fno = 10
  real(8) p(3, 4)                    ! 2 次元配列の宣言
  call random_seed                   ! 乱数の初期値を設定
  call random_number(p(1:3, 1:4)) ! 配列 p に乱数を格納する
  open(fno, file = 'tetra.d')        ! 出力ファイルを開く
  do m = 1, 3
     do n = m + 1, 4
        write(fno, *) p(1:3, m)      ! gnuplot で直線で結ばれる頂点 (始点) を出力
        write(fno, *) p(1:3, n)      ! gnuplot で直線で結ばれる頂点 (終点) を出力
        write(fno, *) ''   ! gnuplot でこの後の頂点に線が引かれないよう空行を出力
     enddo
  enddo
  close(fno)                         ! 出力ファイルを閉じる
end program tetra
```

上記のプログラムを実行すると，ファイル tetra.d の中に結果が出力される．この出力ファイルには，gnuplot により直線が引かれる 2 つの四面体頂点の 3 次元座標が 2 行ずつ，空行で区切られて書き出される．同じディレクトリ内で gnuplot を起動して，以下のように入力すると四面体が表示される．

```
gnuplot> splot 'tetra.d' with linespoints
```

20) より厳密には，乱数により定められる頂点がほかの頂点と同一点でないことを確認する処理を加える．

演習 2.15　直交座標系 x_1-x_2 により定められる平面上で，$0 \le x_1, x_2 \le 1$ の正方形領域を，x_1，x_2 方向にそれぞれ $n_1 - 1$ 個，$n_2 - 1$ 個に等分割して，その**格子点**座標を出力するプログラムを作成せよ（n_1，n_2 は 2 以上の適当な整数）．図 2.5 に示すように，x_1 方向に i 番目，x_2 方向に j 番目の位置にある格子点 $P_{i,j}$ の x_m 座標が，3 次元割付け配列 `x(m,i,j)` で表されるとする（$1 \le i \le n_1$，$1 \le j \le n_2$，$m = 1, 2$）．格子点を直線で結んだ描画が gnuplot で正しく行えるように，適当に空行を入れて出力すること．

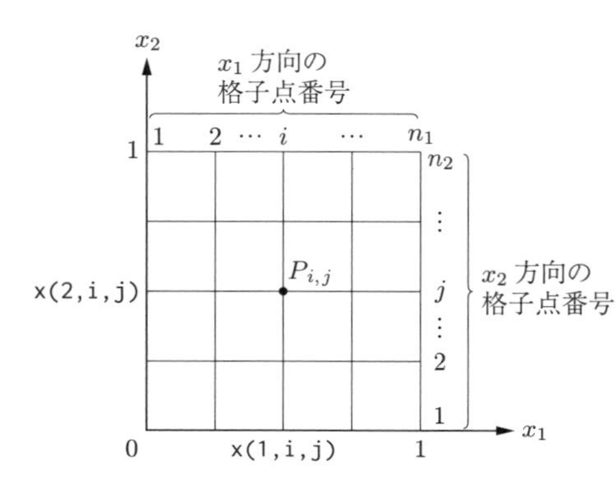

図 2.5　x_1-x_2 平面上の正方形領域と格子分割

演習 2.16　演習 2.15 の各格子点 $P_{i,j}$ 上で，次式の $\phi_{i,j}$ の値を出力するプログラムを作れ．$\phi_{i,j}$ は 2 次元割付け配列 `phi` により表すこと（$1 \le i \le n_1$，$1 \le j \le n_2$）．

$$\phi_{i,j} = \frac{\sin(\pi x_1)\sinh[\pi(1 - x_2)]}{\sinh \pi} \tag{2.7}$$

さらに，例題 1.4 を参考にして，出力結果を gnuplot により 3 次元表示せよ．

2.6.4　配列に対する基本的な組み込み関数の利用

配列要素の総和や，要素の最小値および最大値は，`do` ループや `if` 文を用いて求めてもよいが，組み込み関数 `sum`，`minval`，`maxval` を利用して求めることも可能である．また，`minloc` と `maxloc` により，最小値あるいは最大値を与える要素の位置を 1 次元配列として取得できる[21]．リスト 2.12 に，これらの組み込み関数の利用例を示す．

リスト 2.12　配列要素の総和，最小値および最大値などを求める例

```
program sample
  implicit none
  integer, parameter :: n = 100 ! 定数 n を宣言
  real(8) wa, m1, m2, b(n, n)   ! 定数 n を用いて 2 次元配列 b を宣言
  integer i, j, i1(2), i2(2)    ! 整数型 1 次元配列 i1,i2 を宣言
  call random_seed              ! 乱数の初期値設定
  call random_number(b(:, :))   ! 2 次元配列の全要素に乱数を設定
```

21）`minval`，`maxval`，また `minloc`，`maxloc` では，引数として `dim` あるいは `mask` を加えることにより，各次元あるいは `mask` 条件に合う情報を取得することができる（付録 2 参照）．

```
   wa = 0.0d0                     ! 合計を格納する変数をゼロクリア
   m1 = b(1, 1)                   ! 最小値の初期値
   m2 = m1                        ! 最大値の初期値
   i1(1:2) = (/ 1, 1 /)           ! 最小値の要素の添字の初期値
   i2(1:2) = i1(1:2)              ! 最大値の要素の添字の初期値
   do j = 1, n
      do i = 1, n
         wa = wa + b(i, j)        ! 和を計算
         if (b(i, j) < m1) then
            m1 = b(i, j)          ! 最小値 m1 を更新
            i1(1:2) = (/ i, j /) ! 最小値の位置を配列 i1 に格納
         endif
         if (b(i, j) > m2) then
            m2 = b(i, j)          ! 最大値 m2 を更新
            i2(1:2) = (/ i, j /) ! 最大値の位置を配列 i2 に格納
         endif
      enddo
   enddo
   write(*, *) m1, m2, wa, i1(1:2), i2(1:2)
   write(*, *) minval(b), maxval(b), sum(b), & ! 組み込み関数を使用
               minloc(b), maxloc(b)            ! 同上
end program sample
```

リスト 2.12 のプログラム末尾にある 2 つの write 文により，同様の出力結果が得られる．end 文の 1 つ上の実行文では，出力の際に組み込み関数が使われている．これらの組み込み関数を利用すれば，リスト 2.12 の総和や最大・最小値を求める演算をすべて省略できる．

minloc と maxloc は，引数として配列のみを与えると，その次元数（ランク）に等しい要素数をもつ 1 次元配列を返す．リスト 2.12 では b が 2 次元配列であるので，要素数が 2 である 1 次元配列を返す．この 1 次元配列要素の値は，minloc では最小値，maxloc では最大値を与える配列要素の最初の次元と 2 番目の次元の「位置」を表す．この「位置」とは，配列の添字の下限値とは関係なく，最初の要素を 1 番目として，そこから何番目の要素であるか，という 1 から始まる整数値であることに注意する．以下に，maxloc の使用例を示す．

```
   integer :: i, a(-1:1) = (/ (i, i = -1, 1) /)
   write(*, *) maxloc(a)      ! 要素数 1 の 1 次元配列を返す (要素の値は 3)
   write(*, *) maxloc(a, 1) ! 値が 3 であるスカラを返す
   i = maxloc(a, 1)           ! スカラをスカラ変数に代入する演算
 ! i = maxloc(a)              ! 右辺の配列を左辺のスカラ変数に代入しているので誤り
```

上記の例では，1 次元配列 a の添字の上限は 1 であるが，maxloc(a) が返す 1 次元配列の要素の値は 3 であり，その値は最大値を与える要素の「位置」を表している．また，上記の maxloc(a, 1) のように，何番目の次元かを 2 つ目の引数に指定すると，a が 1 次元配列であるときには，最大値を与える要素位置をスカラとして返す．a が多次元配列

である場合には，その次元を除いた形状の配列を返す（詳細は p. 251 を参照）．上記の例のように，maxloc(a, 1) はスカラを返すので，その戻り値はスカラ変数 i に代入できるが，maxloc(a) が返す結果は配列なので i には代入できない．

リスト 2.12 で利用された組み込み関数 minval および maxval では，引数に配列を用いる．一方，複数のスカラ a, b, …の最小値と最大値を求める場合には，組み込み関数 min(a, b, ...) および max(a, b, ...) を利用する．この場合のスカラとしては，整数型あるいは実数型変数を用いることができるが，括弧内に記述される変数の型や種別は同一でなければならない（付録 2 参照）[22]．

上記の配列に対する組み込み関数を利用する次の例題を考える．

[例題 2.4]　1 次元配列 a の n 個の要素に一様乱数を設定し，これらの要素を値が小さい順に**並べ替える**（**ソート**する）プログラムを作成せよ．

ここでは，単純ソートのアルゴリズムを利用する．この方法では，まず a(2), …, a(n) の中から最小値を与える要素 a(m) を探し，基準の要素 a(1) が a(m) より大きければ両者を入れ替える操作を行う．次に，a(3), …, a(n) の中から最小値 a(m) を探し，基準の要素 a(2) が a(m) より大きければこれらを入れ替える．同様にして，基準となる要素が a(n-1) となるまで同様の演算を行う．このようにすると，演算終了後には題意のとおりに並べ替えられた配列が得られる．このプログラム例は以下のように書かれる．

リスト 2.13　配列要素をソートするプログラム例

```
program simple_sort
  implicit none
  integer, parameter :: n = 10
  real(8) a(n), am
  integer i, m
  call random_seed            ! 乱数の初期値設定
  call random_number(a(:))    ! 配列に一様乱数を設定
  do i = 1, n - 1
     am = minval(a(i+1:n))          ! (A)
     m  = minloc(a(i+1:n), 1) + i   ! (B)
     if (a(i) > am) then      ! 条件に合えば配列要素を入れ替える
        a(m) = a(i)
        a(i) = am
     endif
  end do
  ! 以下，配列 a の出力などを行う (内容は省略)
end program simple_sort
```

22）型や種別が異なっていてもエラーとならないコンパイラもあるが，JIS の規定ではこのようになっているので，括弧内に記述するスカラの型や種別は同一とすべきである．

リスト 2.13 の (A) の実行文では，組み込み関数 minval を利用して a(i+1), …, a(n) の中から最小値 am を求めている．また，(B) の実行文では，最小値 am を与える要素の位置を取得するが，この値は a(i+1) から数えて何番目か，という整数値となるので，配列全体の要素の位置を得るために i を加算している．この実行文の minloc(a(i+1:n), 1) ではスカラが返されるが，もし minloc(a(i+1:n)) とすると，要素数 1 の 1 次元配列が返されるので，(B) の実行文のように戻り値をスカラ変数 m に代入することはできないので注意する．

演習 2.17 リスト 2.13 を，組み込み関数 minval と minloc を使わずに記述せよ．

例題 2.4 では，配列要素の値を基準として並べ替えを行ったが，文字コード表の数値を利用すれば，文字の並べ替えを行うことができる．文字コードを扱うための組み込み手続きについては，付録 2 を参照されたい．

2.6.5 行列とベクトルの積を計算する

多次元配列を用いる例として，行列とベクトルの積（行列ベクトル積）を計算するプログラムを考える．$n \times n$ 行列 A と n 次元ベクトル $\boldsymbol{x}$ の積によりベクトル $\boldsymbol{y}$ が得られるとすると（$\boldsymbol{y} = A\boldsymbol{x}$），$\boldsymbol{y}$ の第 i 成分 y_i は，次式から求められる（$i = 1, 2, \ldots, n$）．

$$y_i = \sum_{j=1}^{n} a_{i,j} x_j \tag{2.8}$$

上記の演算を行うプログラムの主要部分をリスト 2.14 に示す．リスト 2.14 では，第 1 章で扱われた総和を求める演算と同様に，要素 y(i) の初期値を 0 とした後，積 a(i,j) * x(j) の値をこれに加算する反復演算を行っている．この演算を $\boldsymbol{y}$ のすべての成分に対して行うので，演算は **2 重の do ループ**により表される．

リスト 2.14 行列ベクトル積を計算するプログラム（主要部分のみ）

```
... n x n の 2 次元配列 a と n 次元の 1 次元配列 x,y を宣言し，a と x の要素の値を設定
do i = 1, n
   y(i) = 0.0d0                       ! ゼロクリア
   do j = 1, n
      y(i) = y(i) + a(i, j) * x(j) ! 行列とベクトル要素の積を加算
   enddo
enddo
...
```

なお，行列ベクトル積は，組み込み関数 matmul を利用して計算することもできる．この詳細は 2.6.7 項で述べる．

2.6.6 行列積を計算する

次に，行列と行列の積（行列積）を計算するプログラムを考えよう．$n \times n$ 行列 A, B の積により，行列 C を定める演算 $C = AB$ は，各行列の要素を小文字で表し，行と列の番号を下添字とすれば，

$$c_{i,j} = \sum_{k=1}^{n} a_{i,k} b_{k,j} \tag{2.9}$$

と表される $(i, j = 1, 2, \ldots, n)$．プログラム中では，要素 c(i,j) の初期値を 0 とした後，積 a(i,k) * b(k,j) の値をこれに加算する反復演算を行えばよい．この演算を C のすべての要素に対して行うので，**3重の do ループ**となる．

リスト 2.15　行列積を計算するプログラム（主要部分のみ）

```
... n x n の 2 次元配列 a,b,c を宣言し，a,b の要素の値を設定する
do j = 1, n
   do i = 1, n
      c(i, j) = 0.0d0                           ! ゼロクリア
      do k = 1, n
         c(i, j) = c(i, j) + a(i, k) * b(k, j) ! 積を加算する
      enddo
   enddo
enddo
...
```

2.6.7 項で述べるように，組み込み関数 matmul を利用して行列積を計算することもできる．

リスト 2.1 に示された内積計算と，リスト 2.14 の行列ベクトル積の計算では，do ループはそれぞれ 1 重および 2 重であり，ループ内の乗算回数はそれぞれ n および n^2 となっている．一方，リスト 2.15 の行列積の計算では do ループは 3 重となり，乗算回数は n^3 である．計算時間は乗除演算の回数に大きく影響されるので，n が大きくなると，行列積の演算に要する計算時間は，内積や行列ベクトル積に要する計算時間と比較して飛躍的に長くなる．

演習 2.18　リスト 2.14 とリスト 2.15 の全体のプログラムを作成し，n の値を変えて，演算に要する計算時間を比較せよ．時間計測には，リスト 2.10 で利用した組み込み関数 cpu_time を用いればよい．

2.6.7 組み込み関数 matmul の利用

組み込み関数 matmul を用いると，リスト 2.14 の行列ベクトル積を求める 2 重ループの演算は，次のように表される．

```
y(1:n) = matmul(a(1:n, 1:n), x(1:n))   ! あるいは，
y(:) = matmul(a, x)
```

また，リスト 2.15 の行列積を求める 3 重ループの演算部分は，次のように記述される．

```
c(1:n, 1:n) = matmul(a(1:n, 1:n), b(1:n, 1:n))   ! あるいは，
c(:, :) = matmul(a, b)
```

組み込み関数 matmul が返す変数は，1 次元あるいは 2 次元配列である[23)]．matmul (a, b) が返す配列の形状と，引数となる配列 a と b に関する条件は以下のとおりである．

- 配列 a の形状が (m, n)，配列 b の形状が (n, k) のとき，関数が返す配列の形状は (m, k) となる．
- 配列 a の形状が (m)，配列 b の形状が (m, k) のとき，関数が返す配列の形状は (k) となる．
- 配列 a の形状が (m, n)，配列 b の形状が (n) のとき，関数が返す配列の形状は (m) となる．

このように，引数とする配列 a と b に関しては，a の列数と b の行数に相当する要素数が等しいことが必要である．なお，2 つのベクトル（1 次元配列）の**内積**を計算するときには，matmul ではなく，2.3.5 項で扱われた dot_product を使用する．

演習 2.19 リスト 2.15 のように do ループを使って行列積を計算するプログラムと，組み込み関数 matmul を使って行列積を計算するプログラムを作り，演算結果が同様になることを確認せよ．

演習 2.20 a と b は，$n \times n$ 行列を表す倍精度実数型の 2 次元配列とする．a(1:n, 1:n) * b(1:n, 1:n) と，matmul(a(1:n, 1:n), b(1:n, 1:n)) は異なる演算であり，a と b の要素がすべて 0 の場合などの特殊な条件を除き，一般には結果が一致しないことを確認するプログラムを作成せよ（前者では各要素の乗算が行われていることを確認せよ）．

演習 2.21 一様乱数を要素とする $n \times n$ 行列 A，B に対して，$(AB)^T = B^T A^T$ という関係が成り立つことを確認するプログラムを作成せよ．A^T は行列 A の**転置行列**を表す．組み込み関数を使用しないプログラムと，組み込み関数 matmul および transpose[24)] を用いる 2 つのプログラムを作成し，同じ結果となることを確認せよ．

2.7 部分配列の利用方法

2.3 節で述べたように，Fortran 90/95 では，配列の一部分を表す**部分配列**を扱えるようになった．本節では，添字三つ組を利用した部分配列の利用方法や，数値計算における部分配列の利用例などを示す．

次の例では，整数型の 1 次元配列 x の部分配列を配列 y に代入し，出力している．

```
integer :: i, x(-2:2) = (/ (i, i = 1, 5) /), y(3)
write(*, *) 'x = ', x(-2:2)
y(1:3) = x(-2:2:2)              ! 添字三つ組を利用して x の部分配列を y に代入
write(*, *) 'y = ', y(1:3)
```

23）一部の関数はスカラのみならず，配列を返すことも可能である．配列を返す関数の詳細は 3.8 節を参照．
24）transpose は 2 次元配列の転置をとる組み込み関数．付録 2 参照．

配列 x の添字がとりうる範囲は -2，-1，0，1，2 であり，順に 1，2，3，4，5 という値が初期値として設定されている．y(1:3) = x(-2:2:2) という，x の部分配列を y に代入する演算では，y(1) に x(-2)，y(2) に x(0)，y(3) に x(2) が代入される．この実行結果は，以下のようになる．

```
x =  1 2 3 4 5
y =  1 3 5
```

x(-2:2:2) という表記で用いられる添字は，**添字三つ組**とよばれる．do ループの制御変数と同様に，最初の添字は**始値**，2 番目は**終値**，3 番目は**ストライド**（増分値）を表す．ストライドが省略されたときは，この値は 1 とされる．

この y(1:3) = x(-2:2:2) という演算は，do ループを使う次の演算と同じである．

```
j = 1
do i = -2, 2, 2 ! 先の例の添字三つ組に対応している
   y(j) = x(i)
   j = j + 1
enddo
```

このような添字による操作に慣れないうちは，do ループを使い，1 回ずつ何が行われるかを確認しながらプログラムを書いてもよい．しかし，部分配列を使うとプログラムが簡潔に記述できるのでこれを活用しよう．とくに，行列の特定の行や列を操作するような演算ではたいへん便利である．

次のリスト 2.16 は，要素数 3 の 1 次元配列 a から，2 つの要素を取り出して 1 次元配列 b に格納し，これを出力するという処理を行うプログラムである．

リスト 2.16　添字を動かして部分配列を取り出すプログラム

```
program soeji_chk
  implicit none
  integer :: a(3) = (/ 1, 2, 3 /), b(2), i
  do i = 1, 3
     b(1:i-1) = a(1  :i-1)
     b(i:2  ) = a(i+1:3  )
     write(*, *) 'b = ', b(1:2)
  enddo
end program soeji_chk
```

これを実行すると，次のような出力が得られる．

```
b =  2 3
b =  1 3
b =  1 2
```

この結果の 1，2，3 行目では，それぞれ a(1)，a(2)，a(3) を除く a の要素が出力されている．このように，プログラムは問題なく動作するのであるが，リスト 2.16 の部分配

列を取り出す部分において，i=1 のときには，

```
b(1:0) = a(1:0)
```

という演算，また i=3 のときには，

```
b(3:2) = a(4:3)
```

という演算が行われることになる．前者では終値，また後者では始値が，それぞれ配列の下限と上限を超えて指定されているかのように見える．しかし，do ループの制御変数と同様に，いずれも始値が終値より大きいので演算自体が実行されず，配列の上下限を超える要素へのアクセスが行われることはない．別の例を示すため，リスト 2.16 の例題において，以下の記述を加えることを考える．

```
write(*, *) 'a = ', a(3:1)    ! 要素の値は出力されない
write(*, *) 'a = ', a(4:1)    ! 要素の値は出力されない
```

この例では，いずれも部分配列の始値が終値より大きいため，演算自体が実行されない状態となり，何も出力されないという「正常な動作」を示す．とくに，2 行目の出力文においても，配列 a の添字の上限 3 を超えるというエラーを起こすことはない．このような機能があるため，リスト 2.16 のプログラムは正常に動作する．

一方，上記とは異なり，次の実行文は誤りである．

```
write(*, *) 'a = ', a(1:4)    ! 誤り：配列の上限を超えている
```

この実行文では，配列の上限 3 を超える，存在しない要素 a(4) にアクセスが行われるため誤りである．すでに述べたように，添字が配列の上下限を超えないように注意してプログラムを作成しなければならない．

部分配列を用いる例として，ブロック行列の積を求める演算を考えよう．行列の縦横に適当な区切りを入れて，各領域を小さい行列としたものを**ブロック行列**という．たとえば，3×3 行列は次のようなブロック行列として表される．

$$\begin{pmatrix} 1 & 2 & 3 \\ 4 & 5 & 6 \\ 7 & 8 & 9 \end{pmatrix} = \left(\begin{array}{c|cc} 1 & 2 & 3 \\ \hline 4 & 5 & 6 \\ 7 & 8 & 9 \end{array}\right) = \begin{pmatrix} A_{1,1} & A_{1,2} \\ A_{2,1} & A_{2,2} \end{pmatrix} \tag{2.10}$$

小行列 $A_{1,1}$，$A_{1,2}$，$A_{2,1}$，$A_{2,2}$ は，順に 1×1，1×2，2×1，2×2 行列となる．ブロック行列を利用すると，行列の積 AB は，通常の行列積の計算と同様の規則により，次のように小行列どうしの積和を用いて表される．

$$AB = \begin{pmatrix} A_{1,1} & \cdots & A_{1,k} \\ \vdots & \ldots & \vdots \\ A_{m,1} & \cdots & A_{m,k} \end{pmatrix} \begin{pmatrix} B_{1,1} & \cdots & B_{1,n} \\ \vdots & \ldots & \vdots \\ B_{k,1} & \cdots & B_{k,n} \end{pmatrix}$$

$$= \begin{pmatrix} \sum_{j=1}^{k} A_{1,j}B_{j,1} & \cdots & \sum_{j=1}^{k} A_{1,j}B_{j,n} \\ \vdots & \cdots & \vdots \\ \sum_{j=1}^{k} A_{m,j}B_{j,1} & \cdots & \sum_{j=1}^{k} A_{m,j}B_{j,n} \end{pmatrix} = \begin{pmatrix} C_{1,1} & \cdots & C_{1,n} \\ \vdots & \cdots & \vdots \\ C_{m,1} & \cdots & C_{m,n} \end{pmatrix} \quad (2.11)$$

ここで，各小行列 $A_{i,j}$，$B_{i,j}$ は，積の計算ができるように，行数と列数が適当に設定されているとする（たとえば，$A_{1,1}$ の列数と $B_{1,1}$ の行数が等しいなど）．このブロック行列積を計算するプログラムは，部分配列を用いると簡潔に記述される．

[例題 2.5]　適当な正方行列 A，B を設定し，これらをブロック行列として表して，行列の積 AB が式 (2.11) のように小行列の積和となることを確かめるプログラムを，部分配列を用いて作成せよ．行列積を求める組み込み関数 matmul を利用してもよい．

リスト 2.17 にプログラム例を示す．$n \times n$ 行列 A，B をそれぞれ 4 つの小行列から構成されるブロック行列とする（$2 \leq n$）．左上の小行列は，$m \times m$ 行列（$1 \leq m < n$）とする．組み込み関数 matmul を用いて計算される通常の行列積の結果を 2 次元配列 c に格納し，ブロック行列の積により計算される結果を 2 次元配列 d に格納する．最後に，配列 c と d の要素の差の 2 乗和を計算し，その値を出力する．

リスト 2.17　ブロック行列により行列積を計算するプログラム例

```
program block_mat
  implicit none
  integer m, n, k
  real(8), allocatable :: a(:, :), b(:, :), c(:, :), d(:, :)
  n = 100    ! 全体の行列の大きさ
  m = 33     ! 左上の小行列の大きさ
  allocate (a(n, n), b(n, n), c(n, n), d(n, n))
  call random_seed                       ! 乱数の初期値設定
  call random_number(a(:, :))            ! 乱数を配列 a に設定
  call random_number(b(:, :))            ! 乱数を配列 b に設定
  c(:, :) = matmul(a(:, :), b(:, :))  ! 通常の行列積の計算
  ! 部分配列を利用するブロック行列の積の計算
  k = m + 1
  d(1:m, 1:m) = matmul(a(1:m, 1:m), b(1:m, 1:m)) &
              + matmul(a(1:m, k:n), b(k:n, 1:m))
  d(1:m, k:n) = matmul(a(1:m, 1:m), b(1:m, k:n)) &
              + matmul(a(1:m, k:n), b(k:n, k:n))
  d(k:n, 1:m) = matmul(a(k:n, 1:m), b(1:m, 1:m)) &
              + matmul(a(k:n, k:n), b(k:n, 1:m))
  d(k:n, k:n) = matmul(a(k:n, 1:m), b(1:m, k:n)) &
              + matmul(a(k:n, k:n), b(k:n, k:n))
  write(*, *) sum((c(:, :) - d(:, :)) ** 2)  ! 行列 C,D の相違を確認
```

```
end program block_mat
```

上記のプログラムの最終行から1行上にある演算は，演習2.3と同様の演算と，配列要素の和を求める組み込み関数 sum を利用するもので，配列 c と d の要素の差の2乗和を計算している．この出力結果は0に十分近い値となるであろう[25]．なお，リスト2.17では，m = 0 あるいは m = n としても，先述した理由により，配列の上下限を超える要素をアクセスすることなく正しい行列積が計算される．

演習 2.22 $n \times n$ 行列 A の i 行と j 列を取り除いた $(n-1) \times (n-1)$ 行列 B を設定するプログラムを考える．たとえば，A の i 行と1列を除く行列を B とするプログラム部分は，次のように表される．

```
real(8), allocatable :: a(:, :), b(:, :)
... nの値を設定する
allocate (a(n, n), b(n-1, n-1))     ! aとbを割付け
call random_number(a(1:n, 1:n))     ! aの要素の値を設定
... 確認のため，aの要素の値を出力
do i = 1, n
   b(1:i-1, 1:n-1) = a(1  :i-1, 2:n) ! aの1列を除く1からi-1行をbに設定
   b(i:n-1, 1:n-1) = a(i+1:n  , 2:n) ! aの1列を除くi+1からn行をbに設定
enddo
... 確認のため，bの要素の値を出力
```

これを j (≥ 2) 列にも利用できるようにして，適当な大きさの行列（たとえば 3×3 行列）の i 行と j 列を取り除いた小行列の要素を出力するプログラムを作成せよ．

演習 2.23 演習2.22で作成したプログラムを利用して，3×3 行列 A の (i, j) **余因子** $\tilde{a}_{i,j}$ を出力するプログラムを作成せよ．$\tilde{a}_{i,j}$ は次のように定義される．

$$\tilde{a}_{i,j} = (-1)^{i+j} |A_{i,j}| \tag{2.12}$$

ここに，$|A_{i,j}|$ は A の i 行と j 列を取り除いた 2×2 行列の行列式である．A の要素は乱数などで設定し，(i, j) はキーボード入力により定めるものとする（$1 \leq i, j \leq 3$）．

演習 2.24 3次元ベクトル $\boldsymbol{a}$ と $\boldsymbol{b}$ の**外積**は，次のように表される．

$$\boldsymbol{a} \times \boldsymbol{b} = \begin{vmatrix} a_2 & a_3 \\ b_2 & b_3 \end{vmatrix} \boldsymbol{i}_1 + \begin{vmatrix} a_3 & a_1 \\ b_3 & b_1 \end{vmatrix} \boldsymbol{i}_2 + \begin{vmatrix} a_1 & a_2 \\ b_1 & b_2 \end{vmatrix} \boldsymbol{i}_3 \tag{2.13}$$

a_k と b_k は $\boldsymbol{a}$ と $\boldsymbol{b}$ の成分，$\boldsymbol{i}_k$ は直交座標系の各座標軸方向に向かう単位ベクトルである（$k = 1, 2, 3$）．$\boldsymbol{a}$ と $\boldsymbol{b}$ は1次元配列 a および b，また a および b を行ベクトルとする 2×3 行列 C は2次元配列 c で表されるとする．部分配列を利用して，a，b の各要素を2次元配列 c の各行ベクトル部分に格納せよ．次に，c から 2×2 小行列を抽出し，その行列式を求めることで，式(2.13)で表される外積ベクトルの各方向成分を出力するプログラムを作成せよ（組み込み関数 cshift を使用して配列 c の要素を循環移動してもよい．p. 248 参照）．

25) p. 24 脚注で述べたように，丸め誤差などが原因で，完全には0にならないことが多い．

第3章 ▸ モジュール副プログラム

3.1 副プログラムに関する基本事項

第1章と第2章では，反復演算を含むプログラムの基本的な記述法と，配列を利用するプログラミングを解説した．これらを習得した読者は，比較的簡単な演算からなる数値計算プログラムのほとんどのものを記述できるだろう．しかし，技術計算では，複数の演算処理から構成される全体の計算アルゴリズムを部分ごとに分けて，計算手順をわかりやすく記述したり，再利用可能な汎用性の高いプログラムの「部品」を作ることが必要となる．このためには，副プログラムの使い方を十分に理解し，これを活用することが不可欠である．

3.1.1 複数のプログラム単位から構成されるプログラム

前章までは，program 文と end program 文に囲まれた以下のプログラムを扱った．

```
program プログラムの名称
  ...
end program プログラムの名称
```

1.2 節で述べたように，これは主プログラムといわれる1つの**プログラム単位**である．プログラム単位には，このほかに外部副プログラムやモジュールなどがある[1)]．本章から第5章にかけて，副プログラムやモジュールを利用するプログラミングを解説する．

前章までのように，主プログラムだけを使ってプログラムを書いていると，演算の内容が複雑になるにつれてプログラムはしだいに長くなる．しかし，いろいろな演算処理が長々と記述されたプログラムは内容がわかりにくくなり，改良やデバッグ作業にはたいへんな苦労を伴う．このようなプログラムは，たとえ正しく動作するとしても失敗作に近い．適切なプログラムを作成するには，これを複数のプログラム単位に分割し，各プログラム単位の内容を簡潔かつ明瞭に記述する必要がある．

2つのプログラム単位から構成されるプログラム例をリスト 3.1 に示す．これは，値が負でないことをチェックしながら，2つの入力ファイルから整数値の読み込みと，確認のための出力を行うプログラム例である．

1) 初期値設定のための**ブロックデータ**もプログラム単位であるが，本書では扱わない．プログラム単位は，1つのファイル内に記述してコンパイルできるプログラムの最小単位である．

リスト 3.1 ファイル入力を行うための外部サブルーチンと主プログラム

```
program main                 ! 主プログラム
  implicit none
  integer :: f1 = 11, f2 = 12, i, j, k
  open(f1, file = 'data1.d')
  open(f2, file = 'data2.d')
  call read_file(f1, i)      ! 外部サブルーチンの呼び出し
  call read_file(f1, j)      ! 同上
  call read_file(f2, k)      ! 同上
  ! ... (入力値を使った演算処理)
end program main

subroutine read_file(fno, n) ! 外部サブルーチン
  implicit none
  integer fno, n
  read(fno, *) n       ! ファイルからの読み取り
  write(*, *) n        ! 確認のための出力
  if (n < 0) then      ! 読み取った値のチェック
     write(*, *) 'error: negative value'
     stop
  endif
end subroutine read_file
```

前半の主プログラムでは，ファイル番号と入力値を格納する整数型変数を引数として，外部サブルーチン read_file を call 文で呼び出している．引数の詳細は後述するが，外部サブルーチン read_file は，指定されたファイル番号から数値を読み取って変数に格納し，その値を出力して，さらに値が負であればメッセージを出力して停止するという処理を分担している．外部サブルーチンを用いずに，主プログラムだけでリスト 3.1 と同じ動作をするプログラムを書くことも可能であるが，読み込む変数の個数が増えると，同様の実行文が繰り返される冗長なプログラムとなってしまうことが想像できるだろう．これに対して，リスト 3.1 のようにファイル入力と出力，値のチェックという作業を外部サブルーチンに任せてしまえば，主プログラムでは call 文 1 行を書けばよく，簡潔なプログラムとなる．ある程度規模が大きくなったプログラムや，同様の処理が繰り返し行われるような場合には，このように副プログラムを利用して記述するとよい．なお，1 つの副プログラムの長さは，エディタの 1，2 画面分くらいに納めると，わずかな画面スクロールのみで全体を読むことができるので扱いやすくなる．

3.1.2 副プログラムの種類

副プログラムには，リスト 3.1 の外部副プログラムのように，1 つのプログラム単位となるものもあれば，モジュールというプログラム単位の中に書かれるものもある．モジュールの詳細は次節で述べるが，その前に，副プログラムの種類を整理しておこう．

サブルーチンと関数を合わせて副プログラムとよぶ．これらは，プログラム中で記述される位置により，以下のように分類される．

- **モジュール副プログラム**：モジュールの中に書かれたサブルーチンと関数（図 3.1）．モジュールと主プログラムは，独立したプログラム単位である．このモジュールの中に含まれるサブルーチンや関数を，モジュール副プログラムという．

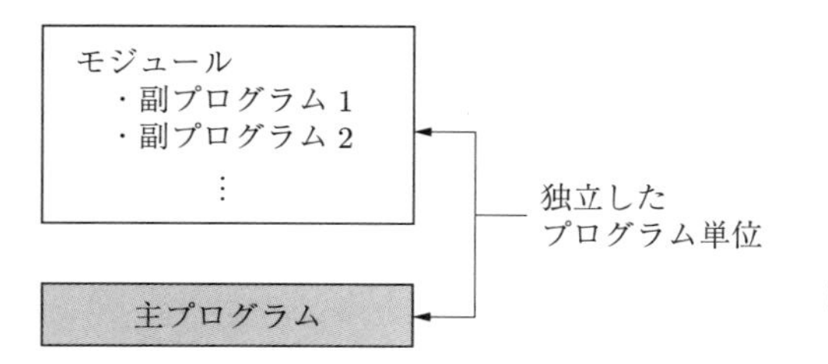

図 3.1　モジュール副プログラムとプログラム単位

- **外部副プログラム**：リスト 3.1 の例のように，主プログラムとは別に書かれた副プログラム（図 3.2）．簡単に言えば，モジュール副プログラムを，モジュールという枠の外に出したものである．このサブルーチンや関数は，それぞれが独立したプログラム単位となる．

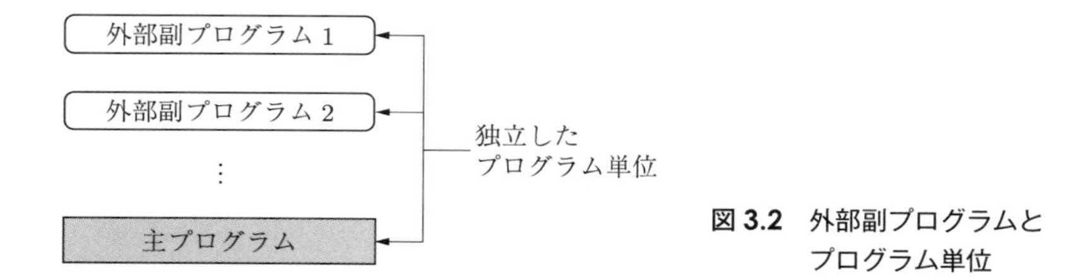

図 3.2　外部副プログラムとプログラム単位

- **内部副プログラム**：主プログラムの内部および外部副プログラムの内部に書かれたもの．本書では内部副プログラムは用いないこととし，説明は省略する．

本章では，Fortran 90/95 から使えるようになったモジュール副プログラムについて解説し，続いて第 4 章で外部副プログラムの使い方を説明する．両副プログラムには共通する内容が多いので，主として外部副プログラムを使用したいと考えている読者も，本章の内容を十分に理解していただきたい．また，両者の特性の比較や実際のプログラム中における使い方などは 4.6 節で解説する．

3.2 モジュールサブルーチンの基本形

3.2.1 モジュールサブルーチンの記述方法

モジュール副プログラム（module subprogram）は，モジュールというプログラム単位の中に書かれたサブルーチンと関数であり，それぞれモジュールサブルーチン，モジュール関数とよぶ．リスト3.2に，2つの整数型変数の値を交換するモジュールサブルーチンと，これを使用する主プログラムの例を示す．

リスト3.2 2つの整数型変数の値を交換するモジュールサブルーチン

```
module subprog           ! モジュール (subprog はモジュールの名称)
  implicit none          ! この宣言を必ず行う
contains                 ! この後にサブルーチンや関数を書く
  subroutine swap(a, b) ! モジュールサブルーチンの開始行 (a,b は仮引数)
    ! implicit none 宣言は省略可能 (2 行目の宣言がここでも有効なため)
    integer a, b
    integer tmp          ! この tmp は主プログラムの tmp とは実体が異なる局所変数
    tmp = a
    a   = b
    b   = tmp
  end subroutine swap    ! モジュールサブルーチンの終了行
end module subprog       ! モジュールの終了行

program exchange         ! 主プログラム (exchange は主プログラムの名称)
  use subprog            ! モジュール subprog の使用宣言
  implicit none          ! この宣言を必ず行う
  integer :: x = 77, y = 9095, tmp = 0    ! 初期値指定で整数型変数を宣言
  write(*, *) 'x, y, tmp = ', x, y, tmp  ! 確認のための出力
  call swap(x, y)        ! モジュールサブルーチンを呼ぶ (x,y は実引数)
  write(*, *) 'x, y, tmp = ', x, y, tmp  ! 確認のための出力
end program exchange
```

リスト3.2には，前半にsubprogという名称のモジュール，後半にexchangeという名称の主プログラムが含まれている．これらは，当面の間は1つのファイル，たとえばprog.f90というファイル内にまとめて書くこととする．ただし，リスト3.2に示すように，モジュールは必ず主プログラムよりも上（ファイルの先頭側）に書く[2)]．

モジュールの記述形式は，以下のようになる．

モジュールの記述形式

```
module モジュールの名称
  ... (モジュールの内容)
end module モジュールの名称
```

2) モジュールをファイルの上に書く理由，またプログラム単位を異なるファイルに書いてコンパイルする方法は，3.11節で解説する．

リスト3.2のモジュール subprog 内には，モジュールサブルーチン swap が含まれている．サブルーチン本体は，subroutine という語の後にサブルーチンの名称を記述し，呼び出し側と受け渡しする変数（仮引数）があれば，これを括弧内に書く．仮引数の詳細は3.2.4項で解説する．

サブルーチンの記述形式

```
subroutine サブルーチンの名称 (仮引数, 仮引数, ...)
  ... (サブルーチンの内容)
end subroutine サブルーチンの名称
```

これまで主プログラム中で記述した implicit none 宣言は，主プログラム内でのみ有効であり，異なるプログラム単位においては，それぞれの内部で implicit none 宣言を行う必要がある．図3.1に示したように，モジュールと主プログラムは異なるプログラム単位であるので，リスト3.2のように，モジュール内でも implicit none 宣言を記述する．

プログラミングのポイント 3.1

☑ 各プログラム単位内で，implicit none 宣言を行うこと．

モジュールサブルーチンを記述する場合には，モジュール内に contains 文をおき，その後にサブルーチンを書く．contains 文は，対になる end 文をもたない単独の文である．contains 文の後には，複数のサブルーチンや3.4節で説明する関数を書くことができる．contains 文より上に書かれた implicit none 宣言は，contains 文以下でも有効であるので，モジュールサブルーチン内における implicit none 宣言は省略可能である．以上より，サブルーチンを含むモジュールの基本的な構造は次のようになる．

モジュールサブルーチンの記述形式

```
module モジュールの名称
  implicit none
contains
  subroutine サブルーチンの名称 (仮引数, 仮引数, ...)
    ... (サブルーチンの内容)
  end subroutine サブルーチンの名称

  ... (ほかのサブルーチンを同様に記述できる)

end module モジュールの名称
```

リスト3.2の例には含まれていないが，implicit none 宣言と contains 文の間で，定数や変数を宣言することができる．この詳細は3.9.3項のリスト3.30で扱われる．

3.2.2 モジュールサブルーチンの利用方法

一方，リスト3.2の主プログラムでは，モジュール内に含まれるサブルーチンを利用するために，use文を用いて，以下のような**モジュールの使用宣言**を行う．

モジュールの使用宣言

```
use モジュールの名称
```

この使用宣言を行わないと，モジュールに含まれる副プログラムや変数を利用することはできないので注意する．なお，use文は，implicit none宣言より上に書く必要がある．

リスト3.2の主プログラムでは，確認のためにx，y，tmpの初期値を出力した後，サブルーチンswapを呼び出している．サブルーチンを呼び出す場合には，次のように，call文に続けてサブルーチンの名称を書き，サブルーチンに渡す変数（実引数）があれば，これを括弧内に記述する．実引数の詳細は3.2.4項で解説する．

サブルーチンの呼び出し

```
call サブルーチンの名称 (実引数，実引数，...)
```

リスト3.2の主プログラムでは，次のようにしてサブルーチンswapを呼び出している．

```
call swap(x, y)
```

call文に到達すると，演算処理はサブルーチン内の最初の実行文に移る．そして，サブルーチン内の演算が終了すると，処理は呼び出し側に戻り，call文の次の行から演算が開始される．リスト3.2の例では，主プログラムからモジュールサブルーチンが呼び出されているが，一般に副プログラムから副プログラムを呼び出すことも可能である．

リスト3.2の実行結果は次のようになり，サブルーチンの呼び出し前後で，変数xとyの値が入れ替わっていることがわかる．

```
x, y, tmp =           77        9095           0
x, y, tmp =         9095          77           0
```

なお，上記の出力では，変数tmpの値も合わせて出力されている．主プログラムでは変数tmpに初期値0が設定されており，サブルーチン内では同じ名称の変数tmpにaが代入されている．しかし，上記の出力結果のように，サブルーチンの呼び出し前後で主プログラムのtmpの値は0のまま変化していない．このように，引数として受け渡されることがなければ，主プログラムとサブルーチンの変数は，名称が同じでも実体が異なる別の変数となる．

3.2.3　return 文

副プログラム内の演算を途中で終了し，呼び出し側に戻したい場合には，return 文を用いる．たとえばリスト 3.2 のモジュールサブルーチン swap において，もし a と b の値が同一であれば交換する手間は不要なので，その後の処理を行わずに戻る，という仕様にするならば，

```
if (a == b) return
```

という行を実行文の最初に入れる．a と b が等しければ，この行より後にあるサブルーチン内の演算は行われず，処理は主プログラムの call swap(x, y) の次の行の演算に移る．

3.2.4　実引数と仮引数

あるプログラム単位における宣言は，ほかのプログラム単位には影響しない．プログラム単位ごとに implicit none **宣言**が必要であるのも，この理由による．同様に，主プログラム内で宣言された変数も，**引数**（ひきすう，argument）として受け渡しが行われなければ，副プログラム側で値を参照したり，代入することはできない．

リスト 3.2 の例では，主プログラムで次のようにサブルーチンを呼び出している．

サブルーチンの呼び出しと実引数の例

```
call swap(x, y)   ! サブルーチンの呼び出し. x,y を実引数という.
```

この呼び出し側における括弧内の変数 x と y を**実引数**（actual argument）という．一方，モジュールサブルーチン側では，次のように subroutine 文を記述している．

subroutine 文と仮引数の例

```
subroutine swap(a, b) ! サブルーチン文. a,b を仮引数という.
```

このサブルーチン側の括弧内の変数 a と b を**仮引数**（dummy argument）という．プログラム単位内で宣言された変数は，そのプログラム単位内でしか使用できないが（次節で説明する局所変数），引数とすればプログラム単位間で共通に使用できる．

プログラミングのポイント 3.2

- ☑ 引数とされた変数は，プログラム単位間で共通に使用できる．
- ☑ 引数でなければ，異なるプログラム単位の変数は，独立した別の変数である（たとえ変数名が同じでも，別の変数である）．

リスト 3.2 の例では，サブルーチン swap の呼び出しにおける実引数が x と y，またサブルーチン swap 側の仮引数が a と b である．このように，実引数と仮引数の変数名は

異なっていてもよい．しかし，**引数の整合**に注意する必要がある．すなわち，実引数と仮引数は，変数の型や種別パラメタ，さらに個数と並んでいる順序が完全に一致しなければならない[3)]．たとえば，以下の主プログラムの実引数とサブルーチンの仮引数の対応は誤りである．

```
module subprog
  ...
  subroutine swap(a, b) ! 仮引数は 2 つで，a,b は単精度実数型
    real a, b
    ...
end module subprog

program exchange
  use subprog
  real(8) x, y, z
  ...
  call swap(x, y, z) ! 実引数が 3 つあり，しかも x,y,z は倍精度実数型なので誤り
  ...
```

この例では，まず実引数が x，y，z と 3 つあるが，サブルーチン側の仮引数は a と b の 2 つであり，引数の個数が異なっているので誤りである．さらに，実引数は倍精度実数型であるのに，仮引数は単精度実数型であるため整合していない[4)]．

なお，モジュール副プログラムを使う場合には，引数が整合していないときには，コンパイル時にエラーが表示されるという便利な機能がある．一方，第 4 章で扱う外部副プログラムを用いる場合にも，実引数と仮引数は正しく整合していなければならないが[5)]，そのままではコンパイル時のチェックは行われない．引数のクロスチェックが行われるようにするには，4.2 節で述べるインターフェイス・ブロックを新しく用意する必要がある．

プログラミングのポイント 3.3

- ☑ **実引数と仮引数は，並びの順序や個数，型と種別を一致させること．**
- ☑ **実引数と仮引数の変数名は異なっていてもよい．**

演習 3.1 リスト 3.2 と同様のプログラムを作成し，引数の整合を故意に壊した場合に，コンパイラがどのようなエラーを表示するかを確認せよ．

演習 3.2 整数型変数 i，j，k を実引数として呼び出すと，i と j の和を k に格納して返すモジュールサブルーチンを作成せよ．主プログラムでは，サブルーチンの呼び出し前に i と j に適当な値を設定しておくこと．

---

3) 5.1 節で述べるように，引数キーワードと optional 属性を使えば引数の順序の変更や省略が行える．ただし，第 5 章を学ぶまでは，実引数と仮引数は整合させる必要があると覚えておこう．

4) 正確にはいずれも実数型であるが，種別パラメタが 8 および 4 と異なる（付録 1.1 参照）．

5) 外部副プログラムで引数の省略や順序の変更を行う方法は，5.1 節で学ぶ．

3.3　局所変数とグローバル変数，仮引数の属性指定

3.3.1　プログラム単位ごとに独立な局所変数

リスト3.2に示されたモジュールサブルーチンでは，aとbの値を入れ替えるために，一時的に値を待避させるための変数tmpを使っている．このtmpは引数ではないので，主プログラム側の同じ名称の変数tmpとは値が共有されない別の変数である．すでにp. 77の出力結果で確認されたように，リスト3.2の主プログラムのtmpの値はサブルーチンの呼び出し前後で変化しないことから，主プログラムのtmpとサブルーチンのtmpは別の変数であることがわかる．

上記のtmpのように，あるプログラム単位内で宣言され，その中だけで使用される変数を**局所変数**という．これに対して，モジュール内で宣言され，そのモジュールの使用宣言を行うことにより，異なるプログラム単位間で共通に使用される変数を本書では**グローバル変数**とよぶ．グローバル変数の詳細は3.9節で述べる．

演習 3.3　リスト3.2のプログラムにおいて，モジュールサブルーチン側でもtmpの値を出力して，それが主プログラムの変数tmpとは異なる変数であることを確認せよ．また，tmpを引数とすると，主プログラムとモジュールサブルーチンの間でtmpが共通に使用されることを示せ．

3.3.2　save属性を有する局所変数

副プログラム内で用いられる局所変数は，次のような2種類の変数に分類される．1つは，副プログラムの演算終了後にも変数の値が保持され続けるものであり，ほかの1つは必ずしも保持されないものである．リスト3.2のモジュールサブルーチン内のtmpは後者であり，再びサブルーチンが呼び出されたときには，必ずしも前回の値は保存されていない[6)]．副プログラムの演算終了後にも値を保持させるには，局所変数の宣言時に**save属性**を付ける必要がある．リスト3.3に簡単な例を示す．

リスト 3.3　save属性を有する局所変数を使うプログラム例

```
module subprogs
  implicit none
contains
  subroutine count
    integer       :: ic1 = 0 ! 初期値を指定して宣言
    integer, save :: ic2 = 0 ! save 属性を付け，初期値を指定して宣言
    ic1 = ic1 + 1
    ic2 = ic2 + 1
    write(*, *) ic1, ic2
  end subroutine count
```

6)　局所変数の値が保持されるコンパイラもあるといわれるが，Fortran 90/95の仕様では値が保持されることは保証されていないので，それを前提にプログラミングすべきである．

```
end module subprogs

program main
  use subprogs  ! モジュール subprogs の使用宣言
  implicit none
  integer i
  do i = 1, 3
     call count ! モジュールサブルーチンの呼び出し
  enddo
end program main
```

上記の例では，モジュールサブルーチン count が主プログラムから 3 回呼び出される．count は，引数を使わないサブルーチンである．サブルーチン count 内では，初期値を指定して宣言された整数型変数 ic1 と，save 属性を付けて同様に宣言された ic2 の 2 つの局所変数が用いられている．上記のプログラムの実行結果は以下のようになる．

```
           1           1
           2           2
           3           3
```

ここでは 2 つの点に注意したい．1 つは，save 属性を有する変数 ic2 では，サブルーチンから抜けた後でも最後に設定された値が保持されているので，サブルーチンが呼び出されるごとに値が 1 ずつ増加している，という点である．このように，宣言時に save 属性を付けることで，値を保持する局所変数を設定することができる．

リスト 3.3 の実行結果から，もう 1 つの重要な性質が確認できる．変数 ic1 は初期値が 0 に指定されているが，初期値 0 が設定されるのは最初の呼び出しのときだけであり，2 回目以降の呼び出しでは初期値に 0 は設定されず，変数 ic2 と同様に，最後の演算結果が保持されている[7]．これは，Fortran 90/95 では，初期値を指定して宣言された変数は，自動的に save 属性を有する変数となるためである[6]．このため，ic1 と ic2 は，同様の局所変数，すなわちともに初期値が 0 と指定された save 属性を有する変数であり，出力結果はいずれも同じ値となっている．ただし，変数値が保持されるという性質を明示する場合には，変数 ic2 の宣言のように save 属性を付けるほうがわかりやすい．

なお，サブルーチン count が呼び出されるたびに，ic1 の初期値を 0 にしたい場合には，副プログラムの実行文の先頭で，`ic1 = 0` という代入文を記述すればよい．

プログラミングのポイント 3.4

- ☑ 値を保持させたい局所変数には，宣言時に save 属性を付ける．
- ☑ 変数宣言時における初期値設定は，副プログラムを最初に呼び出したときに 1 回だけ行われる．

7) もし，毎回初期値が設定されるなら，出力結果は常に 1 となるはずである．

演習 3.4　リスト 3.3 を参考にして，次のすべての条件を備えたモジュールサブルーチンを作成せよ．

- 初めて呼び出されたときに，出力ファイル output.d を開く．
- 初期値が 1 で，呼び出しごとに 1 ずつ増加する整数型変数 ic を，出力ファイル output.d に出力する．
- 呼び出しが繰り返し行われるとき，変数 ic の値が 10 となった時点で出力ファイル output.d を閉じて，stop 文により処理を終了する．

3.3.3　仮引数に対する intent 属性

底面の半径が r，高さが h の円錐の体積を求めるモジュールサブルーチンと，これを呼び出す主プログラムは，たとえばリスト 3.4 のように書かれる．

リスト 3.4　円錐の体積を求めるモジュールサブルーチン

```
module subprogs
  implicit none
contains
  subroutine cone_vol(r, h, v)   ! モジュールサブルーチン
    real(8), intent(in)  :: r, h ! intent 属性付きの仮引数の宣言
    real(8), intent(out) :: v    ! intent 属性付きの仮引数の宣言
    real(8) s, pi                ! 局所変数の宣言
    pi = 2.0d0 * acos(0.0d0)
    s = pi * r ** 2
    v = s * h / 3.0d0
  end subroutine cone_vol
end module subprogs

program main      ! 主プログラム
  use subprogs    ! モジュールの使用宣言
  implicit none
  real(8) :: a = 1.5d0, l = 3.0d0, vol
  call cone_vol(a, l, vol)  ! モジュールサブルーチンの呼び出し
  !...(この後に，a, l, vol を使う演算が続く)
end program main
```

リスト 3.4 の主プログラムにおいて，円錐の半径，高さおよび体積を表す実引数は a，l，vol であり，モジュールサブルーチンの仮引数は r，h，v である．すでに述べたように，実引数と仮引数はこのように変数名は異なっていてもよいが，変数の順序と個数，型と種別は一致していなければならない．サブルーチン内では，局所変数として円周率と底面積を表す倍精度実数型変数 pi と s が用いられており，計算された円錐の体積を仮引数 v に格納して呼び出し元へ返している．

リスト 3.4 のモジュールサブルーチン内では，仮引数に intent 属性を付けて，次のように宣言していることに注意しよう．

副プログラムの仮引数に intent 属性を付けて宣言する例

```
subroutine cone_vol(r, h, v)   ! サブルーチンの仮引数は r, h, v
  real(8), intent(in)  :: r, h ! intent(in) 属性付きの仮引数の宣言
  real(8), intent(out) :: v    ! intent(out) 属性付きの仮引数の宣言
  ...
end subroutine cone_vol
```

これは，サブルーチン内で，値を変更してはならない仮引数に代入演算を行うことを防ぐと同時に，値を設定する必要のある変数に演算結果を格納し忘れることを防ぐための宣言である．サブルーチン cone_vol(r, h, v) では，r と h を受け取り，演算結果を v に格納して呼び出し側に返すが，たとえばサブルーチン内で誤って r あるいは h の値を書き換えてしまったとする．すると，主プログラムにおいて，サブルーチンを呼び出した後に行われる a あるいは l を使う演算では，変数値が変更されているので正しい結果が得られない．このようなエラーを防ぐために，副プログラム側で仮引数を宣言するときには，intent 属性を明示することが推奨される．仮引数は，扱われ方により 3 つに分類され，それらに対応する intent 属性は以下のようになる[8)]．

1. 呼び出し側で値が確定している変数で，副プログラム中では値を変更してはならないもの．この変数の属性は intent(in) となる．
2. 副プログラム中の演算で必ず値が代入され，その値を保持して呼び出し側に戻る変数．この変数の属性は intent(out) となる．
3. 呼び出し側からの値の受け取り，あるいは副プログラムにおける代入演算が可能な変数．この変数の属性は intent(inout) となる．

副プログラム中で仮引数を宣言するときに intent 属性を明示しておくと，うっかり次のような間違いを犯したときに，コンパイルの時点でエラーが検出される．

- intent 属性が in である変数の値を副プログラム中で変更したとき．
- intent 属性が out である変数の値を副プログラム中で設定しなかったとき[9)]．

なお，intent 属性は，仮引数に対してのみ使用できることに注意しよう．副プログラム中の局所変数に対しては，intent 属性は意味をもたない．

プログラミングのポイント 3.5

☑ **副プログラムの仮引数は，intent 属性を付けて宣言すること．**

演習 3.5 リスト 3.2 と演習 3.2 のモジュールサブルーチンを書き換えて，intent 属性を付けて仮引数の宣言を行うものとせよ．

8) JIS の仕様書では in，out，inout は**授受特性指定**といわれる．

9) 通常，コンパイル時に intent(out) 属性をもつ変数への代入文があるかどうかがチェックされる．条件分岐などにより，実際の演算でその代入文が実行されなくてもエラーは出されない．

演習 3.6　演習 3.5 のプログラムに対して，intent 属性が in である変数への代入文を書いた場合，また out である変数に対する代入文がない場合に，コンパイル時にどのようなエラーが表示されるかを確認せよ．

演習 3.7　リスト 3.4 を参考にして，直方体の縦，横，高さを与えると，その体積と表面積を返すモジュールサブルーチンを作成せよ．仮引数には intent 属性を付けること．

3.4　モジュール関数

3.2.1 項で述べたように，モジュール副プログラムには，モジュールサブルーチンとモジュール関数がある．前者については，これまでにいくつかの例が示された．本節では，モジュール関数の利用方法を述べる．関数は，次のような形で記述される．

関数の記述形式

```
function 関数名 (仮引数, 仮引数, ...) result(関数が返す変数)
   ...
   仮引数の宣言文 (intent 属性を付ける)
   関数が返す変数の宣言文 (intent 属性は付けない)
   ...
   関数が返す変数への代入文
   ...
end function 関数名
```

function 文には，関数の名称を記述し，サブルーチンの場合と同様に，関数内の演算で使用する仮引数を括弧内に書く．そして，result **句**を付けて，関数が返す単一の変数をその後の括弧内に記述する[10)]．result 句の後の括弧内には，複数の変数を書くことはできない．

仮引数を宣言する際には，サブルーチンの場合と同様に intent 属性を付ける．関数を使用する場合には，通常引数の値を変更して呼び出し側に返すことはないので，仮引数の intent 属性は in となる[11)]．なお，result 句で指定された変数の宣言文には，intent 属性を付けないことに注意する．

関数内では所定の演算を行い，呼び出し側に返す結果を result 句で指定された変数に代入する．呼び出し側では，sin や cos のような組み込み関数と同様に，実行文中に直接関数名を記述すればよい．サブルーチンと異なり，call 文は不要であり，演算式中に関数名を直接書くことができるので，プログラムが簡潔に書けるという利点がある．

10)　result 句を用いない関数の記述方法もあるが，本書では result 句を使う記法で統一する．
11)　関数の引数に戻り値を格納することは，関数本来の自然な利用方法ではない[6]．

プログラミングのポイント 3.6

- ☑ サブルーチンは call 文を使って呼び出すが，関数は実行文中に関数名を書く．
- ☑ 関数は単一の変数を返す（引数に関数の演算結果を格納しない）．

モジュール関数を記述する際には，モジュールサブルーチンの場合と同様に，モジュール内の contains 文以下に関数を記述する．p. 79 のプログラミングのポイント 3.3 で示したように，関数を呼び出す場合にも，引数の整合には注意しなければならない．モジュール関数の記述形式を以下に示す．

モジュール関数の記述形式

```
module モジュールの名称
  implicit none
contains
  function 関数名 (仮引数, 仮引数, ...) result(関数が返す変数)
    ... (関数の内容)
  end function 関数名

  ... (ほかの関数やサブルーチンを同様に記述できる)

end module モジュールの名称
```

サブルーチンを利用する場合には，演習 3.7 のように，複数の演算結果を複数の引数に格納して呼び出し側に返すことも可能である．一方，リスト 3.4 のサブルーチン cone_vol(r, h, v) では，呼び出し側に返す変数は 1 つであり，仮引数 v に演算結果が格納された．この例のように，単一のスカラ変数，あるいは単一の配列を返すサブルーチンは，関数を用いて表現することができる[12)]．リスト 3.4 を関数を使って書き直すと，以下のようになる．

リスト 3.5 円錐の体積を求めるモジュール関数

```
module subprogs
  implicit none
contains
  function func_cone_vol(r, h) result(v)
    real(8), intent(in) :: r, h
    real(8) v, s, pi
    pi = 2.0d0 * acos(0.0d0)
    s = pi * r ** 2
    v = s * h / 3.0d0
  end function func_cone_vol
end module subprogs

program main
```

12) 配列を返す関数は 3.8 節で扱う．

```
  use subprogs    ! モジュールの使用宣言
  implicit none
  real(8) :: a = 1.5d0, l = 3.0d0
  write(*, *) 'ensui taiseki = ', func_cone_vol(a, l)
  ...
end program main
```

リスト3.5のモジュール subprogs 内では，implicit none 宣言が contains 文以降でも有効であるので，関数 func_cone_vol の中ではこの宣言を省略している．また，関数の仮引数 r，h は intent(in) 属性を付けて宣言するが，関数が返す値，すなわち result 句で指定される変数 v の宣言文には intent 属性は不要である．

一方，関数を利用するリスト3.5の主プログラム側では，関数を含むモジュールの使用宣言を行う．この主プログラムでは，関数名 func_cone_vol が write 文中に直接記述されている．このように，関数を用いる場合には call 文による呼び出しは不要であり，実行文中に直接関数名を記述すればよい．

演習 3.8　演習1.12で作成したプログラムをモジュール関数とし，等比数列の初項 a，公比 r および項数 n を与えると，初項から第 n 項までの和を返す関数を作成せよ．

演習 3.9　演習1.13のプログラムを利用して，実数 a，b を与えると（$a < b$），$[a, b]$ の範囲で標準正規分布を数値積分した値を返すモジュール関数を作成せよ．

演習 3.10　演習1.23で作成したプログラムを利用して，k（$0 \leq k^2 < 1$）と展開項数 n を与えると，**第1種完全楕円積分** $K(k)$ の近似値を返すモジュール関数を作成せよ．

3.5　配列を引数とする方法

数値計算では，プログラム単位間で配列の受け渡しがしばしば行われる．このため，配列を引数とする場合のプログラムの記述方法を正しく理解しておくことは重要である．

モジュール副プログラムでは，配列を引数とする場合に次の機能を利用できる[13)]．

- 形状引継ぎ配列を引数に使用できる．
- 未割付けの割付け配列を引数にできる．
- 配列を返す関数を作ることができる．

上記の機能を以下で詳しく解説する．なお，3番目の項目は3.8節で扱う．

リスト3.6は，0以上1未満の一様乱数列を $n \times n$ の2次元配列要素に設定して出力する主プログラムである．n の値はキーボード入力され，n が1より小さいか，あるいは100より大きいときには処理を停止する．適切な値が n に入力された場合には，n を用いて割付け配列 a の割付けを行い，組み込みサブルーチン random_number により乱

13)　外部副プログラムで同様の機能を実現するには，インターフェイス・ブロックを用意する必要がある．詳細は第4章を参照．

数を配列要素に設定する[14]．最後に，すべての配列要素の値を書式付きで標準出力に書き出す．

リスト 3.6 2次元配列に乱数を設定して出力する主プログラム

```
program random_mat
  implicit none
  real(8), allocatable :: a(:, :)              ! 割付け配列の宣言
  integer n, i
  write(*, '(a)', advance = 'no') ' input n : '
  read(*, *) n
  if (n < 1 .or. n > 100) stop 'n must be 0 < n < 101'
  allocate (a(n, n))                           ! 割付け
  call random_number(a(:, :))                  ! 全配列要素に [0,1) の乱数を設定
  do i = 1, n
     write(*, '(100e12.4)') a(i, 1:n)          ! 配列要素の値を出力
  enddo
end program random_mat
```

以下では，配列を引数とするモジュール副プログラムを用いて，リスト 3.6 のプログラムを表現する．

3.5.1 形状明示仮配列

リスト 3.6 のプログラムのうち，配列要素の値を出力する最後の部分をモジュールサブルーチンとしてみよう．このサブルーチン名を print_mat とする．配列を引数とする 1 つの方法として，リスト 3.7 のような記述方法がある．

リスト 3.7 形状明示仮配列を使うモジュールサブルーチン

```
module mat_subprogs      ! サブルーチンを含むモジュール mat_subprogs
  implicit none
contains
  subroutine print_mat(a, n)        ! 配列 a と配列の寸法 n を仮引数としている
    integer, intent(in) :: n
    real(8), intent(in) :: a(n, n) ! 仮引数 n を用いて宣言 (形状明示仮配列)
    integer i
    do i = 1, n
       write(*, '(100e12.4)') a(i, 1:n)
    enddo
  end subroutine print_mat
end module mat_subprogs

program random_mat
  use mat_subprogs          ! モジュール mat_subprogs の使用宣言
  implicit none
  real(8), allocatable :: a(:, :)
```

14) random_number は，引数が配列のときには，その要素に疑似乱数列を設定する．

```
    integer n, i
    write(*, '(a)', advance = 'no') ' input n : '
    read(*, *) n
    if (n < 1 .or. n > 100) stop 'n must be 0 < n < 101'
    allocate (a(n, n))
    call random_number(a)
    call print_mat(a, n)    ! 配列要素を出力するモジュールサブルーチンの呼び出し
end program random_mat
```

上記の例では，モジュールサブルーチン `print_mat(a, n)` を使用して，配列要素の出力を行っている．このサブルーチンは，2次元配列 `a` を仮引数としている．このように，仮引数となる配列を，**仮配列**（dummy array）という．リスト3.7では，配列 `a` とともに，その寸法を表す整数型変数 `n` も仮引数とされている．サブルーチン `print_mat` 内では，この `n` を各次元の寸法として2次元配列 `a` を宣言している．このような仮配列を，**形状明示仮配列**（explicit-shape dummy array）という．これは，配列を引数として受け渡しする場合の最も一般的な方法である[15]．

形状明示仮配列を利用する例

サブルーチン側：

```
    subroutine print_amn(a, m, n)    ! 配列 a とその寸法 m,n を仮引数とする
      integer, intent(in) :: m, n
      real(8), intent(in) :: a(m, n) ! a を形状明示仮配列という
      ...
    end subroutine print_amn
```

呼び出し側：

```
    integer, parameter :: n1 = 3, n2 = 4
    real(8) x(n1, n2)
    ...
    call print_amn(x, n1, n2) ! 配列 x とその寸法 n1,n2 を実引数にして呼び出す
```

なお，配列の要素はスカラであるので（2.2.4項参照），たとえば `call sub(a(3))` のようなサブルーチンの呼び出しでは，引数は配列ではなくスカラとなる．これを，配列が引数となる呼び出し `call sub(a)` と混同しないよう注意しよう．

3.5.2　形状引継ぎ配列

モジュール副プログラムでは，寸法を明示せずに仮配列を宣言することも可能である．このような仮配列を**形状引継ぎ配列**（assumed-shape array）という．形状引継ぎ配列を用いる場合には，配列の寸法を引数にする必要がないので，受け渡しする情報が少な

15）4.2節で述べるインターフェイス・モジュールを用意しなくても，外部副プログラムでは形状明示仮配列を利用できる．このため，モジュール副プログラム，外部副プログラムのいずれにおいても，「配列を引数とするときには，常に形状明示仮配列を用いる」という方針を採用してもよい．

くて済む．リスト 3.7 の print_mat と同様の処理を行うモジュールサブルーチンを，形状引継ぎ配列を用いて記述すると次のようになる．

リスト 3.8 形状引継ぎ配列を使うモジュールサブルーチン

```
module mat_subprogs
  implicit none
contains
  subroutine print_mat2(a)
    real(8), intent(in) :: a(:, :) ! 形状引継ぎ配列
    integer i, n, m
    n = size(a, 1) ! 組み込み関数 size により a の最初の次元の寸法を得る
    m = size(a, 2) ! 組み込み関数 size により a の 2 番目の次元の寸法を得る
    do i = 1, n
       write(*, '(100e12.4)') a(i, 1:m)
    enddo
  end subroutine print_mat2
end module mat_subprogs
```

主プログラム側では，今度は以下のようにしてサブルーチンを呼び出せばよい．

```
call print_mat2(a)
```

リスト 3.8 のサブルーチン print_mat2 内では，仮配列 a の宣言の際に寸法が明記されていない．形状引継ぎ配列の宣言文では，このように寸法をコロンで表し，これをカンマで区切ることにより次元数（ランク）を指定する．以上より，形状引継ぎ配列は，次のような形式で用いられる．

形状引継ぎ配列を利用する例

モジュールサブルーチン側：

```
    subroutine print_amn2(a)           ! 配列 a のみを仮引数とする
      real(8), intent(in) :: a(:, :) ! a は形状引継ぎ配列 (寸法を : と表す)
      ...
    end subroutine print_amn2
```

呼び出し側：

```
    integer, parameter :: n1 = 3, n2 = 4
    real(8) x(n1, n2)
    ...
    call print_amn2(x) ! 配列 x のみを実引数にして呼び出す
```

副プログラム中の演算で，形状引継ぎ配列の寸法が必要となった場合には，組み込み関数 size(a, i) を用いれば，配列 a の i 番目の次元の寸法を知ることができる（2.4 節参照）．リスト 3.8 では，最初の次元の寸法を変数 n，2 番目の次元の寸法を変数 m に取得しており，これらを用いて出力を行っているので，このサブルーチンは各次元の寸法が異なる一般の 2 次元配列の出力に利用できる．

なお，第4章で解説するように，外部副プログラムでは，インターフェイス・モジュールを用意しなければ，形状引継ぎ配列は利用できないので注意する．

3.5.3 仮配列の添字の下限について

形状明示仮配列および形状引継ぎ配列のいずれにおいても，配列の受け渡しの際には，**添字の「下限値」**は引き継がれない．形状引継ぎ配列を例として，この問題を考えてみよう．リスト3.8における形状引継ぎ配列の宣言方法

```
real(8), intent(in) :: a(:, :)
```

では，添字の下限が省略されているので，コンパイラには下限は1，すなわちいずれの次元の添字も1から始まると解釈される．形状引継ぎ配列の添字の下限を明示するには，

```
real(8), intent(in) :: a(d:, e:)
```

のように，下限値 d，e をコロンの左側に付けて宣言する．形状引継ぎ配列では，寸法が引き継がれるので，添字の上限は自動的に定められる．たとえば，各次元の寸法がいずれも n であるとすると，最初の次元の添字の上限は d+n-1，2番目の次元の上限は e+n-1 となる．

もし，サブルーチンの呼び出し側の配列，すなわち実引数となる配列の添字の下限が1でないときには，副プログラム中の演算で「添字のずれ」が生じないように注意する．以下に，添字の下限が問題となるプログラム例を示す．

リスト 3.9　引数となる配列の添字の下限が問題となる例

```
module vec_subprogs
  implicit none
contains
  subroutine print1(v)
    integer, intent(in) :: v(:)  ! 下限が 1 の形状引継ぎ配列
    write(*, *) v(2)
  end subroutine print1

  subroutine print2(v)
    integer, intent(in) :: v(0:) ! 下限が 0 の形状引継ぎ配列
    write(*, *) v(2)
  end subroutine print2
end module vec_subprogs

program chk
  use vec_subprogs
  implicit none
  integer :: x(0:2) = (/ 1, 2, 3 /) ! 配列 x の添字の下限は 0
  write(*, *) x(2)
  call print1(x)
```

```
  call print2(x)
end program chk
```

上記のプログラムを実行すると，

```
          3
          2
          3
```

という出力結果となり，同一の値にならない．サブルーチン print1 では，配列の宣言時に v(:) として，下限を明示していないため，デフォルトの 1 という下限が設定されている．このため，v(1)=1，v(2)=2，v(3)=3 という形で要素の値が副プログラムに引き継がれる．一方，サブルーチン print2 では，配列の宣言時に v(0:) として，呼び出し側と同じ下限を設定している．その結果，呼び出し側と同じ v(0)=1，v(1)=2，v(2)=3 という配列要素の値が引き継がれる．この仕組みを考えれば，サブルーチン print1 の出力結果がほかと異なることは理解されるであろう．このように，実引数の配列の添字の下限が 1 でない場合には注意が必要である．なお，これと同様の問題は，形状明示仮配列の場合にも生ずる．

配列の添字の下限値が 1 でない場合に，形状引継ぎ配列を使う 1 つの方法として，下限値を引数とし，配列の上限は組み込み関数 size を利用して設定するという次のようなプログラムが考えられる[16)]．

リスト 3.10 配列の添字の下限を引数として形状引継ぎ配列を利用する例

```
module vec_subprogs
  implicit none
contains
  subroutine print_lb(v, lb)      ! 配列と配列の下限値を仮引数とする
    integer, intent(in) :: lb     ! 添字の下限
    integer, intent(in) :: v(lb:) ! 下限を明示した形状引継ぎ配列
    write(*, *) v(0), lbound(v, 1), ubound(v, 1) ! 要素 v(0) と下限，上限を出力
  end subroutine print_lb
end module vec_subprogs

program main
  use vec_subprogs
  implicit none
  integer, parameter :: n = 3
  integer :: i, x(-n:n) = (/ (i, i = -n, n) /)
  write(*, *) x(0), -n, n          ! 要素 x(0) と下限，上限を出力
  call print_lb(x, -n)             ! 配列と配列の下限値 -n を実引数とする
  call print_lb(x, lbound(x, 1)) ! 下限値を lbound を使って取得する例
end program main
```

16) 配列の添字の上下限を取得する組み込み関数として，ubound と lbound がある（付録 2 参照）．

形状明示仮配列を用いる場合でも，上の例と同様に対処できる．この場合には，配列の下限値に加えて添字の上限もしくは寸法を引数とする記述形式となり，

```
subroutine sub1(a, lb, ub)  ! lb, ub は配列の上下限
  integer, intent(in) :: lb, ub, a(lb:ub)  ! 上下限明示の形状明示仮配列
  ...
```

とするか，あるいは，以下のような形状明示仮配列の宣言文を用いればよい．

```
subroutine sub2(a, lb, n)  ! lb は配列の下限, n は配列の寸法
  integer, intent(in) :: lb, n, a(lb:lb+n-1) ! 上下限明示の形状明示仮配列
  ...
```

プログラミングのポイント 3.7

- ☑ 配列を引数とするときには，形状明示仮配列を利用する（モジュール副プログラムでは，形状引継ぎ配列も利用できる）．
- ☑ 形状引継ぎ配列の寸法を知りたいときは，組み込み関数 size を利用する．
- ☑ 実引数となる配列の添字の下限が 1 でない場合には，副プログラム中の仮配列の添字の下限に注意する．

演習 3.11　real(8) a(-2:2, -3:3) と宣言された 2 次元配列の全要素を出力するために，リスト 3.8 のサブルーチン print_mat2 を call print_mat2(a) と呼び出して使うことはできるか．実際にプログラムを作成して確認せよ．

演習 3.12　リスト 3.10 のプログラムを作成して出力を確認せよ．また，リスト 3.10 を形状明示仮配列を用いるプログラムとせよ．

3.5.4　実引数の配列と次元数が異なる仮配列の利用

■大きさ引継ぎ配列を用いる方法　実引数とされた配列を，副プログラム側で次元数（ランク）が異なる仮配列として受け取ることができる．たとえば 3 次元の配列を実引数とする場合に，副プログラム側でこれを 1 次元の仮配列として受け取ることが可能である．このためには，副プログラム側で**大きさ引継ぎ配列**（assumed-size array）を用いる方法と，形状明示仮配列を用いる方法がある．

大きさ引継ぎ配列とは，実引数の配列の大きさ，すなわち全要素数を受け継ぐ仮配列である．リスト 3.11 に大きさ引継ぎ配列を用いる例を示す．

リスト 3.11　大きさ引継ぎ配列を利用する例

```
module sub_mod
  implicit none
contains
  subroutine print1d(a, m)
    integer, intent(in) :: m, a(1:*)  ! a は大きさ引継ぎ配列 (1 次元配列)
    write(*, *) 'sub  : ', a(1:m)
```

```
  end subroutine print1d
end module sub_mod

program main
  use sub_mod
  implicit none
  integer, parameter :: n = 2
  integer a(n, n, n), i, j, k          ! a は 3 次元配列
  do k = 1, n
     do j = 1, n
        do i = 1, n
           a(i, j, k) = 100 * i + 10 * j + k
        enddo
     enddo
  enddo
  write(*, *) 'main : ', a(1:n, 1:n, 1:n)
  call print1d(a, n ** 3)              ! 実引数は 3 次元配列
end program main
```

このプログラムを実行すると，実引数とされた 3 次元配列の要素が，列順[17] で 1 次元の仮配列の要素に引き継がれ，以下のように出力される．

```
main :  111 211 121 221 112 212 122 222
sub  :  111 211 121 221 112 212 122 222
```

リスト 3.11 には，前半に大きさ引継ぎ配列を利用するモジュールサブルーチン，後半にそれを利用する主プログラムが示されている．主プログラムでは，3 次元配列 a とその大きさである n の 3 乗を実引数としてサブルーチン print1d を呼び出している．

一方，リスト 3.11 の前半にあるモジュールサブルーチン print1d では，

```
integer, intent(in) :: m, a(1:*)
```

として，仮配列 a を 1 次元配列としており，添字の上限を * で表している．このように，大きさ引継ぎ配列は，

```
配列名 (下限 : * )
```

という形式で宣言される．下限が省略されたときには，その値は 1 とみなされる．このため，上記のサブルーチンにおける宣言では，単に a(*) としてもよい．なお，大きさ引継ぎ配列が多次元となる場合には，最後の次元の上限を * で表す．

大きさ引継ぎ配列を用いる場合には，副プログラム中で部分配列を使うときに，添字の始値と終値を明示する必要がある．たとえば，リスト 3.11 のサブルーチンにおいて，次の 2 行目のように記述すると適切な出力が得られない．

```
write(*, *) 'sub  : ', a(2:3) ! これは使用可能
write(*, *) 'sub  : ', a(:)   ! これは誤り
```

17) 左側の添字が先に変化する．p. 58 参照．

これは，大きさ引継ぎ配列は，形状が定義されていないと解釈されるためである．このような理由により，実は大きさ引継ぎ配列の利用はあまり推奨されておらず[6]，次の形状明示仮配列を用いる方法がよい．

■形状明示仮配列を利用する方法　形状明示仮配列を用いるモジュールサブルーチンは，リスト 3.12 のように記述される．これを呼び出す主プログラムは，リスト 3.11 と同様である．

リスト 3.12　形状明示仮配列により次元数の異なる配列を引数とする例

```
module sub_mod
  implicit none
contains
  subroutine print1d(a, m)
    integer, intent(in) :: m, a(1:m)  ! a は形状明示仮配列 (1 次元配列)
    write(*, *) 'sub  : ', a(1:m)     ! 始値と終値を明示する出力
    write(*, *) 'sub  : ', a(:)       ! 始値と終値を明示しなくてもよい
  end subroutine print1d
end module sub_mod
```

大きさ引継ぎ配列との違いは，仮配列の宣言時に上限を明示するか否かという点だけである．しかし，形状明示仮配列を用いる場合には，リスト 3.12 のサブルーチンに含まれる 2 つの write 文のうち，2 番目のように始値と終値を明示しない部分配列の使い方が許されるので，より柔軟なプログラミングが可能である．このため，実引数として与えられた配列を副プログラム側で次元の異なる仮配列として受け取る場合には，形状明示仮配列を用いるのがよいだろう．

実引数と次元数が異なる形状明示仮配列を使う列

サブルーチン側：

```
    subroutine print1d(a, m)
      integer, intent(in) :: m, a(1:m)    ! a は 1 次元の形状明示仮配列
      ...
    end subroutine print1d
```

呼び出し側：

```
    integer, parameter :: m = 3, n = 4
    integer a(m, n)          ! a は 2 次元配列
    ...
    call print1d(a, m * n)  ! 2 次元配列 a とその全要素数 m*n を実引数とする
```

なお，外部副プログラムでは，4.2 節で述べるインターフェイス・モジュールがなくても，実引数の配列と次元数が異なる形状明示仮配列を使うことができる（p. 88 の脚注参照）．

プログラミングのポイント 3.8

☑ 実引数の配列と次元数が異なる仮配列を利用するときには，形状明示仮配列を用いる．このとき，実引数と仮配列の要素の対応に注意すること．

3.5.5 配列要素を実引数として，配列の一部を仮配列として受け取る方法

次に，形状明示仮配列を用いて，配列の一部を副プログラムに渡す例を示す．Fortran 90/95 では，仮引数がスカラである場合には，実引数もスカラでなければならない．一方，実引数がスカラである場合には一般に仮引数もスカラとされるが，とくに実引数が（形状引継ぎ配列ではない）配列の要素であるときには，副プログラム側ではこれをスカラとして受け取るだけでなく，配列として受け取ることも可能である．リスト 3.13 に，3×3 行列の列ベクトルを出力するプログラム例を示す．

リスト 3.13 配列要素を実引数として，配列の一部を仮配列とする例

```
module sub_mod
  implicit none
contains
  subroutine print_column(x, m)
    integer, intent(in) :: m, x(m)  ! x は形状明示仮配列 (1 次元配列)
    write(*, *) x(1:m)
  end subroutine print_column
end module sub_mod

program main
  use sub_mod
  implicit none
  integer a(3, 3)                   ! a は 2 次元配列
  a(1, 1:3) = (/ 11, 12, 13 /)
  a(2, 1:3) = (/ 21, 22, 23 /)
  a(3, 1:3) = (/ 31, 32, 33 /)
  call print_column(a(1,1), 3)      ! 配列要素 (スカラ) を実引数としている
  call print_column(a(1,2), 3)      ! 同上
end program main
```

リスト 3.13 の主プログラムでは，モジュールサブルーチン `print_column` を 2 回呼び出しているが，いずれも配列要素（スカラ）を 1 番目の引数としている．一方，サブルーチン `print_column` 側では，この引数を 1 次元の形状明示仮配列 `x` として受け取っている．

このプログラムの実行結果は，以下のようになる．

```
          11          21          31
          12          22          32
```

実行結果の1行目では，2次元配列 a を 3×3 行列と考えたときに，第1列にある3つの要素が出力されている．2行目では，同様に第2列の要素が出力されている．

リスト3.13のプログラムでは，多次元配列要素の1次元的な並び方が**列順**であることを利用している[18]．たとえば，以下のようなサブルーチンの呼び出しを行うと，

```
call print_column(a(1,1), 9)
```

配列 a の全要素が列順に出力されることが確認できる．

本項で扱われた，配列要素を実引数とし，配列の一部を仮配列として受け取るという方法は，やや技巧的な手法と言えるかもしれない．この方法の代わりに，3.5.7項で述べる部分配列を実引数とする方法を用いてもよい．

3.5.6　未割付けの割付け配列を引数とする場合

リスト3.6の主プログラムに対して，これまでに出力処理の部分をモジュールサブルーチンとする方法が扱われ，形状明示仮配列を用いる場合にはリスト3.7，また形状引継ぎ配列ではリスト3.8のように記述されることが示された．ここでは，リスト3.6の前半の処理，すなわち標準入力された n の値を受けて割付け配列を割り付け，配列要素に乱数列を設定する部分をモジュールサブルーチンにしてみよう．

主プログラムで割付け配列の宣言が行われるので，未割付けの割付け配列を実引数としてサブルーチンに渡さなければならない．モジュールサブルーチンを使用する場合には，それが可能である．プログラム例を以下に示す．

リスト3.14　未割付けの割付け配列を実引数とする例

```
module mat_subprogs
  implicit none
contains
  subroutine allocate_rmat(a)
    real(8), allocatable, intent(out) :: a(:, :) ! 未割付けの割付け配列が仮配列
    integer n
    write(*, '(a)', advance = 'no') ' input n : '
    read(*, *) n
    if (n < 1 .or. n > 100) stop 'n must be 0 < n < 101'
    allocate (a(n, n))                            ! 割付け配列の割付け
    call random_number(a)                         ! 配列に乱数を設定
  end subroutine allocate_rmat

  subroutine print_mat2(a)
    ! ...(配列要素の出力．リスト3.8と同じ内容)
  end subroutine print_mat2
end module mat_subprogs
```

18）配列要素のメモリ上における配置については，2.6.3項を参照．

```
program random_mat
  use mat_subprogs          ! モジュールの使用宣言
  implicit none
  real(8), allocatable :: a(:, :)
  call allocate_rmat(a)     ! 未割付けの割付け配列を実引数とする
  call print_mat2(a)        ! 要素の値を出力 (形状引継ぎ配列を利用)
end program random_mat
```

上記のモジュールサブルーチン allocate_rmat に示されるように，未割付けの割付け配列が仮配列となる場合には，宣言文に allocatable 属性を付ける[19]．allocate_rmat は，標準入力から読み込まれた値を有する変数 n を用いて仮配列 a の割付けを行い，乱数列が設定された割付け済みの配列を主プログラムに返す．

リスト 3.14 の主プログラムでは，出力を行うモジュールサブルーチンとしてリスト 3.8 の print_mat2 を用いている．print_mat2 は形状引継ぎ配列を利用するので，主プログラムでは配列の寸法を表す変数 n は不要となる．このため，サブルーチン allocate_rmat では，n を引数とはせず，局所変数としている．リスト 3.14 の主プログラム部分は，実行文が 2 行で表されており，最初のリスト 3.6 と比較すると処理の流れがわかりやすい．

演習 3.13 リスト 3.14 のプログラムを参考にして，標準入力により整数型変数 n の値を定め，要素数 n の 1 次元配列を割り付けて，その要素に −1 以上 1 未満の区間の一様乱数列を設定するプログラムを作成せよ．主プログラムは，以下のような構成とすること（形状明示仮配列を利用せよ）．

```
program random_vec                  ! 主プログラム
  use vec_subprogs                  ! モジュールの使用宣言
  implicit none
  real(8), allocatable :: v(:)  ! 割付け配列の宣言
  integer n                         ! 寸法を表す整数型変数
  call allocate_rvec(v, n)          ! 未割付けの割付け配列を実引数とする
  call print_vec(v, n)              ! 要素の値を出力
end program random_vec
```

3.5.7 配列の一部分を副プログラムに渡す方法

部分配列を利用して，配列の一部の要素を副プログラムに渡すことができる．リスト 3.15 の主プログラムでは，1 次元配列の部分配列を実引数としてサブルーチンを呼び出している．

リスト 3.15 1 次元配列の部分配列を実引数とする例

```
module subprogs
  implicit none
contains
```

19) 割付け後の割付け配列が仮配列となる場合には，宣言文の allocatable 属性は不要．

```
  subroutine print_ivec(iv, m)      ! 1次元配列を出力するサブルーチン
    integer, intent(in) :: m, iv(m) ! 仮配列は形状明示仮配列
    write(*, *) iv(1:m)
  end subroutine print_ivec
end module subprogs

program main
  use subprogs
  implicit none
  integer :: i, ix(10) = (/ (i, i = 1, 10) /) ! 1次元配列の初期値を設定
  call print_ivec(ix(4:6), 3)  ! 1次元配列の部分配列を実引数とする
end program main
```

リスト3.15を実行すると，次のように，実引数とされた部分配列要素の値が出力される．

```
           4           5           6
```

同様に，多次元配列に対しても，部分配列を利用することにより，元の配列の局所的なブロックを副プログラムに渡すことができる．たとえば，行列を表す2次元配列の中の小行列部分を副プログラムに渡して処理させたい場合などに，この方法が利用できる．リスト3.16に簡単な例を示す．

リスト3.16　2次元配列の部分配列を実引数とする例

```
module subprogs
  implicit none
contains
  subroutine print_imat(ia)            ! 2次元配列を出力するサブルーチン
    integer, intent(in) :: ia(:, :)    ! 仮配列は形状引継ぎ配列
    integer i
    do i = 1, size(ia, 1)              ! 組み込み関数sizeを用いて寸法を取得
       write(*, *) ia(i, 1:size(ia,2)) ! 同上
    enddo
  end subroutine print_imat
end module subprogs

program main
  use subprogs
  implicit none
  integer i, j, ia(3, 3)
  do i = 1, 3                   ! 2次元配列要素の値を設定
     ia(i, 1:3) = (/ (10 * i + j, j = 1, 3) /)
  enddo
  call print_imat(ia(:, :))     ! 全要素を実引数とする
  call print_imat(ia(2:3, 2:3)) ! 右下の2x2要素を実引数とする
end program main
```

リスト 3.16 の前半にあるモジュールサブルーチン print_imat では，形状引継ぎ配列が用いられており，2 次元整数型の配列要素が出力される．リスト 3.16 の主プログラムでは，サブルーチン print_imat が 2 回呼び出されており，1 回目は配列全体を表す ia(:, :) が実引数とされ，2 回目は 3×3 行列の右下部分に相当する ia(2:3, 2:3) という部分配列が実引数とされている．この実行結果は，以下のようになり，2 回目の呼び出しでは，行列の右下部分の 2×2 小行列の要素が出力されている．

```
          11          12          13
          21          22          23
          31          32          33
          22          23
          32          33
```

次に，リスト 3.15 のモジュールサブルーチン print_ivec を利用して，2 次元配列の行ベクトルあるいは列ベクトルを出力するリスト 3.17 のプログラムを考える．

リスト 3.17　行列を表す 2 次元配列の行あるいは列ベクトルを実引数とする例

```
module subprogs
  implicit none
contains
  subroutine print_ivec(iv, m)      ! 1 次元配列を出力するサブルーチン
    integer, intent(in) :: m, iv(m) ! 仮配列は形状明示仮配列
    write(*, *) iv(1:m)
  end subroutine print_ivec
end module subprogs

program main
  use subprogs
  implicit none
  integer i, j, ia(3, 3)
  do i = 1, 3                       ! 2 次元配列要素の値を設定
     ia(i, 1:3) = (/ (10 * i + j, j = 1, 3) /)
  enddo
  call print_ivec(ia(1:1, 1:3), 3) ! (A) 最初の実引数は 2 次元配列
  call print_ivec(ia(1  , 1:3), 3) ! (B) 最初の実引数は 1 次元配列
  call print_ivec(ia(1:3, 1  ), 3) ! (C) 最初の実引数は 1 次元配列
  call print_ivec(ia(1  , 1  ), 3) ! (D) 最初の実引数はスカラ
end program main
```

リスト 3.17 の主プログラムで設定される 2 次元配列要素の値は，リスト 3.16 の場合と同様である．主プログラムでは，サブルーチン print_ivec が 4 回呼び出されている．この実行結果は，以下のようになる．

```
          11          12          13
          11          12          13
          11          21          31
          11          21          31
```

リスト 3.17 の主プログラムにおける実行文 (A) では，ia(1:1, 1:3) を実引数としているが，この 1:1 のように，同一の添字でもコロンを入れて記述すると配列として扱われるので，ia(1:1, 1:3) は 2 次元配列となる．このため，(A) では，実引数とされた 2 次元配列を，副プログラムが 1 次元配列として受け取ることになり，これは，3.5.4 項で述べた「実引数と次元数が異なる仮配列の利用」に相当する．

一方，(B) と (C) の呼び出しでは，3×3 行列に相当する 2 次元配列 ia のそれぞれ第 1 行と第 1 列を表す 1 次元配列が実引数とされている．上記の 2，3 行目の出力結果から，この行ベクトルあるいは列ベクトルが，正しく受け渡しされていることがわかる．

最後の (D) の呼び出しでは，実引数 ia(1, 1) は配列要素（スカラ）であり，3.5.5 項で述べた「配列要素を実引数として，配列の一部を仮配列する方法」が用いられている．この方法では，多次元配列要素が列順に 1 次元配列要素に引き継がれることを利用するので，列ベクトルを副プログラムに渡すことはできるが，(B) のように行ベクトルを渡すのは難しい．(D) の呼び出しは，上記の (C) で代用できるので，配列の一部を副プログラムに渡す場合には，部分配列を利用する方法に統一してもよい．

プログラミングのポイント 3.9

☑ **配列の一部を副プログラムに渡す場合には，部分配列を利用する．**

演習 3.14　要素数が n（≥ 2）である倍精度実数型の 1 次元配列 x を与えると，要素の値の合計，**平均値**，**分散**，**標準偏差**を返すモジュールサブルーチンを作成せよ．呼び出し側で x に適当な値（たとえば一様乱数）を設定して，動作を確認せよ．

演習 3.15　要素の値が適当に設定された 2×2 行列 A を表す倍精度実数型の 2 次元配列 a を与えると，その**行列式** $|A|$ と**逆行列** A^{-1} を返すモジュールサブルーチンを作成せよ．なお，$|A| = 0$ の場合には，適当なメッセージを表示して処理を停止する仕様とせよ．

演習 3.16　$n \times n$ 行列 A は，その**転置行列**を A^T とすると，**対称行列** $A_1 = (1/2)(A + A^T)$ と交代行列 $A_2 = (1/2)(A - A^T)$ の和として表される[20]．A を表す倍精度実数型 2 次元配列を与えると，A_1 と A_2 を表す 2 次元配列を返すモジュールサブルーチンを作成せよ．

演習 3.17　2 次元平面上の点の位置ベクトル $\boldsymbol{x} = (x_1, x_2)$ と回転角 θ を与えると，原点を中心として反時計回りに θ だけ回転した点 $\boldsymbol{y} = (y_1, y_2)$ を返すモジュールサブルーチンを作れ．点の座標は 1 次元配列を用いて表すこと．また，このプログラムを利用すると，平面上の三角形が正しく回転することを gnuplot による描画を利用して確認せよ．

3.5.8　配列を引数とするモジュール関数

モジュール関数においても，配列を引数とする場合には，これまでに示されたモジュールサブルーチンと同様の点に注意して記述すればよい．次の例題を考えてみよう．

20)　$A^T = -A$ となる行列を**交代**（**反対称**）**行列**という．

[例題 3.1] 2つのベクトル $\boldsymbol{a}$ と $\boldsymbol{b}$ が与えられたとき，それらがなす角度 θ の余弦 $\cos\theta$ を返すモジュール関数を作成せよ．ベクトルは，その成分を要素とする1次元配列により表されるとする．ただし，$\boldsymbol{a}$ あるいは $\boldsymbol{b}$ がゼロベクトルのときには，0を返す仕様とせよ．

プログラム例（モジュール内に含まれる関数部分のみ）を以下に示す．

リスト 3.18 2つのベクトルがなす角度 θ の余弦 $\cos\theta$ を返すモジュール関数

```
function vec_cos(a, b) result(vcos)
  real(8), intent(in) :: a(:), b(:)  ! 形状引継ぎ配列を利用
  real(8) ab, vcos
  if (size(a) /= size(b)) stop 'er: size(a) /= size(b)' ! 寸法をチェック
  ab = dot_product(a, a) * dot_product(b, b)
  if (ab == 0.0d0) then
     vcos = 0.0d0  ! いずれかがゼロベクトルのとき，0を返す仕様
  else
     vcos = dot_product(a, b) / sqrt(ab)
  endif
end function vec_cos
```

リスト 3.18 では，仮配列 a と b は形状引継ぎ配列として宣言されている．これらの寸法が等しいことを，組み込み関数 size を用いて確認し，等しくなければ処理を停止することとしている．このプログラムでは，2つのベクトルの内積が $\boldsymbol{a}\cdot\boldsymbol{b} = |\boldsymbol{a}|\cdot|\boldsymbol{b}|\cos\theta$ と計算されること，また $|\boldsymbol{a}| = \sqrt{\boldsymbol{a}\cdot\boldsymbol{a}}$ と計算されることなどを利用している．内積を求める際には，組み込み関数 dot_product を用いている．

演習 3.18 n 次元ベクトル $\boldsymbol{u}$ を表す倍精度実数型の1次元配列を与えると，その**大きさ** $u_l = \sqrt{u_1^2 + u_2^2 + \cdots + u_n^2}$ を返すモジュール関数を作成せよ．

演習 3.19 $n \times n$ 行列 A を表す倍精度実数型の2次元配列 a を与えると，その対角要素の和（**トレース**）$\mathrm{tr}(A)$ を返すモジュール関数を作成せよ．この関数を用いて，2つの $n \times n$ 行列 A，B に対して，$\mathrm{tr}(AB) = \mathrm{tr}(BA)$ が成り立つことを確認せよ．

演習 3.20 2×2 行列 A を表す倍精度実数型の2次元配列 a を与えると，その**行列式** $|A|$ の値を返すモジュール関数を作成せよ．この関数を利用して，2×2 行列 A，B の積の行列式は，各行列の行列式の積に等しいこと（$|AB| = |A|\,|B|$）を確認せよ．

演習 3.21 演習 2.24 の $\boldsymbol{a} \times \boldsymbol{b}$ を求めるプログラムにおいて，2×2 行列の行列式を求める部分を演習 3.20 で作成したモジュール関数を利用するように書き換えよ．

演習 3.22 演習 2.23 で作成したプログラムを利用して，3×3 行列 A の (i, j) **余因子** $\tilde{a}_{i,j}$ を返すモジュール関数を作成せよ．3×3 行列を表す倍精度実数型の2次元配列と i，j を与えると，$\tilde{a}_{i,j}$ を返す仕様とせよ．

演習 3.23 3×3 行列 A の**行列式** $|A|$ は，**展開の公式**により第 i 行で展開すると，

$$|A| = \sum_{k=1}^{3} a_{i,k}\tilde{a}_{i,k} \qquad (i = 1, 2, 3) \tag{3.1}$$

と表される．演習 3.22 のモジュール関数を利用して，3×3 行列 A を表す 2 次元配列を与えると，行列式 $|A|$ の値を返すモジュール関数を作れ[21]．また，$i = 1, 2, 3$ の各行で展開した結果は同様となることを確認せよ．

演習 3.24　演習 3.23 で作成したモジュール関数を利用して，要素の値に乱数などが設定された 3×3 行列 A を用いて，以下を確認するプログラムを作れ．

- **転置行列**の行列式は，元の行列の行列式に等しい（$|A^T| = |A|$）．
- **三角行列**の行列式は，対角要素の積に等しい（例題 2.2 参照）．

演習 3.25　部分配列を利用することにより，演習 3.24 と同様にして，以下の**行列式に関する基本定理**を確かめるプログラムを作れ（ここでは A は 3×3 行列とする）．

- A のある行またはある列を k 倍すると，$|A|$ も k 倍される．
- A のある 2 行（またはある 2 列）を入れ替えると，$|A|$ の符号が反転する．
- A のある行（またはある列）を k 倍してほかの行（列）に加えても $|A|$ は変わらない．

演習 3.26　演習 2.16 において，格子点座標 `x(m,i,j)` を設定する部分をモジュールサブルーチン `set_gridx(x,n1,n2)` とし，また式 (2.7) の値（スカラ）を返す関数 `theory(x,i,j,n1,n2)` を作成して，これらを用いる全体のプログラムを記述せよ．

3.6　文字列を引数とするモジュール副プログラム

リスト 3.19 に，文字列を引数とするモジュールサブルーチンの例を示す[22]．

リスト 3.19　文字列を引数とするモジュールサブルーチンの例

```
module sample
  implicit none
contains
  subroutine print_title(title)        ! 文字列を出力するサブルーチン
    character(*), intent(in) :: title ! 仮引数となる文字列
    write(*, *) title, len(title)      ! len は文字列の長さを取得する組み込み関数
  end subroutine print_title
end module sample

program moji
  use sample                       ! モジュールの使用宣言
  implicit none
  character(5) :: c = 'hello'    ! 初期値を指定して文字型変数を宣言
  call print_title(c)              ! c を実引数としてサブルーチンを呼び出す
  call print_title('good bye') ! 文字定数を実引数としてサブルーチンを呼び出す
end program moji
```

リスト 3.19 の主プログラム中では，文字型の変数 `c` の宣言時に初期値 `'hello'` が設定され，`c` を実引数としてモジュールサブルーチン `print_title` を呼び出している．また，このサブルーチンはもう 1 度呼び出され，その際には，`call print_title('good`

21）展開の公式を用いて，再帰呼び出しにより行列式を計算する方法はリスト 5.4 を参照．
22）文字型変数については付録 1.1 を参照．

bye') として，実引数として文字定数を与えている．

一方，モジュールサブルーチン print_title 側では，文字列を仮引数として受け取るが，仮引数の宣言文では，次のように長さの指定に * が用いられている．

文字列を仮引数とする例

```
subroutine print_title(title)        ! 文字列を仮引数とするサブルーチン
  character(*), intent(in) :: title ! 仮引数となる文字列の宣言方法
  ...
end subroutine print_title
```

このように，仮引数の文字列長さに * を使用すると，仮引数には実引数と同じ文字列長さが自動的に設定される．引数の文字列長さの数値を取得したい場合には，サブルーチン内の write 文で 2 番目の出力対象となっている，len という組み込み関数を使用すればよい．

```
write(*, *) title, len(title)
```

上記では，最初に文字列，次にその文字列の長さ（バイト数）が出力される．リスト 3.19 を実行すると，次の出力結果が得られる．

```
hello                5
good bye                8
```

なお，リスト 3.19 の主プログラム中では，文字列を区切るためにアポストロフィを用いているが，次のように引用符「"」を使ってもよい．

```
character(5) :: c = "hello"
...
call print_title("good bye")
```

[例題 3.2] エラーメッセージ（文字定数）を引数として呼び出すと，それを標準出力に表示して演算を停止するモジュールサブルーチン error_stop を作成せよ．

モジュール内に含まれるサブルーチン部分のみを以下に示す．

リスト 3.20 エラーメッセージを出力して停止するサブルーチン

```
subroutine error_stop(emes)          ! 文字列 emes を仮引数とする
  character(*), intent(in) :: emes   ! 仮引数となる文字列の宣言文
  write(*, *) emes
  stop
end subroutine error_stop
```

このサブルーチンは，たとえば以下のようにして使うことができる[23]．

```
if (positive < 0) call error_stop('positive is negative !!')
```

23) このサブルーチンは，stop 'error message' とプログラム中に書いた場合と同様に動作する．

プログラミングのポイント 3.10

- ☑ 文字列が仮引数となる場合には，文字列長さを * として宣言する.
- ☑ この仮引数の文字列長さは，組み込み関数 len により取得できる.

演習 3.27　リスト 3.8 で扱われた行列（倍精度実数型 2 次元配列）の要素を出力するプログラムを改良して，引数に文字列を加えたモジュールサブルーチン print_rmatc を作れ．たとえば，2 × 3 行列を表す 2 次元配列 a を用いて call print_rmatc(a, 'matrix a') として呼び出すと，次のように出力するようにせよ.

```
matrix a
 0.3921E-06  0.3525E+00  0.9631E+00
 0.2548E-01  0.6669E+00  0.8383E+00
```

また，整数型 2 次元配列 ia を引数とする同様のモジュールサブルーチン print_imatc を作成せよ．これも同様に，call print_imatc(ia, 'matrix ia') と呼び出されるとする.

3.7　副プログラム内の自動割付け配列と局所配列

副プログラム内では，作業用の配列などのように，その内部でのみ使用する配列（局所配列）が必要となる場合がある．局所配列の寸法が常に一定ではなく，計算条件によって変わる場合には，次のようにすればよい.

- **割付け配列**を使用する.
- **自動割付け配列**を使用する.

前者は，主プログラム中で用いた方法とまったく同様に，副プログラム中で割付け配列を宣言し，必要な寸法を指定して配列の割付けを行う方法である．後者は，配列の寸法として，仮引数あるいは 3.9 節で述べるグローバル変数モジュール内に含まれる定数や変数を用いて宣言される配列である.

3.7.1　局所配列として割付け配列を利用する方法

リスト 3.21 に局所配列として割付け配列を利用する例を示す.

リスト 3.21　局所配列に割付け配列を利用するモジュールサブルーチン

```
subroutine swapvec(x, y)
  integer, intent(inout) :: x(:), y(:) ! 形状引継ぎ配列
  integer, allocatable   :: tmp(:)     ! 局所配列に割付け配列を利用
  integer n
  n = size(x)                          ! 仮引数の大きさを取得
  if (n /= size(y)) stop 'size(x) /= size(y)' ! 寸法が異なる場合は停止
  allocate (tmp(n))                    ! 割付け
  tmp(1:n) = x(1:n)
  x(1:n)   = y(1:n)
```

```
    y(1:n)   = tmp(1:n)
    deallocate(tmp)                      ! 割付け解除 (省略可能)
  end subroutine swapvec
```

この例は，モジュールに含まれるサブルーチン部分のみを示したものである．このサブルーチンでは，1 次元配列 x と y を仮配列とし，それらは形状引継ぎ配列として宣言されている．演算内容は，1 次元配列 x と y の寸法が等しい場合に，要素を入れ替えるというものであるが，配列要素の値を一時的に待避させる作業領域として割付け配列 tmp を利用している．

リスト 3.21 では，局所配列として用いられた割付け配列 tmp は，サブルーチンの演算が終了する前に deallocate 文を用いて割付け解除されている．サブルーチンの演算終了時点において，tmp は通常自動的に割付け解除されるが，局所配列である割付け配列は，主プログラム中とは異なり，用済みとなった時点でこのように明示的に割付け解除するのがよい．

3.7.2 局所配列として自動割付け配列を利用する方法

リスト 3.21 と同様の処理を行うサブルーチンを記述する場合に，引数として配列の寸法を与え，それを用いて局所配列を宣言する方法がある．これを**自動割付け配列**（automatic array）という．その例を以下に示す．

リスト 3.22 局所配列に自動割付け配列を利用するサブルーチン

```
  subroutine swapvec2(x, y, n)          ! 配列の寸法 n も仮引数とする
    integer, intent(in)    :: n
    integer, intent(inout) :: x(n), y(n) ! 形状明示仮配列
    integer tmp(n)                      ! 自動割付け配列
    tmp(1:n) = x(1:n)
    x(1:n)   = y(1:n)
    y(1:n)   = tmp(1:n)
  end subroutine swapvec2
```

この方法では，引数として配列の寸法を与える必要があるが，演算は少し簡潔に書かれるようになる．なお，仮配列 x と y の寸法は仮引数 n として与えられるので，これらは形状明示仮配列としている．

また，リスト 3.23 のように，モジュール内に定義された整数型変数 n を用いて，自動割付け配列 tmp を宣言することもできる[24)]．この方法では，配列 x，y は引数としてサブルーチンの呼び出し側から与えられ，一方，配列 x，y の寸法 n はグローバル変数モジュールから与えられるという，やや複雑な構造になっている．

24）この変数 n を**グローバル変数**，n を含むモジュールを**グローバル変数モジュール**とよぶ（3.9 節参照）．

リスト 3.23　グローバル変数を用いて自動割付け配列の寸法を定める例

```
module params                ! グローバル変数モジュール
  implicit none
  integer :: n = 2           ! 配列の寸法
end module params

module sample
  implicit none
contains
  subroutine swapvec3(x, y)
    use params               ! グローバル変数モジュールの使用宣言
    integer, intent(inout) :: x(n), y(n) ! 形状明示仮配列
    integer tmp(n)           ! 自動割付け配列
    tmp(1:n) = x(1:n)
    x(1:n)   = y(1:n)
    y(1:n)   = tmp(1:n)
  end subroutine swapvec3
end module sample
```

以上のような副プログラム内の局所配列は，副プログラムの演算終了後にはメモリが解放されてしまうので値は保存されない．副プログラムの演算終了後においても局所配列要素の値を保持させるには，3.3.2 項で述べたように，save **属性**を付けて宣言すればよい．

3.8　配列を返すモジュール関数

従来の FORTRAN 77 では，関数はスカラを返す機能しかもたなかった．しかし，Fortran 90/95 のモジュール関数は，配列を返すことが可能である[25)]．また，Fortran 90/95 では，2.3.3 項で述べたように，部分配列の組み込み演算を行えるようになった．この配列演算に，配列を返すモジュール関数を用いると，プログラムが簡潔に記述できるので便利である．

リスト 3.24 は，1 次元配列（ベクトル）を仮引数として受け取り，それを**正規化**した結果を返すモジュール関数の例である．

リスト 3.24　正規化したベクトルを返すモジュール関数

```
module vec_subprogs
  implicit none
contains
  function normal_vec(v) result(nv) ! 仮配列は v，関数が返す配列は nv
    real(8), intent(in) :: v(:)     ! 仮配列 v は形状引継ぎ配列
    real(8) nv(size(v,1)), vl       ! 配列 nv の寸法は size を用いて定める
```

25）外部関数で配列を返すためには，4.4 節で述べるようにインターフェイス・ブロックが必要となる．

```
    vl = sqrt(dot_product(v, v))     ! ベクトルの大きさを計算
    if (vl == 0.0d0) then
       nv(:) = 0.0d0                 ! vl=0 のときはゼロベクトルを返す
    else
       nv(:) = v(:) / vl             ! 配列要素を正規化して nv に格納
    endif
  end function normal_vec
end module vec_subprogs
```

リスト 3.24 に示されたモジュール関数 normal_vec は配列 nv を返す．3.4 節で述べたように，関数が返す配列 nv は result 句の括弧内に書く．仮配列 v は形状引継ぎ配列として宣言されており，組み込み関数 size を用いて v の寸法を取得して，次のようにして配列 nv の寸法を定めている．

```
real(8) nv(size(v,1))
```

仮配列 v は 1 次元配列であるので，最初の次元の寸法と配列の大きさ（全要素数）は同一であり，size(v,1) の 2 番目の引数を省略して，size(v) としてもよい．また，形状明示仮配列を用いるのであれば，リスト 3.25 のように書いてもよい．

リスト 3.25　正規化ベクトルを返すモジュール関数（形状明示仮配列，主要部分のみ）

```
  function normal_vec2(v, n) result(nv)
    integer, intent(in) :: n
    real(8), intent(in) :: v(n)
    real(8) nv(n), vl
    ...(以下，前出の関数 normal_vec と同じ演算を行う)
```

仮引数 n は配列の寸法であり，具体的な値は呼び出し側で実引数として与える．

リスト 3.24 では，仮配列として受け取ったベクトル v の大きさ vl を得るために，組み込み関数 dot_product(v, v) を使用して内積を計算し，組み込み関数 sqrt を使って平方根を求める．もし，vl が 0 でなければ，仮配列 v のすべての要素を vl で除して正規化を行い，得られたベクトルを返す．一方，vl が 0 である場合には，全要素が 0 であるゼロベクトルを返すこととしている．

演習 3.28　$n \times n$ 行列を表す倍精度実数型の 2 次元配列を実引数として与えると，これを**単位行列**として返すモジュール関数を作れ．

演習 3.29　行列 A に対する以下の演算は，**行の基本変形**といわれる（A は正方行列でなくてもよい）．

- i 行を c 倍する（ただし，$c \neq 0$）．
- i 行の c 倍を j 行に加える（$i \neq j$）．
- i 行と j 行を入れ替える（$i \neq j$）．

上記の基本変形は，それぞれ次のような行列演算に対応している．

- 単位行列の i 行 i 列要素を c とした行列 $P^c_{i,i}$ を，A に左から乗ずる（$c \neq 0$）．
- 単位行列の j 行 i 列要素を c とした行列 $Q^c_{i,j}$ を，A に左から乗ずる（$i \neq j$）．
- 単位行列の i 行と j 行を入れ替えた行列 $R_{i,j}$ を，A に左から乗ずる（$i \neq j$）．

これらの**基本変形行列** $Q^c_{i,j}$，$P^c_{i,j}$ および $R_{i,j}$ を返すモジュール関数を作成し，適当な行列 A に適用して動作を確認せよ．また，これらの行列を A に右から乗ずると**列の基本変形**が行われることを確認せよ．

演習 3.30　要素の値が疑似乱数などで設定された $n \times n$ 行列（2 次元配列）を実引数として与えると，その**転置行列**を返すモジュール関数を作れ．なお，これと同様の機能をもつ組み込み関数として，transpose(a) がある[26]．作成した関数が，この組み込み関数と同じ動作を示すことを確認せよ．

演習 3.31　2 つの 3 次元ベクトル $\boldsymbol{a}$ と $\boldsymbol{b}$ を与えると，その**外積ベクトル** $\boldsymbol{a} \times \boldsymbol{b}$ を返すモジュール関数を作成するために，演習 2.7 および演習 3.21 で作成したプログラムをそれぞれモジュール関数とせよ．また，両者から同じ結果が得られることを確認せよ．

演習 3.32　演習 3.31 で作成したモジュール関数を利用して，3 次元ベクトル $\boldsymbol{a}$，$\boldsymbol{b}$，$\boldsymbol{c}$ を表す 1 次元配列 a，b，c を与えると，**スカラ 3 重積** $\boldsymbol{a} \cdot (\boldsymbol{b} \times \boldsymbol{c})$ を返すモジュール関数を作成せよ（この戻り値は，配列ではなくスカラであることに注意）．

演習 3.33　3×3 行列 M の各列ベクトルを $\boldsymbol{a}$，$\boldsymbol{b}$，$\boldsymbol{c}$ とする．すなわち，$M = (\boldsymbol{a}, \boldsymbol{b}, \boldsymbol{c})$ とする．このとき，演習 3.32 で作成したモジュール関数が返すスカラ 3 重積 $\boldsymbol{a} \cdot (\boldsymbol{b} \times \boldsymbol{c})$ の値と，演習 3.23 のモジュール関数による**行列式** $|M|$ の値が等しくなることを確認せよ[27]．

演習 3.34　正則行列 A の**逆行列** A^{-1} は，$A^{-1} = \tilde{A}/|A|$ と表される．ここに，$|A|$ は A の行列式，$\tilde{A}$ は A の**余因子行列**である．$\tilde{A}$ は，(i,j) 要素が式 (2.12) の (i,j) 余因子 $\tilde{a}_{i,j}$ で表される行列を転置したものである．たとえば，A を 3×3 行列とすると，$\tilde{A}$ は次のように表される．

$$\tilde{A} = \begin{pmatrix} \tilde{a}_{1,1} & \tilde{a}_{1,2} & \tilde{a}_{1,3} \\ \tilde{a}_{2,1} & \tilde{a}_{2,2} & \tilde{a}_{2,3} \\ \tilde{a}_{3,1} & \tilde{a}_{3,2} & \tilde{a}_{3,3} \end{pmatrix}^T = \begin{pmatrix} \tilde{a}_{1,1} & \tilde{a}_{2,1} & \tilde{a}_{3,1} \\ \tilde{a}_{1,2} & \tilde{a}_{2,2} & \tilde{a}_{3,2} \\ \tilde{a}_{1,3} & \tilde{a}_{2,3} & \tilde{a}_{3,3} \end{pmatrix} \tag{3.2}$$

演習 3.22 で作成したモジュール関数を利用して，3×3 の正則行列 A の逆行列 A^{-1} を返すモジュール関数を作れ．A と A^{-1} の積が**単位行列**になることを確認せよ．$|A|$ の計算方法は，演習 3.23 あるいは演習 3.33 を参考にせよ．なお，$|A| = 0$ のときには，除算を行う前に適当なメッセージを表示して処理を停止する仕様とせよ．

次に，文字列を返すモジュール関数の例をリスト 3.26 に示す．

リスト 3.26　文字の並び順を逆にした文字列を返すモジュール関数

```
module sample
  implicit none
contains
  function revchar(c) result(rc)
    character(*), intent(in) :: c  ! 仮引数となる文字型変数は長さを * で指定
    character(len(c)) rc           ! 関数が返す文字列長さは len で取得
    integer i
    do i = 1, len(c)               ! 文字の並びを逆にする処理
       rc(i : i) = c(len(c) - i + 1 : len(c) - i + 1)
    enddo
  end function revchar
```

26)　transpose(a) の引数 a には，2 次元配列を用いる．

27)　スカラ 3 重積 $\boldsymbol{a} \cdot (\boldsymbol{b} \times \boldsymbol{c})$ は，これら 3 つのベクトルを 3 辺とする平行六面体の（符号付き）体積を表す．行列式 $|(\boldsymbol{a}, \boldsymbol{b}, \boldsymbol{c})|$ は，これと同じ体積を表している．

```
end module sample

program chk
  use sample                          ! モジュール使用宣言
  implicit none
  character(11) :: c = 'I prefer Pi' ! 文字型変数の初期値を指定する宣言
  write(*, *) c
  write(*, *) revchar(c)
end program chk
```

上記のモジュール関数 revchar は，受け取った文字列の**文字の並び**を逆にした文字列を返す．関数 revchar では，3.6 節で解説したように，仮引数となる文字型変数 c の宣言時に長さが * とされ，実引数と同じ**文字列長さ**を引き継いでいる．

```
character(*), intent(in) :: c
```

また，この関数では，呼び出し元に返す文字型変数 rc を result **句**を用いて result(rc) と指定している．rc の宣言時には，組み込み関数 len を用いて取得した仮引数 c の文字列長さを利用している．

```
character(len(c)) rc
```

関数内では，文字の並びを変更する際に，文字列 c を構成する各文字を扱うが，先頭から i 番目の文字にアクセスするには，c(i) ではなく，c(i:i) とする．

一方，リスト 3.26 の後半に記述された主プログラムでは，文字型変数 c に初期値を指定して宣言し，c を出力するとともに，c を実引数として関数 revchar に与えた結果を出力する．実行結果は次のようになる．

```
I prefer Pi
iP referp I
```

[例題 3.3]　実数を要素とする 2×2 行列 A の**固有値**を計算する関数 eval2x2mat を作成せよ．eval2x2mat は，行列を表す 2 次元配列を実引数として与えると，固有値が格納された要素数 2 の**複素数型**の 1 次元配列を返すモジュール関数とする[28)]．

2×2 行列では，**特性方程式**が 2 次方程式となり，その解として固有値が求められる．ここでは，配列を返すモジュール関数を利用して，2 つの固有値を 1 次元配列に格納して返すプログラムを作成してみよう．

A は 2×2 行列であるので，固有値を λ とすると，特性方程式は次のような λ の 2 次方程式となる．

$$|A - \lambda I| = \begin{vmatrix} a_{1,1} - \lambda & a_{1,2} \\ a_{2,1} & a_{2,2} - \lambda \end{vmatrix} = (a_{1,1} - \lambda)(a_{2,2} - \lambda) - a_{1,2}a_{2,1} = 0 \quad (3.3)$$

28) 複素数型変数については，付録 1.1 を参照．

この特性方程式の解 $\lambda_{1,2}$ は，次のように表される．

$$\begin{aligned} \lambda_{1,2} &= -b \pm \sqrt{D} \\ D &= b^2 - c \\ b &= -\frac{1}{2}(a_{1,1} + a_{2,2}), \qquad c = a_{1,1}a_{2,2} - a_{1,2}a_{2,1} \end{aligned} \tag{3.4}$$

$D < 0$ のときには，2つの固有値は**共役複素数**となる．このため，関数は固有値を要素数2の複素数型の1次元配列に格納して返すこととする．$D \geq 0$ のときには，固有値は実数となるが，この場合には虚部が0の複素数型の変数を返せばよい．とくに，固有値が異なる2実根であるときには，付録1.5に示された**桁落ち**を防ぐ計算法を利用する．リスト3.27に，モジュール内に記述される関数の例を示す．

リスト 3.27　2 × 2 の実行列の固有値を求めるモジュール関数

```
function eval2x2mat(a) result(eval)
  real(8), intent(in) :: a(:, :) ! a は形状引継ぎ配列
  complex(8) eval(2) ! 固有値を要素数 2 の (倍精度) 複素数型配列に格納して返す
  real(8) b, c, d, e ! 関数内の演算で用いる局所変数
  if (size(a, 1) /= size(a, 2)) stop 'not square' ! 正方行列であることを確認
  if (size(a, 1) /= 2) stop 'not 2x2 matrix'      ! a の寸法を確認
  b = - 0.5d0 * (a(1, 1) + a(2, 2))
  c = a(1, 1) * a(2, 2) - a(1, 2) * a(2, 1)
  d = b ** 2 - c                 ! d に判別式の値を設定
  if (d < 0.0d0) then            ! 固有値が共役複素数となる場合
     eval(1) = cmplx(- b, sqrt(- d), kind = 8)
     eval(2) = conjg(eval(1)) ! 組み込み関数 conjg により共役複素数を求める
  else if (d > 0.0d0) then  ! 固有値が異なる 2 実根となる場合
     e = - b + sign(sqrt(d), - b)  ! 桁落ちを防ぐ計算方法
     eval(1) = cmplx(e    , 0.0d0, kind = 8)
     eval(2) = cmplx(c / e, 0.0d0, kind = 8)
  else                           ! 固有値が重根となる場合
     eval(1) = cmplx(- b, 0.0d0, kind = 8)
     eval(2) = eval(1)
  endif
end function eval2x2mat
```

上記の関数で用いられている cmplx は，2つの実数を実引数とすると，それらを実部と虚部とする複素数を返す組み込み関数である（付録2参照）．倍精度の複素数を返す場合は，3番目の引数として kind = 8 を付ける必要がある．

一例として，次の行列 A を2次元配列 a に設定し，

$$A = \begin{pmatrix} -1 & 1 \\ -1 & -1 \end{pmatrix} \tag{3.5}$$

リスト3.27の関数 eval2x2mat を用いて，write(*, *) eval2x2mat(a) として固有値を求めると，以下のように $-1 \pm i$ が出力される．

```
(-1.,1.) (-1.,-1.)
```

このように，**並び出力**で複素数型変数を出力すると，通常 1 つの複素数が括弧で括られて出力される．括弧内のカンマで区切られた数値のうち，左が実部，右が虚部を表す．

[例題 3.4] $n \times n$ の正則な実行列 A の各列ベクトルを $\boldsymbol{a}_1, \boldsymbol{a}_2, \ldots, \boldsymbol{a}_n$ とする．これらを互いに直交する大きさが 1 のベクトル $\boldsymbol{e}_1, \boldsymbol{e}_2, \ldots, \boldsymbol{e}_n$ に変換する演算を行い，行列 $T = (\boldsymbol{e}_1, \boldsymbol{e}_2, \ldots, \boldsymbol{e}_n)$ を返すモジュール関数を作れ．

この例題のベクトル $\boldsymbol{e}_1, \boldsymbol{e}_2, \ldots, \boldsymbol{e}_n$ を**正規直交系**という．A は正則行列なので $\boldsymbol{a}_1, \boldsymbol{a}_2, \ldots, \boldsymbol{a}_n$ は 1 次独立なベクトルである．1 次独立なベクトルを正規直交系に変換する基本的な方法として，**グラム－シュミットの直交化**がある．

この方法では，まず，$\boldsymbol{a}_1$ を**正規化**し，最初のベクトル $\boldsymbol{e}_1 = \boldsymbol{a}_1/|\boldsymbol{a}_1|$ を定める[29]．$\boldsymbol{e}_1$ は，図 3.3 に示すように，$\boldsymbol{a}_1$ と同じ方向に向かう大きさが 1 のベクトルである．次に，$\boldsymbol{e}_1$ と同じ方向の直線上に $\boldsymbol{a}_2$ を正射影したベクトルは，大きさが内積 $(\boldsymbol{a}_2, \boldsymbol{e}_1)$ で与えられるので，$(\boldsymbol{a}_2, \boldsymbol{e}_1)\boldsymbol{e}_1$ と表される[30]．正射影であるので，ベクトル $\boldsymbol{q}_2 = \boldsymbol{a}_2 - (\boldsymbol{a}_2, \boldsymbol{e}_1)\boldsymbol{e}_1$ は，$\boldsymbol{e}_1$ と直交する．したがって，$\boldsymbol{q}_2$ を正規化して，$\boldsymbol{e}_2 = \boldsymbol{q}_2/|\boldsymbol{q}_2|$ という 2 番目のベクトルが得られる．

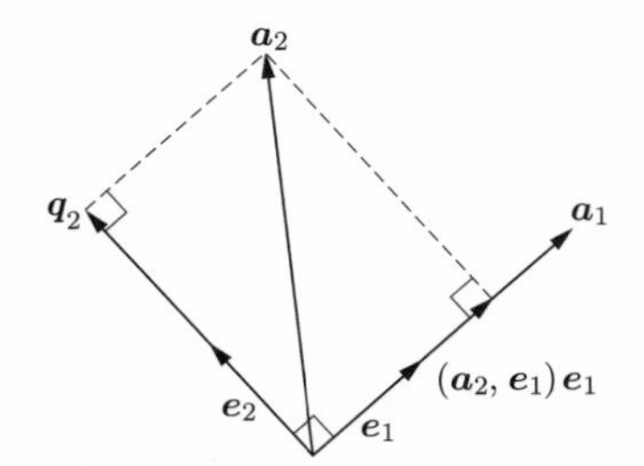

図 3.3 グラム－シュミットの直交化

以下同様にして，正規直交ベクトル $\boldsymbol{e}_1, \boldsymbol{e}_2, \ldots, \boldsymbol{e}_{k-1}$ が得られているとき，

$$\boldsymbol{q}_k = \boldsymbol{a}_k - \sum_{j=1}^{k-1} (\boldsymbol{a}_k, \boldsymbol{e}_j)\boldsymbol{e}_j \tag{3.6}$$

としたベクトル $\boldsymbol{q}_k$ は，$\boldsymbol{e}_1, \boldsymbol{e}_2, \ldots, \boldsymbol{e}_{k-1}$ と直交するので，$\boldsymbol{e}_k = \boldsymbol{q}_k/|\boldsymbol{q}_k|$ として $\boldsymbol{e}_k$ を求めることができる（$2 \leq k \leq n$）．

リスト 3.28 に，上記の演算を行う関数（モジュール内に記述される関数部分のみ）を示す．関数 gs は，正則行列 A の要素の値が設定された 2 次元配列 a を仮配列として

29) ベクトル $\boldsymbol{a}_1, \boldsymbol{a}_2, \ldots, \boldsymbol{a}_n$ は 1 次独立なので，$|\boldsymbol{a}_i| \neq 0$ である（$i = 1, 2, \ldots, n$）．

30) ベクトル $\boldsymbol{a}$ と $\boldsymbol{b}$ の内積を，ここでは $(\boldsymbol{a}, \boldsymbol{b})$ と表している．

受け取り，これを形状明示仮配列として宣言している．A の各列ベクトルを上記のグラム－シュミットの直交化により正規直交系として，これを A と同じ寸法の 2 次元配列 e に格納して呼び出し側へ返す．

なお，関数 gs ではベクトルを正規化するために，形状明示仮配列を用いるモジュール関数 normal_vec2 を利用している[31)]．関数 normal_vec2 を使用する際に，

```
e(1:n, k) = normal_vec2(e(1:n, k:k), n)
```

として，行列を表す配列から，列ベクトルに相当する部分を抜き出して副プログラムに渡している[32)]．**部分配列**を利用すれば，このように記述することができるので便利である．

リスト 3.28　グラム－シュミットの直交化を行うモジュール関数（関数部分のみ）

```
function gs(a, n) result(e)
  ! 正則行列 a の列ベクトルを正規直交化して，e の各列に格納して返す
  integer, intent(in) :: n
  real(8), intent(in) :: a(n, n) ! 形状明示仮配列
  real(8) e(n, n), dotp
  integer k, j
  e(1:n, 1) = normal_vec2(a(1:n, 1:1), n) ! e1 を定める
  do k = 2, n
     e(1:n, k) = a(1:n, k)        ! ek の初期値を ak とする
     do j = 1, k - 1              ! ek から (ak,ej)ej を減じていく
        dotp = dot_product(a(1:n, k), e(1:n, j))
        e(1:n, k) = e(1:n, k) - dotp * e(1:n, j)
     enddo
     e(1:n, k) = normal_vec2(e(1:n, k:k), n) ! ek を正規化する
  enddo
end function gs
```

演習 3.35　リスト 3.27 のモジュール関数を用いて，2×2 実行列の固有値を計算する全体のプログラムを作成せよ．また，行列の要素に適当な値を設定して，正しい固有値が計算されることを確認せよ．

演習 3.36　演習 3.35 で作成したプログラムに，**固有ベクトル** $\boldsymbol{v}$ を算出する副プログラムを付け加えよ（A が実行列で，固有値が複素数のとき，固有ベクトルの要素は複素数となることに注意）．また，得られた結果の検算として，λ を固有値，I を単位行列とするとき，$(A - \lambda I)\boldsymbol{v} = \boldsymbol{0}$ が成り立つことを確認せよ．

演習 3.37　例題 3.4 の行列 T は**直交行列**であり，$T^T = T^{-1}$，すなわち $TT^T = I$ という関係が成り立つ（I は**単位行列**）．このことを確認するプログラムを作成せよ．

演習 3.38　要素の値に乱数などが設定された 3×3 行列 A を，リスト 3.28 の関数により**直交行列** T とせよ．この T に演習 3.23 あるいは演習 3.33 で作成したモジュール関数を用いて**行列式** $|T|$

31）p. 107 のリスト 3.25 を参照．

32）e(1:n, k:k) と記述すると，2 次元配列を実引数とすることになる．一方，関数側で 1 次元配列を仮配列とする場合には，これは 3.3.3 項で述べた「実引数と次元数が異なる仮配列の利用」となる．このため，形状明示仮配列を用いる関数 normal_vec2 を利用している．

を計算すると，$|T| = \pm 1$ となることを確認せよ[33]．

演習 3.39 要素の値に乱数などが設定された 3×3 行列 A，B を用意し，リスト 3.28 の関数により B を**直交行列** T とせよ．この T を用いて，$C = T^T AT$ という演算により得られた行列 C の**行列式** $|C|$ は，$|A|$ と等しいことを確認するプログラムを作れ[34]．

3.9 モジュールによる変数の共有

3.9.1 モジュールによる変数の共有と save 属性

本書では，定数や変数が宣言されたモジュールを**グローバル変数モジュール**，このモジュールに含まれる定数や変数を**グローバル変数**とよぶ．グローバル変数モジュールの使用宣言を行えば，異なる**プログラム単位**間でグローバル変数を共通に使用できる[35]．

グローバル変数モジュールは，基本的にはモジュール内に変数の宣言文のみが記述されるので，次のような形式となる．

グローバル変数モジュールの記述形式

```
module モジュールの名称
  定数の宣言
  変数の宣言 (変数には save 属性を付けて宣言する)
end module モジュールの名称
```

上記のように変数の宣言のみが行われる場合には `implicit none` 宣言は省略してよいが，モジュール内で演算が行われるときには必ず `implicit none` 宣言を行う．

グローバル変数モジュール内で**定数**を宣言する際には，`parameter` 属性を付け，初期値を指定する．定数には値を代入できず，プログラム終了まで初期値が保持される[36]．一方，以下で解説するように，グローバル変数モジュール内で宣言される変数には **save 属性**を付ける．このようにすると，グローバル変数の初期値あるいは演算中に設定した値が，演算終了まで保持される．

リスト 3.14 で扱った 2 次元配列要素に乱数を設定するプログラムを再び考えよう．リスト 3.14 では，主プログラムで宣言された割付け配列を引数とすることにより，副プログラムを利用して配列に各種の処理を行った．ここでは，この割付け配列をグローバル変数モジュール内に記述して，これを主プログラムと副プログラム間で共有する方法を扱う．リスト 3.29 にプログラム例を示す．

33) $|AA^T| = |A|\,|A^T| = |A|^2 = |I| = 1$ より，直交行列の行列式は ± 1 である（演習 3.20，3.24 参照）．

34) 正則行列 P を用いて，$A' = P^{-1}AP$ とする変換を相似変換という．T は直交行列なので，$C = T^T AT$ は相似変換を表す．相似変換を行っても，行列式の値は変わらない．

35) 同様の目的で使用される common 文よりも，グローバル変数モジュールには優れた機能がある．検出しにくいエラーが生ずる可能性があるため，common 文は使用しないほうがよい．

36) p. 51 のプログラミングのポイント 2.2 を参照．

リスト 3.29　割付け配列を含むグローバル変数モジュールの利用例

```
module globals                    ! グローバル変数モジュール
  real(8), allocatable, save :: a(:, :)  ! save 属性を付ける
  integer, save :: n, m                  ! save 属性を付ける
end module globals

module mat_subprogs2              ! サブルーチンを含むモジュール
  use globals                     ! ここで使用宣言すると，contains 文以下で
  implicit none                   ! 共通に globals 内の変数を使用できる
contains
  subroutine allocate_rmat2       ! 配列割付けと乱数設定を行うサブルーチン
    write(*, '(a)', advance = 'no') ' input n, m : '
    read(*, *) n, m
    allocate (a(n, m))
    call random_number(a)         ! 配列要素に乱数を設定
  end subroutine allocate_rmat2

  subroutine print_mat3           ! 配列要素を出力するサブルーチン
    integer i
    do i = 1, n
       write(*, '(100e12.4)') a(i, 1:m)
    enddo
  end subroutine print_mat3
end module mat_subprogs2

program random_mod2             ! 主プログラム
  use mat_subprogs2             ! サブルーチンを含むモジュールの使用宣言
  call allocate_rmat2           ! module で変数が共有されるので引数は不要
  call print_mat3               ! 同上
end program random_mod2
```

リスト 3.29 には，2 つのモジュールと 1 つの主プログラムという 3 つのプログラム単位が含まれている．最初のグローバル変数モジュール globals には，割付け配列 a とその寸法を表す整数型変数 n，m が宣言されている．n と m は 2 次元配列 a の最初および 2 番目の次元の寸法を表しており，このプログラムでは正方行列でない行列も扱えるものとしている．

グローバル変数モジュール globals における宣言では，a，n および m のいずれにも save 属性を付けている．これは，モジュール内で宣言された変数は，そのモジュールを使用するプログラム単位の処理が終了すると，変数のメモリが解放されて値が不定になる可能性があるので，これを防いで変数の値が保持されるようにするためである[37)]．globals 内では変数の宣言のみが行われており，それらを使う演算は記述されていない

37）コンパイラによっては，モジュール内の変数の値が保持されるものもあるが，Fortran 90/95 では，メモリの解放を許す仕様となっている[6]．なお，主プログラムが使用しているモジュール内の変数の値は実行中に保持されることになるが，save 属性を付けておくのが安全である．

ので，implicit none 宣言は省略してもよい．

リスト 3.29 の 2 番目のモジュール mat_subprogs2 には，2 つのサブルーチンが含まれている．このモジュール内では，最初にグローバル変数モジュール globals の使用宣言が行われ，その中に含まれる変数 a，n および m が **contains 文**以下の副プログラムで共有されている．このため，これらの変数を引数とする必要はなくなり，主プログラムでは処理を行う順にモジュールサブルーチンを引数なしで呼び出す形式としている．なお，リスト 3.29 の主プログラムでは，変数を使用していないので，implicit none 宣言は不要である．

以上のように，グローバル変数モジュールを利用すれば，プログラム単位の間で変数を共有できる．したがって，プログラム単位間で変数を共有するには，以下の方法がある．

プログラム単位の間で変数を共有する方法

- 共有する変数を引数とする．
- 共有する変数をモジュール内で save 属性を付けて宣言し，変数を使用するプログラム単位内で，このモジュールの使用宣言を行う（本書では，この変数をグローバル変数，モジュールをグローバル変数モジュールという）．

3.9.2 モジュール使用宣言の位置と変数の共有

リスト 3.29 のモジュール mat_subprogs2 内では，**contains 文**の前でグローバル変数モジュール globals の使用宣言を行っている．このようにすると，上記のように，contains 文以下のすべての副プログラムでモジュール globals 内の変数を共通に使用できる．

一方，リスト 3.29 の主プログラムでは，モジュール mat_subprogs2 の使用宣言を行っている．mat_subprogs2 では，contains 文より前の位置でグローバル変数モジュール globals の使用宣言を行っているため，主プログラムからも globals 内の変数にアクセスすることが可能である．すなわち，モジュール mat_subprogs2 を介して，間接的にモジュール globals 内の変数が参照されることになる．このアクセスを制限するには，この後で解説する **private 属性**および **public 属性**を利用する．

なお，モジュール mat_subprogs2 内において，**contains 文**の前にあるモジュール globals の使用宣言を削除し，その代わりに contains 文以下にある個々のサブルーチン内でモジュール globals の使用宣言を行うように書き換えれば，主プログラムからは globals 内の変数にアクセスできなくなる．すなわち，変更前の間接的なグローバル変数モジュールへのアクセスは行われない．

3.9.3 変数をモジュール内に含める記述方法

リスト 3.29 では実例を示すためにプログラム単位を細かく分けているが，この例のように共通の変数がすべてのサブルーチンで使用される場合には，次のように変数をモジュール内に含めてしまう書き方もある．

リスト 3.30　contains 文より前に宣言された変数を副プログラムが共有する例

```
module mat_subprogs3                ! サブルーチンを含むモジュール
  implicit none
  real(8), allocatable, save :: a(:, :)  ! save 属性を付ける
  integer, save :: n, m                  ! save 属性を付ける
contains
  subroutine allocate_rmat2         ! 配列割付けと乱数設定を行うサブルーチン
    ! ...(内容はリスト 3.29 と同様)
  end subroutine allocate_rmat2

  subroutine print_mat3             ! 配列要素を出力するサブルーチン
    ! ...(内容はリスト 3.29 と同様)
  end subroutine print_mat3
end module mat_subprogs3

program random_mod3              ! 主プログラム
  use mat_subprogs3              ! 変数とサブルーチンを含むモジュールの使用宣言
  call allocate_rmat2
  call print_mat3
end program random_mod3
```

上記の例では，contains **文**より前に宣言された変数が，contains 文以下の副プログラムで共通に使用されている[38]．モジュール内で contains 文より前に宣言された a と n は，外部から参照することが可能であり，リスト 3.30 の例では，主プログラムからもこれらの変数にアクセスすることができる．

リスト 3.30 の例では，主プログラムでモジュール mat_subprogs3 が使用されるので，モジュール内の 3，4 行目の宣言文における save **属性**は省略可能である．しかし，実際には，プログラムの修正などにより，モジュールの使用方法が変わる可能性もあり，そのたびに save 属性の有無を書き換えるよりは，計算中に値を保持させたいグローバル変数にはすべて save 属性を付けておくのが安全であろう．

プログラミングのポイント 3.11

☑ **グローバル変数モジュール内では，save 属性を付けて変数を宣言する．**

---

38)　このような参照の方法を，**親子結合**とよぶことがある．

3.9.4 モジュール内で宣言された変数のアクセスを制限する方法

リスト 3.30 では，モジュールの開始行と contains 文の間で変数が宣言され，それらが contains 文以下の副プログラムで共有された．ここでは，モジュール内のどの変数が外部からアクセス可能であるかを確認するとともに，外部からのアクセスの可否を制御する方法を解説する．次のモジュール sample_mod0 を考える．

リスト 3.31　変数と副プログラムを含むモジュール

```
module sample_mod0
  implicit none
  integer, save :: ia = 1, ib = 2, ic = 3
contains
  subroutine sub
    integer, save :: id = 4
    write(*, *) id
  end subroutine sub
end module sample_mod0
```

3.3 節で述べたように，局所変数はほかのプログラム単位からはアクセスできない変数である．リスト 3.31 の例では，モジュール外部からサブルーチン sub 内の局所変数 id に対する参照や代入演算は行えない．一方，ほかのプログラム単位では，モジュール sample_mod0 の使用宣言を行うことにより，contains 文より前に宣言された整数型変数 ia，ib，ic を参照したり，contains 文以下に含まれるサブルーチン sub を呼び出すことができる．ほかのプログラム単位からの ia，ib，ic と sub に対するアクセスを制御するには，private 属性および public 属性を加えたリスト 3.32 のような記述とする．

リスト 3.32　private 属性および public 属性を含むモジュール

```
module sample_mod
  implicit none
  private              ! モジュール内のすべての変数などは外部から参照できなくなる
  integer, save :: ia = 1, ib = 2, ic = 3
  public ib, ic, sub ! 指定された変数などが外部から参照できるようになる
contains
  subroutine sub
    integer, save :: id = 4
    write(*, *) id
  end subroutine sub
end module sample_mod
```

リスト 3.32 に示されるモジュール sample_mod では，3 行目に private 属性が記述されている．この private 属性により，モジュール内に含まれるすべての変数や副プログラムは非公開となる．このため，整数型変数 ia，ib，ic とサブルーチン sub は，モジュール外部から参照できなくなる．リスト 3.32 では，さらに 5 行目において，public 属性を用いて次のように宣言している．

```
public ib, ic, sub
```

これにより，変数 ib，ic とサブルーチン sub のみが外部（ほかのプログラム単位）から参照可能となる．このように，モジュール sample_mod では，いったんすべての変数や副プログラムを非公開とした後，public 属性を用いて公開するもののみを指定している．この手順により，モジュール内のどの変数あるいは副プログラムが外部に公開されているのかが把握しやすくなる．なお，private 属性は「外部」からの参照を制御するものであり，これを記述しても同じモジュール内の contains 文以下にあるサブルーチンからは参照可能である．

プログラミングのポイント 3.12

☑ **モジュール内で宣言された変数や副プログラムに対して，ほかのプログラム単位からのアクセスを制御するには，private 属性および public 属性を利用する．**

一方，モジュールを使用する側でも，モジュール内の変数や副プログラムへのアクセスを制御できる．その例をリスト 3.33 に示す．

リスト 3.33　リスト 3.32 のモジュールを使用する only 句を用いた主プログラム

```
program chk_module
  use sample_mod, only : ib, sub ! only 句を付けると参照が制限される
  implicit none
  write(*, *) ib
  call sub
end program chk_module
```

リスト 3.33 の主プログラムでは，モジュール sample_mod の使用宣言の後に，以下のように only 句が付いていることに注意されたい．

```
use sample_mod, only : ib, sub
```

このように，use 文にカンマを付け，only とコロンの後にモジュール内に含まれる変数や副プログラム名を書くと，それらのみが主プログラム内で参照可能となる．この only 句を用いることにより，モジュール側で参照が許可されていても，主プログラムで参照可能なものを制限することができる．リスト 3.32 とリスト 3.33 の例では，モジュール内の変数 ic はモジュール側で public 属性により参照が許可されているにもかかわらず，主プログラム側からは参照できなくなる．

以上のように，モジュール側で private 属性および public 属性，またモジュールを使用する側で only 句を用いることで，モジュール内の変数や副プログラムへのアクセスの可否が制御される．これらの制御は，モジュール内の変数の値が不用意に書き換えられることを防ぐ場合などに役立つ．

演習 3.40　リスト 3.32 およびリスト 3.33 と同様のプログラムを作成して，private 属性および public 属性，only 句の機能を確認せよ．

3.10　グローバル変数か引数か

本章では，モジュール副プログラムを利用して演算を分割し，全体の処理を把握しやすい構成とする方法を示した．また，異なるプログラム単位の間で変数を共通に使用するには，次の 2 つの方法があることを示した．

- 共通に使用する変数を引数とする．
- 共通に使用する変数をグローバル変数とする．

いずれの方法が適しているかは，プログラムの規模（変数の個数など）や演算処理がどのような階層に分割されているか，またプログラムの開発方法（たとえば個人で作成するか，複数の開発者がいるか）などに依存する．上記のうち，引数を使う方法の一般的な特徴としては，以下の点があげられる．

- 同様の演算に対して，その副プログラムを再利用することが容易である．
- 副プログラムの「入力」と「出力」が明確であれば，処理内容の詳細を理解していなくても利用可能である．
- どの変数がどのような作用を受けたかが明瞭である．

このような利点があるので，一般には引数を使う方法が推奨されているようである．

一方，変数の種類が多い，大規模な問題では，すべての変数を引数として受け渡しすると記述が冗長になってしまう場合がある．また，処理内容が階層化しているときには，途中の演算で使用しない変数も引数として順に渡していかなければならないといった不便な点もある．この場合には，グローバル変数モジュールを利用する方法が適している．また，中・小規模の問題でも，演算過程でどの変数がどのような処理を受けたかが明確である場合には，必ずしも引数を使う方法にこだわる必要はないと考えられる．

ただし，グローバル変数モジュールを使う場合でも，同様の処理が異なる変数に対して何度も行われるような「**部品化**」しやすい部分は，引数を使用する副プログラムとするのがよいだろう．たとえば，リスト 3.8 に含まれるサブルーチン print_mat2(a) のような副プログラムは，このように引数を使う方式としておくほうが，いろいろな 2 次元配列の出力に使えるので便利である．

プログラミングのポイント 3.13

☑ 異なる変数に対して何度も行われる処理は，引数を用いる副プログラムとするとよい．

3.11　モジュールの依存関係とコンパイル

これまでのプログラムは，単一のファイル内に記述された．本章では複数のプログラム単位から構成されるプログラムを扱ってきたが，プログラム単位はそれぞれ別のファイルに記述して，コンパイル時に1つの実行ファイルにすることが可能である．実際に，大規模なプログラムでは，関連するプログラム単位がファイルごとにまとめられ，その複数のファイルにより全体のプログラムが構成されるのが普通である．本節では，複数のファイルから構成されるプログラムのコンパイル方法と，モジュールの依存関係に関わるコンパイル時の注意点を示す[39)]．

3.11.1　複数のプログラムファイルのコンパイルの順序

次のような，3つのファイルから構成される簡単なプログラムを考える．

- グローバル変数モジュール（リスト3.34）：ファイル名は globals.f90
- モジュールサブルーチン（リスト3.35）：ファイル名は subprogs.f90
- 主プログラム（リスト3.36）：ファイル名は main.f90

リスト3.34　依存関係を確認するためのグローバル変数モジュール（globals.f90）

```
module globals
  integer, parameter :: n = 2
  real(8), save :: a, b, c(n)
end module globals
```

リスト3.35　依存関係を確認するためのモジュール（subprogs.f90）

```
module subprogs
  use globals
  implicit none
  real(8) d
contains
  subroutine enzan
    a = 1.6d0
    b = 4.8d0
    c(:) = a + b
    d = a
  end subroutine enzan
end module subprogs
```

39）make コマンドを利用する，より進んだコンパイル方法については，付録4を参照．

リスト 3.36　依存関係を確認するための主プログラム（main.f90）

```
program main
  use subprogs
  implicit none
  call enzan
  write(*, *) a, b
  write(*, *) c(:)
  d = d + b
  write(*, *) d
end program main
```

一例として，gfortran を用いる場合には，これらを次のようにしてコンパイルする[40)].

```
gfortran -c globals.f90
gfortran -c subprogs.f90
gfortran -c main.f90
gfortran globals.o subprogs.o main.o
```

この例では，最初に 3 つのファイルは別々にコンパイルされ，最後にそれらがまとめられて実行ファイルが作られる．1 行目から 3 行目のコマンドでは，**オプション**として -c を付けているが，このようにすると**オブジェクトファイル**（拡張子が .o である**バイナリファイル**）が作られる[41)]．ファイル内にモジュールが含まれている場合には，モジュール名に拡張子 .mod を付けた**中間ファイル**が作られる[42)]．このようにして，3 つのファイルに対するオブジェクトファイル globals.o，subprogs.o および main.o を作り，最後に 4 行目のコマンドにより，これらをまとめて 1 つの実行ファイルを作る．

上記の作業を行うときに注意すべき点は，あるモジュールを含むファイルのコンパイルは，そのモジュールを使うプログラム単位を含むファイルのコンパイルよりも先に行う必要があるということである．上記の例では，subprogs.f90 内に書かれたモジュール subprogs にモジュール globals の使用宣言があるので，globals を含むファイル globals.f90 を subprogs.f90 より先にコンパイルする必要がある．これは，図 3.4 に示すように，subprogs.f90 をコンパイルする際に globals.mod という中間ファイルが必要となるためである．globals.mod はモジュール globals.f90 をコンパイルすることによって作られるので，globals.f90 を先にコンパイルしなければならない．また，subprogs.f90 と main.f90 の関係も同様で，main.f90 より先に subprogs.f90 をコンパイルする必要がある．

40)　4 回コマンドを入力するのが面倒であれば，付録 4 にあるようなスクリプトを作成してもよい．

41)　オプションはコンパイラにより異なるが，多くのコンパイラではオブジェクトファイルを作成するオプションは -c とされているようである．詳細は，各コンパイラのマニュアルを参照されたい．

42)　もし 1 つのファイル内に複数のモジュールが含まれていれば，.mod が付いた複数のファイルがすべてのモジュールに対して作られる．このファイルは中間情報を含んでおり，その内容はコンパイラに依存する（実装依存）とされている．

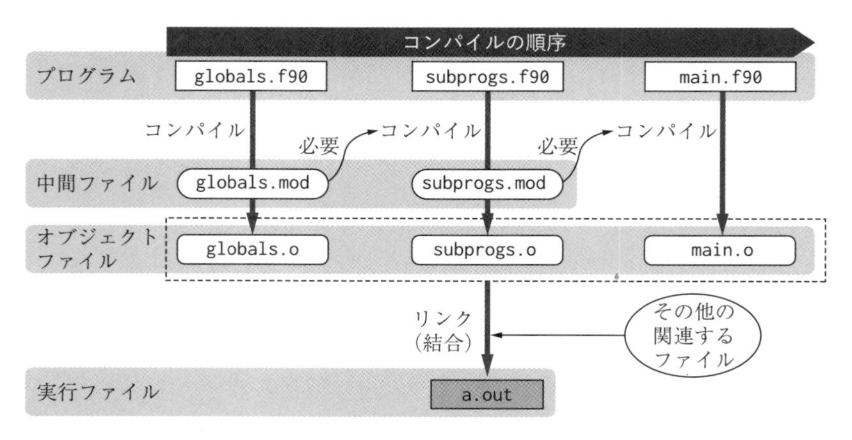

図 3.4　モジュールを含むファイルのコンパイルの順序

なお，上記のコンパイルを1行で表す場合には，次のように，先にコンパイルするファイル名を左側に書く．この順序を誤ると，上記と同様の問題が生ずる[43]．

```
gfortran globals.f90 subprogs.f90 main.f90
```

あるモジュールがほかのプログラム単位で使用されるときの関係を，本書では「モジュールの依存関係」とよぶ．複数のファイルに書かれたプログラムをコンパイルするときには，上記のようにファイル間に生ずるモジュールの依存関係に注意する必要がある．また，モジュールの依存関係を有する複数のプログラム単位を1つのファイルに記述する場合でも，使用される側のモジュールを使用する側より上に書かなければならない．そのようにしないと，上記と同様の問題が生ずる．本章で示されたプログラムリストでは，モジュールが常にそれを使用するプログラム単位よりも上（ファイルの先頭側）に書かれていたが，それはこのような理由があったためである．

プログラミングのポイント 3.14

- ☑ 複数のファイルに書かれたプログラムでは，モジュールの依存関係に注意してコンパイルの順序を定める．
- ☑ 1つのファイルに書かれたプログラムでは，ほかのプログラム単位で使用されるモジュールをファイルの先頭側に記述する．

演習 3.41　リスト3.34，リスト3.35およびリスト3.36に書かれたプログラムを使用して，上記のコンパイル順序の問題を確認せよ．

43）オプションを使用することにより，記述の順序を変更できるコンパイラもある．

3.11.2 モジュールの依存関係とコンパイル時の注意

前項のリスト 3.34 からリスト 3.36 に書かれたプログラムを実行すると，次のような出力結果が得られる．

```
1.6 4.8
6.4 6.4
6.4
```

次に，globals.f90 に書かれたリスト 3.34 のグローバル変数モジュールにおいて，倍精度実数型変数 c を整数型変数に変更してみよう．すなわち，リスト 3.34 の 3 行目を次のような 2 行の宣言文に変更する．

```
real(8), save :: a, b
integer, save :: c(n)
```

上記の変更後に，すべてのファイルを前項で示した方法により再コンパイルし，実行すると次の結果が得られる．

```
1.6 4.8
6   6
6.4
```

ここでは c を整数型変数に変えたため，最初の出力結果と異なり，出力結果の 2 行目では，小数点以下が切り捨てられた整数値が出力されるようになる．このように，すべてのファイルをコンパイルし直せば，問題なく適切な出力結果が得られる．

一方，プログラムの変更があったファイルのみを再コンパイルして，既存のオブジェクトファイルとともに実行ファイルを作るとどのような実行結果が得られるかを見てみよう．このために，globals.f90 に書かれたグローバル変数モジュールをもう一度，元のリスト 3.34 の記述に戻し，すべてのファイルを再コンパイルしておく．次に，再び上記のように倍精度実数型変数 c を整数型変数に変更する．そして，以下のようにグローバル変数モジュールを含むファイル globals.f90 のみをコンパイルしてオブジェクトファイル globals.o を作る．

```
gfortran -c globals.f90
```

そして，ほかのファイルはコンパイルせずに，globals.f90 を変更する前に作成した古いオブジェクトファイル sub.o と main.o を用いて，実行ファイルを作成する．

```
gfortran globals.f90 subprogs.f90 main.f90
```

このようにして作成した実行ファイルを実行すると，具体的な数値は実行環境により異なるが，たとえば以下のような出力結果となってしまい，適切な結果は得られない．

```
1.6 6.4
6.4 -2.3534382806051766E-185
8.
```

ここで扱うプログラムでは，グローバル変数cは，モジュールsubprogsを介して，主プログラムで間接的に参照されている．この場合には，subprogsを含むsubprogs.f90のみならず，主プログラムを含むファイルmain.f90も改めてコンパイルする必要がある．このため，上記のように，globals.f90のみをコンパイルしただけでは正しい実行ファイルが作られないのである．

このように，モジュールに対する変更を加えた場合には，モジュールを含むファイルのみならず，モジュールを直接あるいは間接的に使用するプログラム単位を含んだファイルもコンパイルし直すことが必要となる．すべてのファイルを毎回コンパイルするときには問題は生じないが，一部のファイルを選択してコンパイルする場合には，ファイル間のモジュールの依存関係に注意する必要がある[44]．

プログラミングのポイント 3.15

☑ **複数のプログラムファイルを選択的にコンパイルするときには，ファイル間のモジュールの依存関係に注意する．**

44）make コマンドを用いてファイルを選択的にコンパイルする際には注意が必要である．付録 4.1 参照．

第4章 ▶ 外部副プログラム

4.1 外部副プログラムの概要

外部サブルーチンと外部関数をまとめて**外部副プログラム**（external subprogram）という．外部副プログラムは，前章の冒頭で示したリスト 3.1 のサブルーチンのように，単独で独立したプログラム単位となる副プログラムである．

外部副プログラムは，前章のモジュール副プログラム，すなわちモジュールの中に書かれたサブルーチンと関数を，モジュールという枠の外に出したものである．外部副プログラムの記述方法は，モジュール副プログラムの場合とほとんど同じであるが，それぞれが独立したプログラム単位となるので，1 つ 1 つの外部サブルーチンおよび外部関数の中で，implicit none **宣言**を行う必要がある．また，外部副プログラムでは，3.11 節で述べた依存性を考慮する必要がないため，コンパイル時の取り扱いは比較的簡単である．

Fortran 90/95 では，外部副プログラムの使い方は，次の 2 つに大別されるだろう．

- 従来型：FORTRAN 77 で用いられた，限定された機能を利用する方法．
- 新機能型：モジュール副プログラムと同等のより多くの機能を利用する方法．

従来型は，すでに多数の外部副プログラムが開発済みであり，プログラムを書き換えることなくそれらを使う場合にとられる形態である．適切に動作するものであれば従来型でも構わないが，従来型ではモジュール副プログラムが有する機能の一部しか利用できない．これに対して，後述するインターフェイス・モジュールをプログラムに新しく加えれば，外部副プログラムでも，モジュール副プログラムと同じ機能を利用できる．これが上記の新機能型である．図 4.1 に，従来型の構成を新機能型に書き換える場合の概要を示す．

従来型を新機能型とするには，次の 2 つを行えばよい．

- インターフェイス・モジュールを作成する．
- 外部副プログラムを呼び出す側のプログラム単位で，そのインターフェイス・モジュールの使用宣言を行う．

インターフェイス・モジュールの詳細は次節で述べるが，これは外部副プログラムの先頭文と end 文の間に，仮引数の宣言文が記述されたプログラム部分を含むモジュールである．プログラムを新しく作る場合には，このインターフェイス・モジュールを作成し，外部副プログラムを呼び出す側のプログラム単位内でその使用宣言を行えば，外部副プ

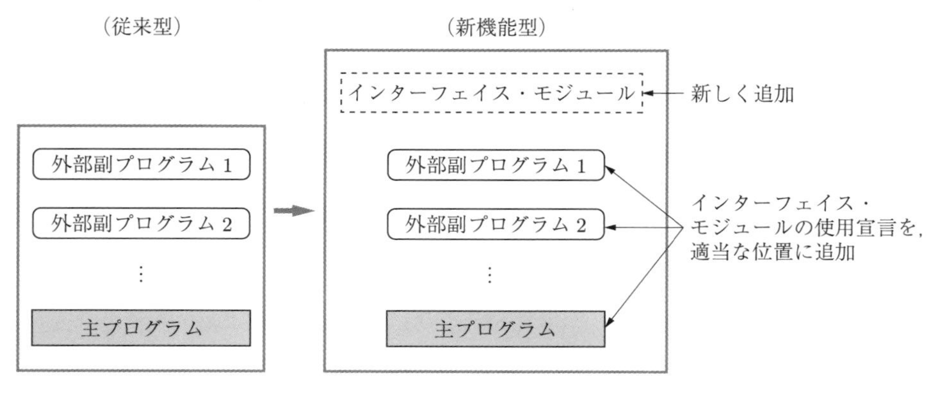

図 4.1　外部副プログラムを利用するプログラムの構成

ログラムを上記の新機能型とすることができる．

既存の外部副プログラムを使う場合には，プログラムに上記のような変更を行い，新機能型に書き換えてもよい．また，従来型と新機能型の外部副プログラムは，1つのプログラム中に混在しても問題ないので，書き換えが面倒な既存の外部副プログラムは従来型とし，新しく作成する外部副プログラムのみを新機能型としてもよい．

本章では，主として新機能型，すなわち前章で扱ったモジュール副プログラムと同様に動作する外部副プログラムを作成する方法を解説する．このような外部副プログラムの動作や引数などの扱いは，モジュール副プログラムの場合とほぼ同様であり，前章に一通り目を通した読者は，本章の内容を容易に理解できるであろう．

4.2　外部副プログラムとインターフェイス・モジュール

4.2.1　インターフェイス・モジュール

インターフェイス・モジュールの記述形式は，次頁のように表される．

モジュールの中にある interface **文**から end interface 文までの部分を**インターフェイス・ブロック**（interface block）という[1]．インターフェイス・ブロック内には，外部副プログラムの先頭文（subroutine 文あるいは function 文）と end 文を書き，その間に副プログラムの「仮引数の宣言文」のみを記述する．この先頭文から end 文までの単位を，本書では外部副プログラムの**引数仕様**とよぶ．引数仕様には，局所変数の宣言文は不要である．ただし，関数に対しては，result **句**で指定された，関数が返す変数の宣言文も必ず記述する．このように，変数の宣言文のみが書かれ，それらを使う演算は記述されないので，このモジュール内では implicit none 宣言は省略してもよい．

1）JIS の仕様書[2] では，**引用仕様宣言**といわれる．

上記のようなインターフェイス・ブロックを含むモジュールを，本書では**インターフェイス・モジュール**とよぶ．

インターフェイス・モジュールの記述形式

```
module モジュールの名称
  interface ─────────────────────────────────────────────┐
    subroutine サブルーチンの名称 (仮引数) ─┐                      │
      仮引数の宣言文                          │ ←引数仕様             │
    end subroutine サブルーチンの名称 ──────┘                      │
                                                                   │
    function 関数名 (仮引数) result(関数が返す変数) ─┐            │
      仮引数と関数が返す変数の宣言文                   │ ←引数仕様   │
    end function 関数名 ──────────────────────────────┘            │
                                                                   │
      ...(複数の同様の記述)                                        │
                                                                   │
  end interface ───────────────────────────────────────────────────┘
end module モジュールの名称                   ↑インターフェイス・ブロック
```

4.2.2 インターフェイス・ブロックをモジュールとする理由

このインターフェイス・ブロックは，副プログラムを呼び出す側のプログラム単位に記述する．これを上記のように，モジュール内に記述しておけば，呼び出し側のプログラム単位では，このモジュールの使用宣言を行うだけでよい．これに対して，インターフェイス・ブロックをモジュールとせずに，呼び出し側のプログラムに直接記述することも可能だが，同じインターフェイス・ブロックが複数の箇所で記述される場合には，引数仕様に変更があったときには，それらすべてを修正しなければならないため，取り扱いが煩雑となってしまう．

4.2.3 インターフェイス・モジュールを用意すると利用可能となる機能

プログラミングの具体例は次節で示すこととし，ここでは外部副プログラムに対して，インターフェイス・モジュールを用いる場合の一般的な性質を述べる．インターフェイス・モジュールを用いることにより，外部副プログラムにおいても，第3章で解説したモジュール副プログラムが有する次のような機能を利用することができる[2)]．

- **仮引数と実引数の整合**がコンパイル時にチェックされる．
- **未割付けの割付け配列**を実引数とすることができる．
- 外部副プログラム側で，仮配列として**形状引継ぎ配列**を利用できる．
- **配列を返す外部関数**を作成できる．

2) 引数キーワードと optional 属性は，5.1 節で扱う．

逆の見方をすれば，インターフェイス・モジュールを用意しないと，外部副プログラムでは上記の機能を利用できないことになる．これは，従来のFORTRAN 77で用いられたプログラミング形式，すなわち4.1節の「従来型」に相当する．

4.2.4 副プログラムの構成

新しくプログラムを作成する際には，外部副プログラムを使わずに，インターフェイス・モジュールが不要なモジュール副プログラムのみを用いるという方法も選択肢の1つとして考えられる．しかし，3.11節で示されたように，多数のモジュール副プログラムを利用する場合には，複雑な**依存関係**が生じ，コンパイルに手間を要することがある．コンパイル作業を円滑に行うことは，ある程度規模の大きいプログラムを作成する場合には非常に重要であるが，この点に関しては，外部副プログラムのほうが取り扱いやすい．このため，前章で示した「モジュール副プログラムを活用する」という形式に加えて，本章では次のような外部副プログラムを用いる構成を考える．

- プログラムは，1つの主プログラムと複数の外部副プログラムから構成される．
- 2つのモジュール，すなわちグローバル変数モジュールとインターフェイス・モジュールを上記のプログラム単位とともに使用する．

この形式では，使用するモジュールはグローバル変数モジュールとインターフェイス・モジュールのみとし，モジュールがほかのモジュールを使うという複雑かつ階層的な依存関係が生じないようにする[3)]．そして，副プログラムはすべて外部副プログラムとするのが，本章で扱うプログラム構成である．

4.3 外部サブルーチンの利用例

4.3.1 インターフェイス・モジュールと外部サブルーチンの記述例

3つのファイルから構成される簡単なプログラム例を考える．ここでは，2次元割付け配列に乱数列を設定して，これを出力するというリスト3.14と同様のプログラムを，外部副プログラムと主プログラム，そしてインターフェイス・モジュールという3つのファイルに分けて記述してみよう．その例は，以下のリスト4.1，4.2および4.3のように表される．これらは，それぞれ`main.f90`，`exsub.f90`，および`ifmod.f90`という名称のファイルに記述され，同じディレクトリ内にあるとする．

3) 変数の受け渡しがすべて引数により行われる場合には，グローバル変数モジュールは不要である．

リスト 4.1 外部サブルーチンを使う主プログラム（main.f90）

```
program random_mat
  use interface_mod     ! インターフェイス・モジュールの使用宣言
  implicit none
  real(8), allocatable :: a(:, :)
  call allocate_rmat(a) ! 配列の割付けと乱数の設定
  call print_mat(a)     ! 要素の値を出力 (形状引継ぎ配列を利用)
end program random_mat
```

リスト 4.2 割付け配列の設定と出力を行う外部サブルーチン（exsub.f90）

```
subroutine allocate_rmat(a)
  implicit none   ! 各副プログラムごとにこの宣言が必要
  real(8), allocatable, intent(out) :: a(:, :) ! 仮配列は未割付けの割付け配列
  integer n
  write(*, '(a)', advance = 'no') ' input n : '
  read(*, *) n
  if (n < 1 .or. n > 100) stop 'n must be 0 < n < 101'
  allocate (a(n, n))                          ! 割付け配列の割付け
  call random_number(a)                       ! 配列要素に乱数を設定
end subroutine allocate_rmat

subroutine print_mat(a)
  implicit none   ! 各副プログラムごとにこの宣言が必要
  real(8), intent(in) :: a(:, :) ! 形状引継ぎ配列
  integer i, n, m
  n = size(a, 1) ! 各次元の寸法を組み込み関数 size を
  m = size(a, 2) ! 用いて取得し, n, m に格納する
  do i = 1, n
     write(*, '(100e12.4)') a(i, 1:m)
  enddo
end subroutine print_mat
```

■主プログラム　まず，リスト 4.1 に示した主プログラムでは，2 行目で，リスト 4.3 に示すインターフェイス・モジュール interface_mod の使用宣言が行われている．この点を除けば，これはリスト 3.14 の主プログラムと同様である．主プログラムでは，割付け配列 a を未割付けの状態で実引数として外部サブルーチン allocate_rmat へ渡し，配列の割付けと配列要素への乱数の設定を行った後，外部サブルーチン print_mat により配列要素を出力する．

■外部サブルーチン　次に，リスト 4.2 には，主プログラムから呼び出される 2 つの外部サブルーチンが示されている．これらは単にリスト 3.14 に示されるモジュール mat_subprogs の contains 文以下にあるサブルーチンを外に取り出しただけのものである．外部サブルーチン allocate_rmat では，**未割付けの割付け配列**が仮配列となっており，外部サブルーチン print_mat では，仮配列として**形状引継ぎ配列**を利用している．

リスト 4.2 で注意すべき点は，各サブルーチン内で implicit none **宣言**が行われていることである．モジュール副プログラムの場合には，contains 文の前で implicit none 宣言を行えば，contains 文以下の副プログラム内ではこの宣言を省略できた．一方，外部副プログラムの場合には，それら１つ１つが独立したプログラム単位であるので，たとえ１つのファイルにまとめて書かれている場合でも，副プログラムごとに implicit none 宣言を行う必要がある．それ以外の点は，モジュール副プログラムの場合と同様である．なお，仮引数は，モジュール副プログラムの場合と同様に，intent 属性を付けて宣言する．

プログラミングのポイント 4.1

- ☑ 外部副プログラムは１つ１つが独立したプログラム単位なので，それぞれの内部で implicit none 宣言を行う．
- ☑ 仮引数の宣言時に intent 属性を付ける．

■インターフェイス・モジュール　インターフェイス・モジュール interface_mod の内容をリスト 4.3 に示す．

リスト 4.3　リスト 4.2 に対するインターフェイス・モジュール（ifmod.f90）

```
module interface_mod        ! インターフェイス・モジュール
  interface
     subroutine allocate_rmat(a)
       real(8), allocatable, intent(out) :: a(:, :)
     end subroutine allocate_rmat

     subroutine print_mat(a)
       real(8), intent(in) :: a(:, :)
     end subroutine print_mat
  end interface
end module interface_mod
```

このモジュールは，4.2 節で述べた形式で書かれている．インターフェイス・ブロック内では，外部副プログラムの先頭文と end 文の間に，その副プログラムで使用する仮引数の宣言文のみを記述する．インターフェイス・ブロックの記述と副プログラムの記述に相違がないように，インターフェイス・ブロックは，リスト 4.2 に示された外部副プログラムの先頭文や仮引数の宣言文の部分をコピーアンドペーストして，基本的には完全に同一の記述としておく．外部副プログラムの仮引数の記述に変更が加えられた場合には，インターフェイス・ブロックの該当部分を必ず修正しなければならない．

上記の例では，インターフェイス・モジュール interface_mod の使用宣言は，リスト 4.1 の主プログラム内で行われている．このように，外部副プログラムを呼び出す側のプログラム単位内でインターフェイス・モジュールの使用宣言が行われる．呼び出される外部副プログラム（リスト4.2）側では，インターフェイス・モジュールの使用宣言を行う必要はない．

以上の例のようにして，インターフェイス・モジュールを利用することにより，4.2節で述べた機能を外部副プログラムでも利用することができる．

プログラミングのポイント 4.2

- ☑ 外部副プログラムに対して，インターフェイス・モジュールを用意する．インターフェイス・モジュールと外部副プログラムの該当部分の記述は同一とする．
- ☑ 外部副プログラムを呼び出す側のプログラム単位内で，インターフェイス・モジュールの使用宣言を行う．

4.3.2 インターフェイス・モジュールの使用宣言と only 句

上記のリスト4.3のように，1つのインターフェイス・モジュールに，プログラムで使用するすべての引数仕様を記述すれば取り扱いは簡単になる．しかし，ある外部副プログラムから，ほかの外部副プログラムが呼び出される場合には，そのままインターフェイス・モジュールの使用宣言を行うと，自分自身のインターフェイス・ブロックを記述してしまうことになり，コンパイルエラーが生ずる[4]．これを防ぐには，3.9.4項で述べた only 句を用いればよい．

以下に具体例を示す．リスト4.2のサブルーチン allocate_rmat から，配列要素を出力するサブルーチン print_mat が呼び出される場合を考える．このときには，allocate_rmat は，次のリスト4.4のように記述される．

リスト 4.4 インターフェイス・モジュールの使用宣言に only 句を用いる例

```
subroutine allocate_rmat(a)
  use interface_mod, only : print_mat  ! only 句を使うモジュールの使用宣言
  implicit none
  real(8), allocatable, intent(out) :: a(:, :)
  integer n
  write(*, '(a)', advance = 'no') ' input n : '
  read(*, *) n
  if (n < 1 .or. n > 100) stop 'n must be 0 < n < 101'
  allocate (a(n, n))
  call random_number(a)
  call print_mat(a)                ! 追加された外部サブルーチンの呼び出し
end subroutine allocate_rmat
```

4) 執筆時点では，このような記述を行ってもエラーを表示しないコンパイラもあるが，本項で述べるように，使用宣言には only 句を付けるのがよい．

リスト 4.4 以外のインターフェイス・モジュールなどには変更はないとする．リスト 4.4 では，最終行から 1 つ上の行にある，外部サブルーチン print_mat の呼び出しが追加されたため，2 行目のようにインターフェイス・モジュール interface_mod の使用宣言が行われている．リスト 4.3 に示されるように，interface_mod 内には，サブルーチン allocate_rmat の引数仕様が含まれているので，only 句を付けずにそのまま使用宣言を行うと，自分自身の引数仕様を自分のプログラム単位の中に書くことになってしまう．これに対して，リスト 4.4 の使用宣言のように，only 句を付ければ，呼び出す外部サブルーチン print_mat の引数仕様のみが利用されることになり，問題は生じない．

プログラミングのポイント 4.3

☑ **複数の外部副プログラムの引数仕様を含むインターフェイス・モジュールの使用宣言を行うときは，only 句を付けて，利用する外部副プログラムを明示する．**

4.3.3　インターフェイス・モジュールを用いる場合のコンパイル

先述のリスト 4.1，4.2 および 4.3 のプログラムは，それぞれ main.f90，exsub.f90，および ifmod.f90 という名称のファイルに別々に記述されている．これらのファイルを**コンパイルする順序**に関しては，以下の点に注意する．

- インターフェイス・モジュールが含まれるファイルと，これを使用するプログラム単位を含むファイルのコンパイルの順序は，3.11 節の規則に従う．
- 外部副プログラムと主プログラムのコンパイルの順序には規定はない．

すなわち，ここで扱うプログラム構成では，インターフェイス・モジュールを含むファイルである ifmod.f90 を最初にコンパイルすることとすれば，ほかの main.f90 と exsub.f90 の 2 つのファイルはどちらを先にコンパイルしても構わない．

また，プログラムに変更があった場合には，以下を考慮してコンパイルを行う．

- インターフェイス・モジュールに変更があれば，これを直接あるいは間接的に使用するプログラム単位を含むファイルを再コンパイルする（すべてのファイルを再コンパイルしてもよい）．
- インターフェイス・モジュールに変更がなければ，主プログラムと外部副プログラムのいずれの変更でも，変更のあった箇所を含むファイルのみを再コンパイルすればよい．また，そのコンパイルの順序には規定はない．

外部副プログラムの引数に関係する変更があった場合には，インターフェイス・モジュールをそれに合わせて変更する必要があるので，上記の例では main.f90 も再コンパイルしなければならない[5)]．それ以外の引数に影響のない変更であれば，インターフェイス・

5)　一般に，インターフェイス・モジュールの変更があったときにはすべてのファイルを再コンパイルしておくのが安全である．付録 4 参照．

モジュールの変更はない．このため，変更されたプログラム単位を含むファイルのみを再コンパイルすればよい．

なお，もし上記の3つのプログラムが1つのファイルに書かれる場合には，ファイルの先頭にインターフェイス・モジュールを記述する．それ以降は，主プログラムと外部副プログラムをどのような順序で記述してもよい．

演習 4.1 リスト4.1からリスト4.3のプログラムを，形状明示仮配列を用いるものに書き換えて動作を確認せよ．

演習 4.2 リスト3.19に示された，文字列を引数とするモジュール副プログラムを，外部副プログラムとインターフェイス・モジュールを使うプログラムとせよ．

4.4 配列を返す外部関数

前章のリスト3.24では，正規化したベクトルを返すモジュール関数を作成したが，ここでは外部関数を用いて同様のプログラムを作成する．インターフェイス・ブロックを利用することにより，配列を返す外部関数を作ることができる．

リスト4.5に外部関数を示す．演算の内容はリスト3.24のモジュール関数と同様であり，これをモジュールの外に出した形となっている．ただし，外部関数は独立したプログラム単位であるため，implicit none 宣言を加えている．形状引継ぎ配列として受け取った仮配列 v に対して，組み込み関数 dot_product を使ってベクトルの大きさ vl を求め，vl が 0 でない場合には v を正規化してベクトル nv とし，これを呼び出し側に返している．vl が 0 の場合には，ゼロベクトルを返す仕様としている．

リスト 4.5 正規化したベクトルを返す外部関数

```
function normal_vec(v) result(nv)
  implicit none                    ! 外部関数内ではこの宣言を行う
  real(8), intent(in) :: v(:)
  real(8) nv(size(v, 1)), vl
  vl = sqrt(dot_product(v, v))
  if (vl == 0.0d0) then
     nv(:) = 0.0d0
  else
     nv(:) = v(:) / vl
  endif
end function normal_vec
```

リスト4.6に，この外部関数に対する**インターフェイス・モジュール**を示す．4.2節で述べたように，関数に対しては，result **句**で指定された関数が返す変数 nv の宣言文もインターフェイス・ブロック内に記述しておく．

リスト 4.6　リスト 4.5 の外部関数のインターフェイス・モジュール

```
module interface_mod
  interface
     function normal_vec(v) result(nv)
       real(8), intent(in) :: v(:) ! 関数の仮引数の宣言文と一致させる
       real(8) nv(size(v))         ! 関数が返す変数の宣言文もここに記述する
     end function normal_vec
  end interface
end module interface_mod
```

リスト 4.5 の外部関数 normal_vec を呼び出す主プログラムの例は，リスト 4.7 のようになる．外部サブルーチンの場合と同様に，外部関数を呼び出す側のプログラム単位内でインターフェイス・モジュールの使用宣言を行う．実行文中における関数の使い方は，モジュール関数の場合と同じである．

リスト 4.7　配列を返す外部関数を使う主プログラムの例

```
program main_nvec
  use interface_mod        ! インターフェイス・モジュールの使用宣言
  implicit none
  real(8) v(10), w(10)
  call random_seed
  call random_number(v)
  w(:) = normal_vec(v)     ! 外部関数の使い方はモジュール関数と同様
  write(*, *) w, dot_product(w, w)
end program main_nvec
```

なお，リスト 4.5 からリスト 4.7 のプログラムが異なるファイルに書かれたときの**コンパイルの順序**や，プログラムに変更があったときの再コンパイルの注意点は，4.3.3 項で述べた外部サブルーチンの場合と同様である．また，これらが 1 つのファイルに書かれるときの**記述の順序**も同様で，インターフェイス・モジュールをファイルの先頭に記述しなければならないが，主プログラムと外部関数の記述の順序には規定はない．

演習 4.3　リスト 3.26 に示された文字列を返すモジュール関数を，外部関数とインターフェイス・モジュールを使うプログラムとして，動作を確認せよ．

4.5　グローバル変数モジュールの利用

4.2 節で述べたように，本章では，これまでに解説したインターフェイス・モジュールのほかに，グローバル変数モジュールを用いる構成を考えている[6]．リスト 4.1 からリスト 4.3 に示されたプログラムを，引数の代わりにグローバル変数を使用する形式と

6)　リスト 4.1 からリスト 4.3 の例のように，プログラム単位間で変数の受け渡しがすべて引数を利用して行われるのであれば，グローバル変数モジュールは不要である．

してみよう．

グローバル変数モジュールはリスト 4.8 に示すとおりで，内部で割付け配列とその寸法を表す整数型変数を宣言する．3.9 節で述べたように，変数の宣言文には save 属性を付けている．この内容は，リスト 3.29 のグローバル変数モジュールと同様である．

リスト 4.8　グローバル変数モジュール

```
module globals   ! 割付け配列と整数型変数を含むグローバル変数モジュール
  real(8), allocatable, save :: a(:, :)  ! save 属性を付ける
  integer, save :: n, m                  ! save 属性を付ける
end module globals
```

次に，このグローバル変数モジュールを使用する外部サブルーチンをリスト 4.9 に示す．各サブルーチンでは，use 文を用いてグローバル変数モジュールの使用宣言を行う．

リスト 4.9　グローバル変数モジュールを使用する外部サブルーチン

```
subroutine allocate_rmat ! 割付け配列の割付けと乱数設定を行う外部サブルーチン
  use globals            ! グローバル変数モジュールの使用宣言
  implicit none          ! 各外部副プログラムでこの宣言を行う
  write(*, '(a)', advance = 'no') ' input n, m : '
  read(*, *) n, m
  allocate (a(n, m))
  call random_number(a)
end subroutine allocate_rmat

subroutine print_mat     ! 配列要素の出力を行う外部サブルーチン
  use globals            ! グローバル変数モジュールの使用宣言
  implicit none          ! 各外部副プログラムでこの宣言を行う
  integer i
  do i = 1, n
     write(*, '(100e12.4)') a(i, 1:m)
  enddo
end subroutine print_mat
```

リスト 4.10 に，これらの外部サブルーチンを用いる主プログラムを示す．外部サブルーチンでは引数が用いられないので，インターフェイス・モジュールは不要である．また，主プログラムでは，グローバル変数モジュールで宣言された変数を使用しないので，このモジュールも使用しない．このため，以下のように簡単な内容となる．なお，主プログラム中では変数を使用しないので，implicit none 宣言も不要である．

リスト 4.10　リスト 4.9 の外部副プログラムを呼び出す主プログラム

```
program random_mat
  call allocate_rmat
  call print_mat
end program random_mat
```

以上のように，グローバル変数モジュールを用いることにより，主プログラムや外部副プログラムの間で共通に使用するグローバル変数を設定することができる．なお，グローバル変数モジュールの記述内容を変更した場合には，すべてのファイルを再コンパイルするのが安全である（付録4参照）．

演習 4.4　$n \times n$ の実行列 A の要素が

$$|a_{i,i}| > \sum_{j=1,\, j \neq i}^{n} |a_{i,j}| \qquad (1 \leq i \leq n) \tag{4.1}$$

を満たすとき，A を**狭義の対角優位行列**（strictly diagonally dominant matrix）という[7]．また，式 (4.1) の不等号が $\geq$ であるときには，A は**対角優位行列**といわれる．

すべての対角要素が1であり，ほかの要素が乱数で与えられる狭義の対角優位行列を設定するための外部サブルーチン set_dd_mat を作成せよ．

演習 4.5　与えられた正方行列が狭義の対角優位行列であるかどうかを判定する外部関数 chk_dd_mat を作成せよ．条件に合うときには 1，それ例外では 0 を返す関数とすればよい．

4.6　モジュール副プログラムと外部副プログラムの比較

前章から本章にかけて，副プログラムの利用方法，すなわちモジュール副プログラムと外部副プログラムを用いるプログラミングの基本事項を解説した．モジュール副プログラムと外部副プログラムはどちらを使用してもよいが，4.2節などで触れたように，両者にはそれぞれ異なる特徴がある．この特徴を考慮したうえで，プログラムの規模や扱う問題に応じて，どちらか一方のみを利用するか，あるいは両者を混在させて使用するかなどを決めればよい．

4.6.1　プログラミングに関する比較のまとめ

Fortran 90/95 で新しく導入された副プログラムに関する機能を大別すると，エラーを防止するための機能と，利用上便利になった拡張機能に分類される．前者には，

- 実引数と仮引数の整合を調べる機能
- 副プログラム側で仮引数の誤った扱いを防止するための intent **属性**

がある．モジュール副プログラムでは**引数の整合**が自動的にチェックされ，誤りがあるとコンパイルエラーとなるが，外部副プログラムではインターフェイス・モジュールを用意しないとこのチェックは行われない．これに対して，intent 属性は，いずれの副プログラムでも利用可能である．プログラミングにはミスが付きものであるので，エラーを防止するための上記の機能は積極的に活用すべきである．

一方，後者の拡張機能には，以下のものがある[8]．

7）　A が狭義の対角優位行列であるとき，A は**正則行列**である[4]．

8）　引数キーワードと optional 属性は，5.1節で扱う．

- **未割付けの割付け配列**を実引数とすることができる.
- 副プログラム側で，仮配列として**形状引継ぎ配列**を利用できる.
- **配列を返す関数**を作成できる.

モジュール副プログラムに備わるこれらの機能を外部副プログラムで利用するには，すでに述べたようにインターフェイス・モジュールを用意すればよい.

4.6.2 複数のファイルに書かれた副プログラムのコンパイル

3.11 節で述べたように，複数のファイルに書かれたモジュール副プログラムを使用する場合には，モジュールの依存関係に注意してコンパイルを行う必要がある．一般に，モジュールを含むファイルに修正が加えられた場合には，すべてのファイルをコンパイルし直すのが安全である[9].

一方，外部副プログラムを使用する場合には，インターフェイス・モジュールに変更が加えられたときには，同様にすべてのファイルを再コンパイルすることになるが，それ以外の場合には，修正されたファイルのみをコンパイルすればよい．このため，インターフェイス・モジュールを使わない従来型の外部副プログラムを使用する場合には，常に修正されたファイルのみをコンパイルすればよいことになる.

また，グローバル変数モジュールを使うときには，これに変更が加えられた場合には，すべてのファイルをコンパイルし直す．以上より，モジュールを含むファイルの数が少ないほうが，コンパイル作業は比較的簡単になる.

4.6.3 基本的な副プログラムの構成

上記を考慮すると，利用する副プログラムおよびプログラム全体の構成として，以下のような形式が考えられる.

1. モジュール副プログラム型：外部副プログラムを使用せず，モジュール副プログラムのみを使う（図 4.2)．必要であればグローバル変数モジュールも利用する．プログラムが小規模で，全体を 1 つのファイルに記述できるのであれば，この形式がよい.
2. 外部副プログラム型：モジュール副プログラムを使用せず，外部副プログラムのみを使用する（図 4.3)．状況に応じて，インターフェイス・モジュールとグローバル変数モジュールを用いる．インターフェイス・モジュールを使わなければ，外部副プログラムの利用形態は従来型となり，機能が限定され[10]，引数の整合に関するチェックが行われないことに注意が必要であるが，コンパイル作業は簡単になる.

---

9) 依存関係を正確に把握できる場合には，必要なファイルのみをコンパイルすればよい.
10) とくに，従来型の外部副プログラムでは**形状引継ぎ配列**を使えないことに注意しよう.

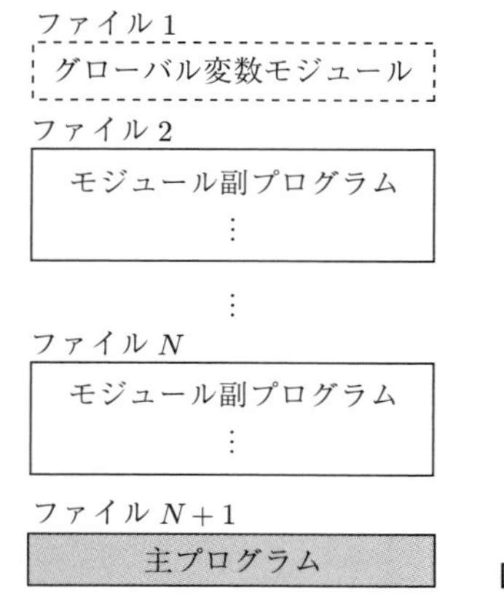

図 4.2 モジュール副プログラム型

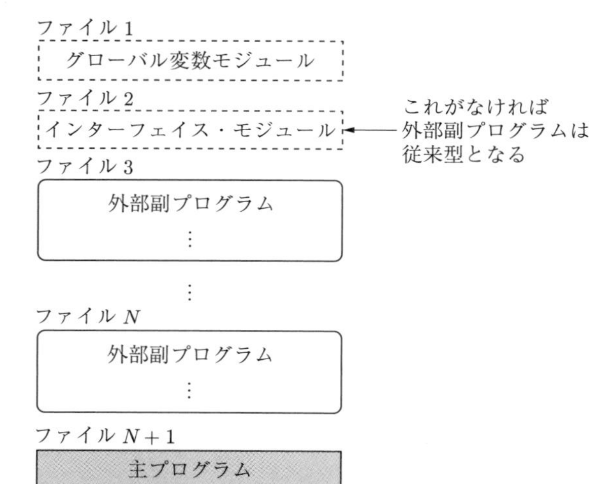

図 4.3 外部副プログラム型

3. 混在型：上記の外部副プログラム型において，モジュール副プログラムを利用する方法（図 4.4）．以下のような工夫を行うと，コンパイルの際の取り扱いが簡単になる．
    - モジュール副プログラムの機能を必要とする副プログラムは，すべてモジュール副プログラムとして記述し，外部副プログラムは従来型とする（この場合にはインターフェイス・モジュールが不要となる）．
    - モジュール副プログラムはなるべく1つのファイルにまとめておく．これらをグローバル変数モジュールと同じファイルに記述する方法も考えられる．
    - 修正の頻度が低い，固定化された演算処理をモジュール副プログラムとし，編集・改良などが進められる処理を外部副プログラムとする．

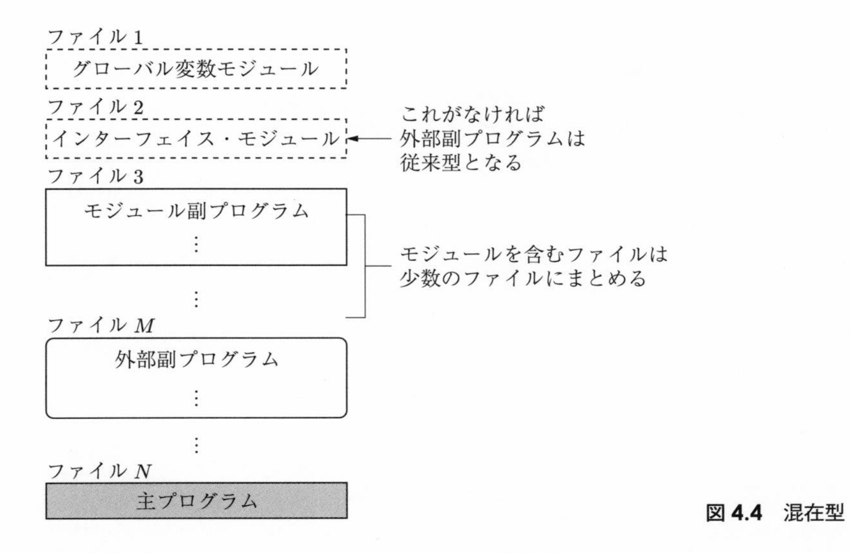

図 4.4 混在型

プログラムが小規模な場合には，**1.** の方法が利用しやすいであろう．一般のある程度規模の大きいプログラムでは，**2.** あるいは **3.** の方法が用いられる場合が多いと思われる．**2.** あるいは **3.** の方法で作られたプログラムをコンパイルする際の補足事項や，make という便利なコマンドを利用する方法は，付録 4 で扱われている．

第5章 ▶ 副プログラムの新機能

本章では，Fortran 90/95 で利用できるようになった，副プログラムのより進んだ機能を解説する．これらの機能は有用なものであり，必要に応じて活用すれば，非常に柔軟なプログラミングが可能となる．

5.1 引数キーワードと optional 属性

3.2.4 項では，実引数と仮引数の並び順序は整合している必要があることを述べた．基本的なプログラミングでは，このような整合がとられた引数の記述を行えばよい．一方，Fortran 90/95 では，**引数キーワード**（argument keywords）と optional **属性**を用いれば，以下の機能を利用することができる．

- 実引数に引数キーワードを付ければ，それらの**並び順序**は任意となる．
- 仮引数に optional 属性を付ければ，呼び出し側でその**実引数を省略**できる．

モジュール副プログラムを用いる場合にはこれらの機能をそのまま利用できるが，外部副プログラムでは，いずれの場合も**インターフェイス・モジュール**を用意する必要がある．これらの機能の利用例を見るため，次の例題を考える．

[例題 5.1] ベクトルを表す倍精度実数型 1 次元配列 v と倍精度実数 norm を与えると，v と同じ方向で大きさが norm のベクトル（倍精度実数型 1 次元配列）を返すモジュール関数を作成せよ．ただし，実引数 norm は省略可能とし，これを省略すると大きさが 1 であるベクトル（単位ベクトル）を返す仕様とせよ．

リスト 5.1 に，プログラム例（モジュール関数のみ）を示す．

リスト 5.1 指定した大きさのベクトルを返すモジュール関数（optional 属性を使用）

```
module subprogs
  implicit none
contains
  function vnorm(vec, norm) result(nvec)
    real(8), intent(in)  :: vec(:)
    real(8), intent(in), optional :: norm ! optional 属性を指定
    real(8) :: nvec(size(vec))
    real(8) vecl, factor
    vecl = dot_product(vec, vec)
    if (present(norm)) then ! 組み込み関数 present により実引数の有無を確認
       factor = norm        ! 実引数 norm があれば，factor を norm とする
```

```
    else
       factor = 1.0d0        ! 実引数 norm がなければ，factor を 1 とする.
    endif
    if (vecl == 0.0d0) then
       nvec(:) = 0.0d0       ! ゼロベクトルの場合
    else
       vecl = factor / sqrt(vecl) ! ベクトルの大きさを
       nvec(:) = vecl * vec(:)    ! factor とする
    endif
  end function vnorm
end module subprogs
```

リスト 5.1 のモジュール関数 vnorm では，仮引数 norm の宣言文で optional 属性を指定している[1)]．このようにすると，呼び出し側で norm に対応する実引数は省略可能となる．この関数内では，次のように組み込み関数 present を使用して，norm に対応する実引数が省略されたかどうかを判定している．

```
    if (present(norm)) then
       factor = norm  ! present が真を返す (実引数が存在する) 場合
    else
       factor = 1.0d0 ! present が偽を返す (実引数が存在しない) 場合
    endif
```

組み込み関数 present は，optional 属性をもつ仮引数に対する実引数が存在する場合には真，存在しないときは偽を返す．上記では，実引数が存在すれば factor にその値を設定し，存在しなければ factor を 1 としている．

このモジュール関数は，次のようにして利用することができる．

```
  use subprogs                              ! module の使用宣言
  real(8) u(100), w(100)
  call random_number(u)
  w(:) = vnorm(u, 3.0d0)                    ! (A) 通常の利用方法
  w(:) = vnorm(vec = u, norm = 3.0d0) ! (B) 引数キーワードを利用
  w(:) = vnorm(norm = 3.0d0, vec = u) ! (C) 引数キーワードを利用
  w(:) = vnorm(u, norm = 3.0d0)             ! (D) 引数キーワードを利用
! w(:) = vnorm(vec = u, 3.0d0)              ! (E) 誤った使用方法
  w(:) = vnorm(u)                           ! (F) 実引数 norm を省略
```

上記の (A) は，**引数の並び順序**が整合する通常の利用方法である．(B) は，引数キーワードを利用する方法である．このように，関数の仮引数の名称をキーワードとして，その後に等号 = を付けて対応する実引数を指定する．引数キーワードを用いる場合には，実引数の並び順は任意となり，(C) のように順序が逆になってもまったく問題ない．また，(D) のように，先行する（左側の）引数は整合した並び順序とし，その後のすべての引数に引数キーワードを付けることもできる．しかし，(E) は誤った使用方法であり，

1) optional 属性は intent 属性と同様，仮引数に対してのみ有効である．

いったん引数キーワードを指定したら，後続する（右側の）実引数にはすべて引数キーワードを付けなければならない．また，(F) は norm に対応する**実引数を省略**する例である．リスト 5.1 に示されるように，仮引数 norm には optional 属性が指定されているので，対応する実引数を省略することができる．(F) では，モジュール関数 vnorm から単位ベクトルが返されることになる．

演習 5.1　3 次元空間中において，異なる 2 つのベクトル $\boldsymbol{a}$，$\boldsymbol{b}$ が与えられたとき（$\boldsymbol{a} \times \boldsymbol{b} \neq \boldsymbol{0}$），$\boldsymbol{a} \times \boldsymbol{b}$ 方向に向かう大きさが α のベクトルを返すモジュールサブルーチンを作れ．実引数として α は省略可能であるとし，α が省略されたときは単位ベクトルを返す仕様とせよ．

上記のように，モジュール副プログラムでは，プログラムを変更することなく引数キーワードを利用できる．また，仮引数に optional 属性を付け，引数が存在しないときの演算処理を加えれば，実引数を省略できる．

一方，外部副プログラムでこれらの機能を利用するには，4.2 節で述べた**インターフェイス・モジュール**を用意する必要がある．次の例題を考える．

[例題 5.2]　次式で定義される $n \times n$ の実行列 A の**最大列和** S_1 あるいは**最大行和** S_2 を求める外部サブルーチンを作成せよ．

$$S_1 = \max_{1 \leq j \leq n} \sum_{i=1}^{n} |a_{i,j}|, \qquad S_2 = \max_{1 \leq i \leq n} \sum_{j=1}^{n} |a_{i,j}| \tag{5.1}$$

A は倍精度実数型の 2 次元配列とし，実引数 S_1 と S_2 はいずれも省略可能とする．

プログラム例をリスト 5.2 に示す．リスト 5.2 には，順にインターフェイス・モジュール，外部サブルーチン matnorm とそれを呼び出す主プログラムが含まれている．matnorm 内では，最大列和 S_1 と最大行和 S_2 を表す仮引数 s1 と s2 には，intent(out) 属性と optional **属性**が設定されている．このため，matnorm を呼び出すときには，s1 あるいは s2 に対応する**実引数を省略**することができる．

リスト 5.2　optional **属性を用いる外部サブルーチンの例**

```
module interface_mod    ! インターフェイス・モジュール
  interface
     subroutine matnorm(smat, s1, s2)
       real(8), intent(in) :: smat(:, :)
       real(8), intent(out), optional :: s1, s2  ! optional 属性
     end subroutine matnorm
  end interface
end module interface_mod

subroutine matnorm(smat, s1, s2)       ! 外部サブルーチン
  implicit none
  real(8), intent(in) :: smat(:, :)   ! 形状引継ぎ配列
```

```
  real(8), intent(out), optional :: s1, s2        ! optional 属性
  real(8) as1(size(smat, 2)), as2(size(smat, 1)) ! 作業用 1 次元配列
  integer i
  if (present(s1)) then  ! 実引数 s1 があれば以下の演算を行う
     do i = 1, size(smat, 2)
        as1(i) = sum(abs(smat(:, i))) ! 各列の行方向の和
     enddo
     s1 = maxval(as1)                 ! 最大値を求める
  endif
  if (present(s2)) then  ! 実引数 s2 があれば以下の演算を行う
     do i = 1, size(smat, 1)
        as2(i) = sum(abs(smat(i, :))) ! 各行の列方向の和
     enddo
     s2 = maxval(as2)                 ! 最大値を求める
  endif
end subroutine matnorm

program main
  use interface_mod      ! インターフェイス・モジュールの使用宣言
  implicit none
  real(8) w1, w2, a(100, 100)
  call random_seed
  call random_number(a)
  call matnorm(a, w1, w2)          ! 通常の呼び出し
  call matnorm(a, w1)              ! 引数を 1 つ省略
  call matnorm(s2 = w2, smat = a) ! 引数キーワードを利用
end program main
```

リスト 5.2 の外部サブルーチン matnorm では，リスト 5.1 の例と同様に，組み込み関数 present を利用して実引数が存在するかどうかを判定し，その結果に応じて s1 あるいは s2 を求める演算を行うか否かを定めている．

リスト 5.2 の主プログラムでは，optional 属性をもつ仮引数に対応する実引数を省略したり，あるいは引数キーワードを用いる呼び出し例が示されている[2)]．なお，**インターフェイス・モジュール**と外部サブルーチンに書かれた仮引数の名称は異なっていてもエラーではない．その場合には，インターフェイス・モジュールに書かれた仮引数の名称が引数キーワードになる．ただし，前章で述べたように，インターフェイス・モジュールと外部サブルーチンに書かれた変数名は一致させておくのがよい．

5.2 再帰呼び出し

副プログラムが直接あるいは間接的に自分自身を呼び出すことを再帰呼び出しといい，この機能を使う副プログラムを**再帰呼び出し副プログラム**（recursive subprogram）と

2) 演算としては意味がないが，s1 と s2 に対応する両方の実引数を省略することも可能．

いう．再帰呼び出しは Fortran 90/95 から利用できるようになった新しい機能である．リスト 5.3 に，整数 n の**階乗** $n!$ を計算するプログラム例を示す．この例では，モジュール副プログラムを使用している．

リスト 5.3　再帰呼び出しにより階乗 $n!$ を計算するプログラム

```
module math_subprogs
  implicit none
contains
  recursive function factorial(n) result(m) ! 再帰呼び出し関数
    integer, intent(in) :: n
    integer m
    if (n <= 1) then
       m = 1
    else
       m = n * factorial(n-1)              ! 自分自身を呼び出す
    endif
  end function factorial
end module math_subprogs

program test_recursive
  use math_subprogs
  implicit none
  integer n, i, k
  write(*, '(a)', advance = 'no') 'input n (0 <= n <= 10): '
  read(*, *) n
  if(n < 0 .or. n > 10) stop 'invalid n, bye'
  ! --- 反復計算により階乗を計算する ---
  k = 1
  do i = 2, n
     k = k * i
  enddo
  write(*, *) 'factorial = ', k
  ! --- 再帰呼び出しにより階乗を計算する ---
  write(*, *) 'factorial = ', factorial(n)
end program test_recursive
```

リスト 5.3 の後半に書かれた主プログラム test_recursive では，整数 n が標準入力から読み込まれ，n が 0 以上 10 以下の場合に階乗 $n!$ が計算される．主プログラムには，do ループを用いて階乗を計算する部分と，再帰呼び出し関数 factorial(n) を利用して階乗を計算する部分が含まれている．いずれも同じ値を出力するが，演算過程は異なることがわかるだろう．

副プログラムを再帰呼び出し副プログラムとするには，この例のように，function あるいは subroutine の前に，recursive という語を付ける．また，3.4 節で述べたように，関数が返す変数 m は，result 句を使い，result(m) と記述する．

リスト 5.3 の再帰呼び出しによる演算過程の概要を図 5.1 に示す．関数 factorial(n) は，仮引数 n が 1 より大きい場合には，

```
        m = n * factorial(n-1)              ! 自分自身を呼び出す
```

という実行文により，仮引数から 1 を減じた値を実引数として，自分自身を呼び出す．この過程を繰り返すと引数の値はしだいに減少し，1 以下となった時点で再帰呼び出しは終了して，関数は初めて 1 を返す．すると，再帰呼び出しの過程とは逆に，関数が返す値を使って演算を行い，その結果を呼び出し元に返すという処理が繰り返され，最初の呼び出しの段階に戻る．なお，関数 factorial(n) が呼び出されるときに，実引数が 0 あるいは 1 であれば再帰呼び出しは行われず，すぐに 1 が返される．

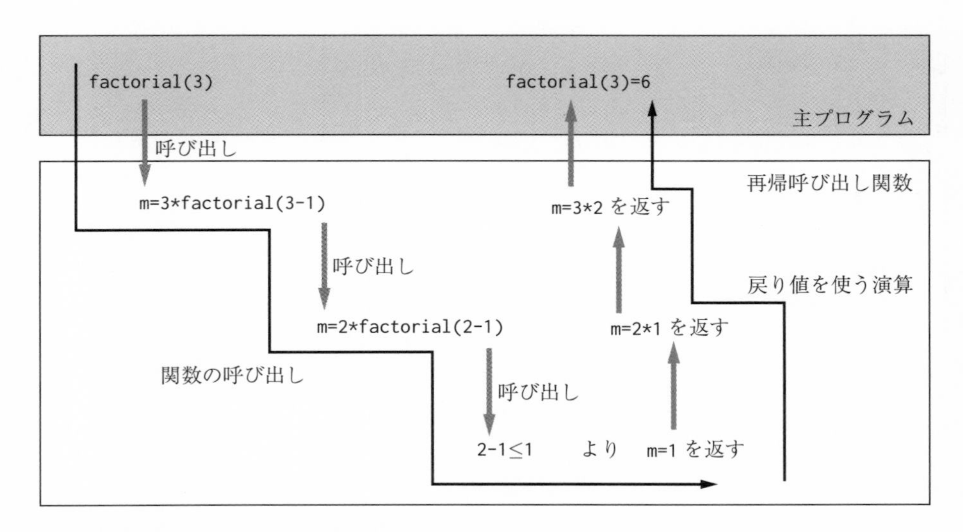

図 5.1 再帰呼び出しによる演算過程の概要

この階乗の計算例のように，do ループを使って表現することがそれほど困難でない問題に対しては，あえて再帰呼び出しを行う副プログラムを作る必要はないかもしれない．しかし，再帰呼び出しが不可欠なアルゴリズムや，再帰呼び出しが計算手順をそのまま再現できる場合には，この機能が役立つだろう3)．リスト 5.4 は，再帰呼び出し関数を使って，**展開の公式**により**行列式**の値を求めるプログラムである．

リスト 5.4 再帰呼び出し関数により行列式の値を求めるプログラム

```
module mat_subprogs
  implicit none
contains
```

3) 一例として，**高速フーリエ変換**（FFT）の一部のアルゴリズムでは再帰呼び出しが用いられている[1]．

```
  recursive function det_mat(a, n) result(det)
    integer, intent(in) :: n        ! n は配列の寸法
    real(8), intent(in) :: a(n, n) ! 形状明示仮配列を利用
    real(8) det, b(n-1, n-1)        ! det は関数が返す変数，b は小行列
    integer i
    if (n > 1) then
       det = 0.0d0
       ! --- 展開の公式により，第 1 列で展開して行列式を計算 ---
       do i = 1, n
          ! --- a の i 行と 1 列を除く小行列 b を作る ---
          b(1:i-1, 1:n-1) = a(1   :i-1, 2:n)
          b(i:n-1, 1:n-1) = a(i+1:n   , 2:n)
          det = det + (-1.0d0) ** (i + 1) &      ! |b|を計算する
                    * a(i, 1) * det_mat(b, n-1) ! 再帰呼び出し
       enddo
    else
       det = a(1, 1)          ! 1 x 1 行列の場合はその要素を返す
    endif
  end function det_mat
end module mat_subprogs

program cal_det
  use mat_subprogs                         ! モジュール使用宣言
  implicit none
  integer, parameter :: n = 5
  real(8) a(n, n)
  ! ... 配列 a の要素の値を設定
  write(*, *) 'det = ', det_mat(a, n) ! 関数の呼び出し
end program cal_det
```

第 j 列で展開する展開の公式では，$n \times n$ 行列 A の第 i 行と第 j 列を取り除いた $(n-1) \times (n-1)$ 行列の行列式 $|A_{i,j}|$ を利用して，次式より行列式 $|A|$ を求める．

$$|A| = \sum_{i=1}^{n} (-1)^{i+j} a_{i,j} |A_{i,j}| \tag{5.2}$$

リスト 5.4 の関数 det_mat では，展開を第 1 列で行い，仮配列から第 i 行と第 1 列を取り除いたひとまわり小さい行列として，その行列式を再帰呼び出しにより求めている．仮配列 a が 1×1 行列となった時点で再帰呼び出しが終了し，逆の過程を辿ることにより，最初の呼び出し段階における行列式が計算される．

リスト 5.4 の関数 det_mat では，仮配列 a の第 i 行と第 1 列を取り除いた配列 b を作るために，次のように部分配列を利用している．

```
b(1:i-1, 1:n-1) = a(1   :i-1, 2:n)
b(i:n-1, 1:n-1) = a(i+1:n   , 2:n)
```

これと同じ演算は do ループにより記述することも可能であるが，**部分配列**を利用すると，このようにプログラムを簡潔に書くことができる．

以上のプログラム例では，モジュール副プログラムが用いられたが，外部副プログラムを用いて同様の再帰呼び出しを行うことも可能である．その場合には，再帰呼び出し外部副プログラムに対して**インターフェイス・モジュール**を作成する．このインターフェイス・モジュールの使用宣言は，呼び出し側のプログラム単位のみで行えばよく，再帰呼び出し外部副プログラム内では，使用宣言は不要である．

演習 5.2 形状引継ぎ配列を用いてリスト 5.4 のプログラムを記述せよ．

演習 5.3 演習 3.24 に示された行列式の性質を確かめるプログラムを，リスト 5.4 の関数を用いて作成せよ．n 次の正方行列（$1 \leq n \leq 10$）を扱えるようにすること．

演習 5.4 第 i 行で展開する次の**展開の公式**を利用して，第 1 行で展開を行うことにより行列式 $|A|$ を求める再帰呼び出し副プログラムを作成せよ．

$$|A| = \sum_{j=1}^{n} (-1)^{i+j} a_{i,j} |A_{i,j}| \tag{5.3}$$

5.3 総称名

従来の FORTRAN 77 では，たとえば変数の絶対値を組み込み関数を利用して求める場合には，引数が整数型のときには iabs，倍精度実数型のときには dabs というように，関数を使い分ける必要があった．このように，処理の内容は同じでも，引数の型が異なる場合には，異なる組み込み関数を使う必要があった．

これに対して，Fortran 90/95 では引数の型が異なっていても（たとえ複素数型であっても），abs という同じ名称の関数を使用することができる．これは，abs が実行文中で使用されたときに，引数の型や種別を判断して，それに対応する個別の関数（iabs，dabs など）が呼び出される仕組みがあるためである．この場合の abs という，関数全体を表す名称を**総称名**（generic name）といい，iabs，dabs などの個々の関数名を**個別名**（specific name）という．Fortran 90/95 で用意されている多くの組み込み手続きは，引数の型に関係なく，総称名を用いることができる（付録 2 参照）．なお，従来どおり引数の型に応じて個別名を使用することも可能である．

5.3.1 モジュール副プログラムに対する総称名

このような総称名をもつ副プログラムをユーザが作成することも可能である．その具体例を以下に示す．数値計算を行う場合には，本書のいくつかの例で示されたように，計算パラメータをプログラム中に書き込むのではなく，入力ファイルに書いておいて，それを読み込むという方法をとることが多い．そこで，次のような内容の入力ファイル sample.d を読み込むプログラムを考える．

```
1000
10      20
1.0d-3
9.8d0
```

プログラム例をリスト 5.5 に示す．

リスト 5.5　総称名を利用するモジュールサブルーチン

```
module file_mod
  implicit none
  interface read_file_data  ! interface 文の後に総称名を書く
     module procedure &
        read_file_idata, &  ! 個別名 (総称名が参照された場合,
        read_file_i2data, & ! 個別名  これらの個別名のうち
        read_file_ddata     ! 個別名  適切なものが呼び出される)
  end interface
contains            ! contains 文の後に個別名の副プログラムをすべて書く
  subroutine read_file_idata(fno, title, ivar) ! 引数は整数型
    character(*), intent(in) :: title
    integer, intent(in) :: fno
    integer, intent(out) :: ivar
    read(fno, *) ivar
    write(*, *) title, ivar
  end subroutine read_file_idata

  subroutine read_file_i2data(fno, title, ivar1, ivar2)
    character(*), intent(in) :: title
    integer, intent(in) :: fno
    integer, intent(out) :: ivar1, ivar2        ! 整数型引数が 2 個
    read(fno, *) ivar1, ivar2
    write(*, *) title, ivar1, ivar2
  end subroutine read_file_i2data

  subroutine read_file_ddata(fno, title, dvar) ! 引数は倍精度実数型
    character(*), intent(in) :: title
    integer, intent(in) :: fno
    real(8), intent(out) :: dvar
    read(fno, *) dvar
    write(*, *) title, dvar
  end subroutine read_file_ddata
end module file_mod
```

リスト 5.5 は，総称名と個別名を関連づける**インターフェイス・ブロック**と，個別名に対応する副プログラムを contains 文の後に記述したモジュールを表している．総称名を持つモジュール副プログラムを作成する場合には，この例のように，モジュール内にインターフェイス・ブロックと副プログラムをまとめて書くとよい．

総称名を利用する場合のインターフェイス・ブロックでは，上記のように，interface **文**の後に総称名を書き，個別名を module procedure **文**の後にカンマで区切って書き並

べる．そして，contains 文以下に個別名をもつ副プログラムを記述すればよい．

このサブルーチンを呼び出す主プログラムの例は，次のようになる．

リスト 5.6 総称名を呼び出す主プログラムの例

```
program read_data
  use file_mod                                   ! モジュールの使用宣言
  implicit none
  integer :: fno = 10, nstep, n1, n2
  real(8) dt, grav
  open(fno, file = 'sample.d')
  call read_file_data(fno, 'nstep  = ', nstep)  ! 整数型の引数
  call read_file_data(fno, 'n1, n2 = ', n1, n2) ! 2 個の整数型の引数
  call read_file_data(fno, 'dt     = ', dt)     ! 倍精度実数型の引数
  call read_file_data(fno, 'grav   = ', grav)   ! 倍精度実数型の引数
end program read_data
```

リスト 5.6 のように引数の型や個数が異なっていても，同一の総称名を呼び出せば，引数に対応する個別のサブルーチンが自動的に使われて問題なく動作する．このプログラムの実行結果は，次のようになる．

```
 nstep  =          1000
 n1, n2 =            10          20
 dt     =    1.000000000000000E-003
 grav   =     9.80000000000000
```

以上のような総称名を利用するモジュールサブルーチンの記述形式をまとめると，次のようになる．総称名を利用するモジュール関数も，同様に記述される．

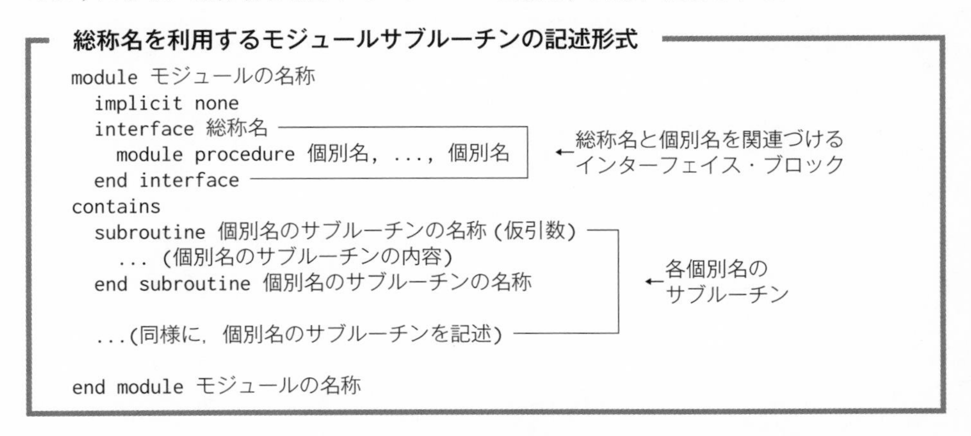

なお，当然ではあるが，個別名の副プログラムに対応しない引数が用いられると，エラーが表示される．たとえば，上記の例では，単精度実数を引数とする個別の副プログラムは用意されていないので，次のようなサブルーチンの呼び出しは誤りとなる．

```
real grav                                    ! gravは単精度実数
...
call read_file_data(fno, 'grav   = ', grav) ! 誤り
```

上記の誤りは，コンパイルの段階で検出され，エラーが表示される．

5.3.2　外部副プログラムに対する総称名

前項では，総称名の機能をもつモジュール副プログラムの例を示した．これに対して，外部副プログラムで総称名の機能を利用するには，interface **文**の後に総称名が書かれた**インターフェイス・ブロック**を用意すればよい．その例をリスト5.7に示す．

リスト5.7　総称名を利用する外部副プログラムのインターフェイス・モジュール

```
module exsubp_gname_interface ! インターフェイス・モジュール
  interface ex_read_file_data ! これが外部副プログラムの総称名
     ! --- 以下に個別の外部副プログラムの引数仕様を書く ---
     subroutine read_file_idata(fno, title, ivar)
       character(*), intent(in) :: title
       integer, intent(in) :: fno
       integer, intent(out) :: ivar
     end subroutine read_file_idata

     subroutine read_file_i2data(fno, title, ivar1, ivar2)
       character(*), intent(in) :: title
       integer, intent(in) :: fno
       integer, intent(out) :: ivar1, ivar2
     end subroutine read_file_i2data

     subroutine read_file_ddata(fno, title, dvar)
       character(*), intent(in) :: title
       integer, intent(in) :: fno
       real(8), intent(out) :: dvar
     end subroutine read_file_ddata
  end interface
end module exsubp_gname_interface
```

リスト5.7では，インターフェイス・ブロックをモジュール内に記述し，**インターフェイス・モジュール**としている．interface 文の後に総称名 ex_read_file_data が書かれている点が，第4章で扱われたインターフェイス・モジュールとは異なる．総称名を利用する場合には，このように総称名を伴う interface 文と end interface 文との間に，個別の外部副プログラムの引数仕様を書く．このインターフェイス・モジュールでは引数仕様のみが記述されるので，implicit none 宣言は省略可能である．

これらをまとめると，外部サブルーチンに対して総称名を利用する場合のインターフェイス・モジュールは，以下のような記述形式となる．総称名を利用する外部関数に対するインターフェイス・モジュールも同様に記述される．

総称名を用いる外部サブルーチンのインターフェイス・モジュール

```
module モジュールの名称
  interface 総称名
    subroutine 個別の外部サブルーチンの名称 (仮引数)
      引数の宣言文
    end subroutine 個別の外部サブルーチンの名称

    ...(同様の個別の外部サブルーチンに関する記述)

  end interface
end module モジュールの名称
```

個別名に対応する外部サブルーチンは，リスト 5.5 のモジュール内部に書かれた各サブルーチンをモジュールの外に出したものとなる．それぞれの外部サブルーチン内で implicit none 宣言が行われることを除けば，それらの内容はリスト 5.5 と同様である．

また，これらの外部副プログラムを総称名で呼び出すプログラム単位側では，インターフェイス・モジュール exsubp_gname_interface の使用宣言を行う．リスト 5.6 の主プログラムの場合には，use file_mod の代わりに，use exsubp_gname_interface と記述し，exsubp_gname_interface に書かれた総称名 ex_read_file_data を呼び出すように変更すればよい．すると，引数の型や個数が異なっていても，同一の総称名を使うことにより，処理は正常に行われる．

演習 5.5 行列を表す 2 次元配列の要素を出力するサブルーチンとして，リスト 3.7 の print_mat やリスト 3.17 の print_imat などが示された．総称名を利用して，引数となる 2 次元配列が倍精度実数型，基本整数型のいずれであっても各要素の出力が行われるサブルーチンを作成せよ．形状明示仮配列および形状引継ぎ配列のいずれにも対応できるようにするとともに，演習 3.27 のように，引数に文字列が加えられる場合には，それを表示できるようにしてみよう．

第 6 章 ▶ 数値計算への応用

6.1 連立 1 次方程式の直接解法

6.1.1 連立 1 次方程式の行列表示

未知数 x_i が n 個あり，方程式が n 本ある次の**連立 1 次方程式**

$$\begin{matrix} a_{1,1}x_1 + \cdots + a_{1,n}x_n = b_1 \\ \vdots \quad \ddots \quad \vdots \quad \vdots \\ a_{n,1}x_1 + \cdots + a_{n,n}x_n = b_n \end{matrix} \tag{6.1}$$

の解を求める問題を考える．この連立 1 次方程式は，$n \times n$ 行列 A と，要素数が n である列ベクトル $\boldsymbol{x}$，$\boldsymbol{b}$ を用いて，次のように表すことができる．

$$A\boldsymbol{x} = \boldsymbol{b} \tag{6.2}$$

ここに，

$$A = \begin{pmatrix} a_{1,1} & \cdots & a_{1,n} \\ \vdots & \ddots & \vdots \\ a_{n,1} & \cdots & a_{n,n} \end{pmatrix}, \quad \boldsymbol{x} = \begin{pmatrix} x_1 \\ \vdots \\ x_n \end{pmatrix}, \quad \boldsymbol{b} = \begin{pmatrix} b_1 \\ \vdots \\ b_n \end{pmatrix} \tag{6.3}$$

行列 A の要素は連立 1 次方程式の係数となっているので，A を**係数行列**，また $\boldsymbol{b}$ を**右辺ベクトル**という．以下では，行列 A と右辺ベクトル $\boldsymbol{b}$ の要素は実数とし，A は**正則行列**であるとする．さらに，自明な解 $\boldsymbol{x} = \boldsymbol{0}$ を除外するため，$\boldsymbol{b} \neq \boldsymbol{0}$ とする[1)]．

6.1.2 ガウス－ジョルダン法の計算手順

本節では，**直接解法**とよばれる手法を用いて，式 (6.2) の数値解を求めるプログラムを作成する[2)]．最初に，代表的な直接解法の 1 つである**ガウス－ジョルダン**（Gauss–Jordan）**法**の計算手順と，そのプログラムを作成する方法を示す．簡単な例として，係数行列が 3×3 行列である次の連立 1 次方程式を考える．また，以下の演算過程では，係数行列の対角要素は 0 にならないと仮定する．

1）A^{-1} が存在して，$\boldsymbol{b} = \boldsymbol{0}$ のときは，$\boldsymbol{x}$ は自明な解 $\boldsymbol{x} = A^{-1}\boldsymbol{b} = \boldsymbol{0}$ となる．

2）直接解法は，未知変数が少ない問題（PC の性能にもよるが，たとえば 100 個以下程度）で有効である．

$$
\begin{aligned}
a_{1,1}x_1 + a_{1,2}x_2 + a_{1,3}x_3 &= b_1 \\
a_{2,1}x_1 + a_{2,2}x_2 + a_{2,3}x_3 &= b_2 \\
a_{3,1}x_1 + a_{3,2}x_2 + a_{3,3}x_3 &= b_3
\end{aligned}
\tag{6.4}
$$

筆算で解を求める過程を考えてみよう．まず1本目の方程式を $1/a_{1,1}$ 倍して，次式のように変形する．この演算における $a_{1,1}$ を，**ピボット**（pivot）という．

$$
\begin{aligned}
x_1 \quad + {a'}_{1,2}x_2 + {a'}_{1,3}x_3 &= {b'}_1 \\
a_{2,1}x_1 + a_{2,2}x_2 + a_{2,3}x_3 &= b_2 \\
a_{3,1}x_1 + a_{3,2}x_2 + a_{3,3}x_3 &= b_3
\end{aligned}
\tag{6.5}
$$

ここで，記号「$'$」は演算の影響を1回受けていることを表す[3]．次に，1本目の方程式全体を $a_{2,1}$ 倍して，2本目から引く．さらに，1本目の方程式を $a_{3,1}$ 倍して，3本目から引けば，次のような結果が得られる．

$$
\begin{aligned}
x_1 + {a'}_{1,2}x_2 + {a'}_{1,3}x_3 &= {b'}_1 \\
0 + {a'}_{2,2}x_2 + {a'}_{2,3}x_3 &= {b'}_2 \\
0 + {a'}_{3,2}x_2 + {a'}_{3,3}x_3 &= {b'}_3
\end{aligned}
\tag{6.6}
$$

今度は，${a'}_{2,2}$ をピボットとして同様の演算を行い，次のように変形する．

$$
\begin{aligned}
x_1 + 0 + {a''}_{1,3}x_3 &= {b''}_1 \\
0 + x_2 + {a''}_{2,3}x_3 &= {b''}_2 \\
0 + 0 + {a''}_{3,3}x_3 &= {b''}_3
\end{aligned}
\tag{6.7}
$$

ここで，記号「$''$」は演算の影響を2回受けたことを表す．そして，最後に ${a''}_{3,3}$ をピボットとして次のように変形する．

$$
\begin{aligned}
x_1 + 0 + 0 &= {b'''}_1 \\
0 + x_2 + 0 &= {b'''}_2 \\
0 + 0 + x_3 &= {b'''}_3
\end{aligned}
\tag{6.8}
$$

以上の結果，演算の影響を3回受けた ${b'''}_i$ が x_i の解となっていることがわかる（$i = 1, 2, 3$）．

6.1.3 ガウス－ジョルダン法のプログラム

それでは，上記の演算をそのまま計算機に行わせるプログラムを作ってみよう．ただし，演算過程でピボットが0となる場合には，0による除算を防ぐために，stop 文を

3) 対角要素が1であったり，$'$ が付いた要素が0であるときには元と同じ値だが，通常は値が変化する．

使って計算を停止させることとする．リスト6.1に，係数行列 A と右辺ベクトル $\boldsymbol{b}$ に乱数を設定し，解 $\boldsymbol{x}$ を求めるプログラム例を示す．

リスト 6.1　ガウス－ジョルダン法により解を求めるモジュールサブルーチン

```
module subprogs
  implicit none
contains
  subroutine gauss_jordan(a0, x, b, n)
    ! --- ガウス－ジョルダン法 (部分 pivot 選択なし) ---
    integer, intent(in)  :: n                 ! 配列の寸法
    real(8), intent(in)  :: a0(n, n), b(n) ! 形状明示仮配列
    real(8), intent(out) :: x(n)            ! 形状明示仮配列
    integer i, k
    real(8) ar, a(n, n)  ! a は作業用の自動割付け配列
    a(:, :) = a0(:, :)   ! 係数行列 a0 を a にコピー
    x(:)    = b(:)       ! 右辺ベクトル b を x にコピー
    do k = 1, n
       if (a(k, k) == 0.0d0) stop 'pivot = 0' ! pivot が 0 なら停止する
       ar = 1.0d0 / a(k, k)             ! ar は対角成分の逆数
       a(k, k)     = 1.0d0              ! 対角成分に 1 を設定
       a(k, k+1:n) = ar * a(k, k+1:n) ! k 行の k+1 列から n 列に ar を乗ずる
       x(k)        = ar * x(k)          ! k 行の右辺要素にも ar を乗ずる
       do i = 1, n
          if (i /= k) then  ! i 行の k 列から n 列の要素と x(i) に対する演算
             a(i, k+1:n) = a(i, k+1:n) - a(i, k) * a(k, k+1:n)
             x(i)        = x(i)        - a(i, k) * x(k)
             a(i, k    ) = 0.0d0
          endif
       enddo
    enddo
  end subroutine gauss_jordan

  subroutine set_random_ab(a, b, x, n)
    ! n を取得し a,b,x を割り付け，a と b に乱数を設定 (内容は省略)
  end subroutine set_random_ab
end module subprogs

program main
  use subprogs
  implicit none
  real(8), allocatable :: a(:, :), b(:), x(:), r(:)
  integer n
  call set_random_ab(a, b, x, n) ! n を取得;a,b,x を割り付け;a と b に乱数を設定
  call gauss_jordan(a, x, b, n)  ! ガウス－ジョルダン法
  allocate (r(n))                ! 残差ベクトルの内積 (要素の 2 乗和) を出力
  r(:) = b(:) - matmul(a, x)
  write(*, *) 'Gauss-Jordan error = ', dot_product(r, r)
  deallocate(a, b, x)
end program main
```

リスト 6.1 には，ガウス－ジョルダン法により連立 1 次方程式の解を求めるモジュールサブルーチン gauss_jordan と，それを呼び出す主プログラムが含まれている．配列の寸法 n を取得し，配列 a，b，x の割付けと a と b の要素に疑似乱数を設定するサブルーチン set_random_ab の内容は省略したが，リスト 3.14 のサブルーチン allocate_rmat などを参考にすれば容易に作成できるだろう4)．

サブルーチン gauss_jordan の演算内容を確認してみよう．サブルーチン内の do k = ... のループ内の前半では，係数行列 a と右辺ベクトル b の k 行（ピボット行）の要素にピボット a(k, k) の逆数を乗ずる演算が行われている．後半の do i = ... のループでは，a の k 行を除く i 行の k 列から n 列までの要素と，右辺ベクトルに対する演算が行われる．なお，最終的には右辺ベクトルが解に変換されることがわかっているので，最初に右辺ベクトル b を x にコピーして，x を右辺ベクトルとして使用している．また，すでに 0 となっている係数行列の要素，すなわち i 行の 1 列から k-1 列の要素は計算対象としていない．

ガウス－ジョルダン法の計算手順で示されたように，係数行列 A と右辺ベクトル $\boldsymbol{b}$ は演算過程で書き換えられてしまうので，gauss_jordan では，最初に局所配列変数 a に仮配列 a0 の内容をコピーして，以降の演算では a を使用している．また，上記のように，右辺ベクトル b は x にコピーされて用いられるので，b に対する演算は行われない．以上の結果，サブルーチン gauss_jordan を呼び出す主プログラム側では，呼び出しの前後で係数行列と右辺ベクトルは変化せず（intent(in) 属性を付けている），得られた数値解の検算や，ほかの処理にそれらを継続して利用することができる5)．

主プログラムの主な内容は，モジュール subprogs に含まれる 2 つのサブルーチンの呼び出しと，得られた数値解の検算である．サブルーチンの呼び出しについてはとくに問題はないであろう．数値解 $\bar{\boldsymbol{x}}$ の検算を行うためには，残差ベクトル $\boldsymbol{r} = \boldsymbol{b} - A\bar{\boldsymbol{x}}$ の要素が 0 に十分近いことを確認すればよい．**残差ベクトル** $\boldsymbol{r}$ の各要素の値を出力してもよいが，リスト 6.1 では各要素の 2 乗和，すなわち $\boldsymbol{r}$ の内積を組み込み関数 dot_product を用いて計算し，その結果を出力している．この値が 0 に十分近ければ，適切な数値解が得られていることになる．

6.1.4 ガウスの消去法

連立 1 次方程式の数値解を求めるための代表的な直接解法として，**ガウスの消去法**（Gaussian elimination）がある．この方法では，最初に係数行列を対角要素よりも左

4) プログラム作成時には，演習 3.27 などで作成した行列出力サブルーチンにより動作確認を行うとよい．

5) ただし，この方法では局所配列変数 a を割り付けるメモリ領域が必要となり，さらに a0 を a にコピーするための計算負荷が生ずるので，メモリ容量や計算時間を重視する場合には，呼び出し後に係数行列や右辺ベクトルが書き換えられてしまうプログラムとしてもよい．

下が 0 である**上三角行列**とし（**前進消去**），次に上三角行列の最下行から上の行に向かって順に方程式を解いていく処理（**後退代入**）を行って数値解を求める．

ガウス－ジョルダン法と同様に，係数行列が 3×3 行列である式 (6.4) の連立 1 次方程式を例として考えよう．演算過程では，係数行列の対角要素は 0 にならないと仮定する．以下のように，第 2 行目以下の行の第 1 列にある要素を 0 とするところまではガウス－ジョルダン法と同様である．

$$
\begin{aligned}
x_1 + a'_{1,2}x_2 + a'_{1,3}x_3 &= b'_1 \\
0 + a'_{2,2}x_2 + a'_{2,3}x_3 &= b'_2 \\
0 + a'_{3,2}x_2 + a'_{3,3}x_3 &= b'_3
\end{aligned}
\tag{6.9}
$$

次に，$a'_{2,2}$ をピボットとして，ガウス－ジョルダン法と同様の演算を行うが，ピボット行より下にある行（ここでは第 3 行のみ）を計算対象として，それらの行のピボット列（ここでは第 2 列）を 0 とする処理を行う．その結果，次のように変形される．

$$
\begin{aligned}
x_1 + a'_{1,2}x_2 + a'_{1,3}x_3 &= b'_1 \\
0 + \quad x_2 \quad + a''_{2,3}x_3 &= b''_2 \\
0 + \quad 0 \quad + a''_{3,3}x_3 &= b''_3
\end{aligned}
\tag{6.10}
$$

最後に，最下行では，対角要素の係数 $a''_{3,3}$ により方程式を除する演算を行う．

$$
\begin{aligned}
x_1 + a'_{1,2}x_2 + a'_{1,3}x_3 &= b'_1 \\
0 + \quad x_2 \quad + a''_{2,3}x_3 &= b''_2 \\
0 + \quad 0 \quad + \quad x_3 \quad &= b'''_3
\end{aligned}
\tag{6.11}
$$

以上の演算が前進消去であり，係数行列は対角要素が 1 である上三角行列となった．

連立 1 次方程式が式 (6.11) のように表されれば，容易に解を求めることができる．すなわち，式 (6.11) の最下行（第 3 行）では，x_3 の解はすでに b'''_3 として得られている．次に，1 つ上の i 行（ここでは第 2 行）に移り，次の関係を用いて解を求める．

$$
x_i = b_i - \sum_{j=i+1}^{n} a_{i,j}x_j \tag{6.12}
$$

x_j（$j = i+1, \ldots, n$）は既知であるので，式 (6.12) により解 x_i を計算することができる．これと同様の処理を順に $i-1, i-2, \ldots, 1$ 行に対して行えば，すべての解が得られる．以上のようにして，係数行列が上三角行列となっているときに，最下行にある方程式から順に上の行に向かって解を求めていく演算を後退代入という．

演習 6.1　リスト 6.1 のガウス－ジョルダン法のプログラムを参考にして，上記のガウスの消去法を行うサブルーチンを作成し，動作を確認せよ．

6.1.5 ガウス－ジョルダン法とガウスの消去法の比較

計算過程でピボットが0にならなければ，上記のガウス－ジョルダン法あるいはガウスの消去法により連立1次方程式の数値解が求められる．ガウス－ジョルダン法のほうが計算手順は簡単に見えるが，実際にはこの方法はガウスの消去法の約1.5倍の**計算時間**がかかる．この理由は，以下のとおりである．まず，計算機では和あるいは差を求める演算よりも，乗除を行う演算のほうが多くの計算時間を必要とする．乗除演算の回数をカウントしてみると，ガウス－ジョルダン法では約$n^3/2$回，ガウスの消去法では約$n^3/3$回である．未知数の数nが大きくなると，両者の比は3/2に近づき，計算時間の比も同様の値となる．

演習 6.2 時刻を取得する組み込みサブルーチン cpu_time を使用して（リスト2.10参照），各解法の**計算時間**を計測して比較せよ．未知変数の数 n をやや大きめにすると，計算時間の差が明瞭になる．

6.1.6 部分ピボット選択

これまでに扱った解法では，計算過程でピボットが0にならないことを仮定した．ピボットが0あるいは0に近い値となる場合に，0による除算や計算精度の低下を防ぐため，部分ピボット選択という処理を加えよう．

ピボットが$a_{k,k}$であるとき，$a_{k,k}$とそれより下の行にある同じ列の要素，すなわち$a_{k,k}, a_{k+1,k}, \ldots, a_{n,k}$の中から絶対値が最大となる要素$a_{m,k}$を探す．そして，$m \neq k$であれば，$k$行と$m$行を右辺ベクトルの要素も含めてすべて入れ替えてしまう．連立1次方程式を構成する2つの方程式を入れ替えても，解は変わらない．このような行の交換を行う操作を，**部分ピボット選択**（partial pivoting）という[6]．なお，部分ピボット選択を行ってもピボットが0となる場合は，係数行列は正則ではないので（**特異行列**），ここで扱うプログラムでは演算を停止させることとする．

この部分ピボット選択を加えた**ガウス－ジョルダン法**のサブルーチンは，リスト6.2のようになる．

リスト 6.2 部分ピボット選択を行うガウス－ジョルダン法のサブルーチン

```
subroutine gauss_jordan_pv(a0, x, b, n)
  ! --- ガウス－ジョルダン法 (部分 pivot 選択あり) ---
  integer, intent(in)  :: n                    ! 配列の寸法
  real(8), intent(in)  :: a0(n, n), b(n) ! 形状明示仮配列
  real(8), intent(out) :: x(n)                 ! 形状明示仮配列
  integer i, k, m
  real(8) ar, am, t, a(n, n), w(n)   ! a,w は作業用の自動割付け配列
```

6) これに対して，列方向にもピボットの候補を探す方法を**完全ピボット選択**（complete pivoting）という．普通の計算では，部分ピボット選択で十分であるので，本書では完全ピボット選択は扱わない．

```
    a(:, :) = a0(:, :)   ! 係数行列 a0 を a にコピー
    x(:)    = b(:)       ! 右辺ベクトルを x にコピー
    do k = 1, n
       ! --- 部分 pivot 選択
       m = k
       am = abs(a(k, k))
       do i = k + 1, n   ! a(i, k) の絶対値が最大となる m 行を探す
          if (abs(a(i, k)) > am) then
             am = abs(a(i, k))
             m = i
          endif
       enddo
       if (am == 0.0d0) stop 'A is singular' ! A が特異なら停止
       if (k /= m) then  ! k 行と m 行の入れ替え
          w(   k:n) = a(k, k:n)
          a(k, k:n) = a(m, k:n)
          a(m, k:n) = w(   k:n)
          t    = x(k)
          x(k) = x(m)
          x(m) = t
       endif
       ! --- 以下は通常のガウス－ジョルダン法の演算
       ar = 1.0d0 / a(k, k)             ! ar は対角成分の逆数
       a(k, k)      = 1.0d0             ! 対角成分に 1 を設定
       a(k, k+1:n) = ar * a(k, k+1:n) ! k 行の k+1 列から n 列に ar を乗ずる
       x(k)         = ar * x(k)         ! k 行の右辺要素にも ar を乗ずる
       do i = 1, n
          if (i /= k) then     ! i 行の k から n 列の要素と x(i) に対する演算
             a(i, k+1:n) = a(i, k+1:n) - a(i, k) * a(k, k+1:n)
             x(i)        = x(i)        - a(i, k) * x(k)
             a(i, k    ) = 0.0d0
          endif
       enddo
    enddo
 end subroutine gauss_jordan_pv
```

上記の部分ピボット選択では，係数行列 a の 2 行と右辺ベクトル b の 2 要素が入れ替えられる．単位行列にこれと同様の行の入れ替えを行って得られる行列 P を**置換行列**という．部分ピボット選択が行われた連立 1 次方程式は，置換行列 P を元の方程式に左から乗じたものに相当している[7]．すなわち，次の方程式が扱われることになる．

$$PA\boldsymbol{x} = P\boldsymbol{b} \tag{6.13}$$

たとえば，A が 3×3 行列の場合に，A が $[\boldsymbol{a}_1, \boldsymbol{a}_2, \boldsymbol{a}_3]^T$ と 3 つの行ベクトルを用いて表されるとする．部分ピボット選択により，A の第 1 行と第 2 行が入れ替えられたと

7)　**置換行列**は**直交行列**であり，$P^{-1} = P^T$ という関係がある．

すると，これは A に次のような置換行列 P を作用させたことに相当する．

$$PA = \begin{bmatrix} 0 & 1 & 0 \\ 1 & 0 & 0 \\ 0 & 0 & 1 \end{bmatrix} \begin{bmatrix} \boldsymbol{a}_1 \\ \boldsymbol{a}_2 \\ \boldsymbol{a}_3 \end{bmatrix} = \begin{bmatrix} \boldsymbol{a}_2 \\ \boldsymbol{a}_1 \\ \boldsymbol{a}_3 \end{bmatrix} \tag{6.14}$$

P は，単位行列の 1 行と 2 行を入れ替えた行列となっている．

式 (6.13) より，解 $\boldsymbol{x}$ について次の関係が得られる．

$$\boldsymbol{x} = (PA)^{-1}P\boldsymbol{b} = A^{-1}P^{-1}P\boldsymbol{b} = A^{-1}\boldsymbol{b} \tag{6.15}$$

したがって，解を求める過程で部分ピボット選択が行われても，最終的に得られた解 $\boldsymbol{x}$ の要素を入れ替える必要はなく，それは元の連立 1 次方程式の解となっている．

演習 6.3 リスト 6.2 の全体のプログラムを完成させて，動作を確認せよ．計算の途中でピボットが 0 となるような係数行列（多くの要素が 0 である疎行列など）を用いる場合でも，係数行列が正則であれば正しく解が求められることを確かめよ．

演習 6.4 演習 6.1 で作成したガウスの消去法のサブルーチンに，部分ピボット選択を行う処理を加えて，動作を確認せよ．

6.1.7 逆行列の計算

部分ピボット選択を伴うガウス－ジョルダン法の演算過程は，連立 1 次方程式の係数行列 A の右隣に右辺ベクトル $\boldsymbol{b}$ を並べて記述した n 行 $n+1$ 列の行列 $(A, \boldsymbol{b})$ に，演習 3.29 の**基本変形行列** $P_{i,j}^c$，$Q_{i,j}^c$，$R_{i,j}$ を左から乗ずる過程と考えることができる．この行列 $(A, \boldsymbol{b})$ は**拡張係数行列**とよばれる．基本変形行列を作用させた結果，拡張係数行列 $(A, \boldsymbol{b})$ は，最終的に $(I, A^{-1}\boldsymbol{b}) = (I, \boldsymbol{x})$ と変換されたことになる．すなわち，このときの基本変形行列の積は，A^{-1} に相当している．

このことを利用すると，A^{-1} を求めることができる．拡張係数行列 $(A, \boldsymbol{b})$ の代わりに，A の右側に単位行列を並べて書いた (A, I) という $n \times 2n$ 行列を用意する．そして，これに先ほどのガウス－ジョルダン法とまったく同じ演算を施すと，今度は (I, A^{-1}) という変換結果が得られることになり，計算終了時には，拡張係数行列の右側の $n \times n$ の部分に逆行列が格納されている．

演習 6.5 上記のように，n 行 $2n$ 列の拡張係数行列 (A, I) にガウス－ジョルダン法を適用して，逆行列を求めるプログラムを作成せよ．

演習 6.6 係数行列は不変で，右辺ベクトルだけが m 種類変化する場合に，それぞれの解 $\boldsymbol{x}$ を一度に求めるプログラムを作成せよ．$B = (\boldsymbol{b}_1, \boldsymbol{b}_2, \ldots, \boldsymbol{b}_m)$ とするとき，係数行列の右側に行列 B を並べた $n \times (n+m)$ の拡張係数行列 (A, B) に対してガウス－ジョルダン法を適用すればよい．変換後は，$(I, A^{-1}\boldsymbol{b}_1, \ldots, A^{-1}\boldsymbol{b}_m) = (I, \boldsymbol{x}_1, \ldots, \boldsymbol{x}_m)$ が得られることになる．

6.1.8 行列式の計算

ガウス－ジョルダン法あるいはガウスの消去法の前進消去の計算において，いくつかの演算過程を記録しておくと，係数行列 A の行列式 $|A|$ を求めることができる．このために，演習 3.24 および演習 3.25 に示された行列式に関する性質を利用する．すなわち，ある行が何倍されたか（A のある行を c 倍すると，$|A|$ は c 倍される），また行の入れ替えが行われたか（A の異なる 2 つの行を入れ替えると，$|A|$ の符号は反転する）を変数 α に記録する[8)]．そして，係数行列が**三角行列**あるいは**対角行列**となった時点で，対角要素の積 D を計算し（三角行列の対角要素の積は，その行列式に等しい），$|A| = \alpha D$ として行列式が求められる．

演習 6.7 リスト 6.2 のガウス－ジョルダン法のプログラムに，行列式を計算する処理を付け加えよ（係数行列が正則でないと判定されたときには 0 を返す仕様とせよ）．

演習 6.8 同様に，ガウスの消去法の前進消去に行列式を計算する演算を付け加えよ．

6.1.9 最小 2 乗法による回帰多項式

実験計測データなどのように，分布にある程度のばらつきがある点群 (x_i, y_i) に対して $(i = 1, 2, \ldots, m)$，これを近似する n 次の多項式 $y = a_n x^n + a_{n-1} x^{n-1} + \cdots + a_0$ を求める問題を考える．多項式とデータの残差の 2 乗和を最小にするように多項式の係数 a_j を定めることとすると，次の R を最小にする a_j を求めればよい．

$$R = \sum_{i=1}^{m} \left(y_i - \sum_{j=0}^{n} a_j x_i^j \right)^2 \tag{6.16}$$

このようにして，ばらつきのある点群に対して適合する多項式（**回帰多項式**）を求める方法を，**最小 2 乗法**という[9)]．R を a_k で偏微分してそれを 0 とおくと，

$$\sum_{j=0}^{n} c_{k,j} a_j = b_k \qquad (k = 0, 1, \ldots, n) \tag{6.17}$$

という関係が得られる．ここに，$c_{k,j} = \sum_{i=1}^{m} x_i^{(k+j)}$，$b_k = \sum_{i=1}^{m} y_i x_i^k$ である．式 (6.17) は，未知数を a_k とする $n+1$ 本の連立 1 次方程式となる．この連立 1 次方程式の数値解を，本節で示された方法により求めればよい．

このようなプログラムを作成する前に，ある多項式関数の周りに分布する点群を人工的に生成しよう．演習 2.12 を参考にすれば，次の演習 6.9 のプログラムは簡単に作れるだろう．この点群を用意してから演習 6.10 を行えばよい．

---

8) α の初期値を `1.0d0` として，これに c あるいは `-1.0d0` を乗じていけばよい．

9) 詳細は文献 [4] を参照．

演習 6.9 n 次の多項式で表される関数 $y = f(x)$ を設定し，乱数を利用してその周りに分布する m 個の点 (x_i, y_i) を生成せよ．たとえば，$f(x) = 0.1x^3 + 0.2x^2 + 0.5x + 1$ として，$-10 \leq x \leq 10$ の区間を $m-1$ 等分した m 個の点 x_i に対して，$y_i = f(x_i) + r$ という関係から y_i を定め，x_i と y_i をファイルに出力せよ．r は $[-1, 1)$ の範囲の一様乱数とする．

演習 6.10 演習 6.9 でファイル出力された点群に対して，最小 2 乗法により，3 次の回帰多項式の係数を定めるプログラムを作成せよ．得られた係数を元の関数の係数と比較するとともに，点群と回帰多項式を gnuplot により図示せよ（図示の方法などは演習 2.12 参照）．

6.2 連立 1 次方程式の反復解法

6.1 節では，**直接解法**により連立 1 次方程式の数値解を求める方法を示した．ここでは，**反復解法**（iterative method）により数値解を求める方法を考える．反復解法は，ある演算を繰り返し行って，与えられた初期解を目的とする数値解に近づけていく計算方法である．この方法は，近似解以外のデータが固定されている**定常反復解法**と，近似解以外にも反復の回数により変化するデータを用いる**非定常反復解法**に大別される[7]．本節では，前者としてヤコビ法，ガウス－ザイデル法および SOR 法，また後者として Bi-CGSTAB 法を扱う．

6.2.1 定常反復解法と反復行列

6.1 節と同様に，連立 1 次方程式が $A\boldsymbol{x} = \boldsymbol{b}$ と表され，A は $n \times n$ の正則な実行列，右辺ベクトル $\boldsymbol{b}$ は要素数 n の実ベクトルで，$\boldsymbol{b} \neq \boldsymbol{0}$ とする．また，以下の定常反復解法では，A の対角要素は 0 でないことを仮定する10)．

定常反復解法は，係数行列 A が対角優位な疎行列となる連立 1 次方程式に対して有効な解法である11)．定常反復解法では，任意のベクトル $\boldsymbol{x}_0$ を初期解として，反復計算を行って収束解を求める．係数行列 A が後述するような条件を満たす場合には反復計算により収束解が得られ，これが方程式の数値解となる．

■**ヤコビ法** 定常反復解法における k 回目の反復計算で得られる解ベクトル $\boldsymbol{x}_k$ の第 i 要素を $x_i^{(k)}$ と表す（$0 \leq k$，$1 \leq i \leq n$）．**ヤコビ**（Jacobi）**法**では，k 回目の演算における行列ベクトル積 $A\boldsymbol{x}$ を計算する際に，A の第 i 行の対角要素に $x_i^{(k)}$，非対角要素に $x_i^{(k-1)}$ を用いる．すなわち，方程式 $A\boldsymbol{x} = \boldsymbol{b}$ の第 i 行の関係は次のように表される．

$$\sum_{j=1}^{i-1} a_{i,j} x_j^{(k-1)} + a_{i,i} x_i^{(k)} + \sum_{j=i+1}^{n} a_{i,j} x_j^{(k-1)} = b_i \tag{6.18}$$

10) A の対角要素が 0 となる場合には，行を入れ替えるような前処理を行うか，ほかの解法を選択する．

11) 大部分の要素が 0 である行列を**疎行列**，あるいは**スパース**（sparse）**行列**という．また，対角優位行列の定義は演習 4.4 を参照．

これより，$x_i^{(k)}$ は値が既知である要素 $x_j^{(k-1)}$ を右辺に移項した次式から計算される．

$$x_i^{(k)} = \frac{1}{a_{i,i}}\left(b_i - \sum_{j=1}^{i-1} a_{i,j}x_j^{(k-1)} - \sum_{j=i+1}^{n} a_{i,j}x_j^{(k-1)}\right) \tag{6.19}$$

ヤコビ法は，式 (6.19) より得られた $x_i^{(k)}$ を再び右辺に用いる計算を繰り返し，残差ベクトル $\boldsymbol{b} - A\boldsymbol{x}_k$ の大きさを十分小さくする収束解 $\boldsymbol{x}_k$ を求める方法である．

■ガウス－ザイデル法　ヤコビ法の演算を表す式 (6.19) の右辺では，前のステップの反復計算で得られた解 $x_j^{(k-1)}$ が用いられている．これに対して，同じステップの反復計算ですでに値が求められている要素 $x_j^{(k)}$ を式 (6.19) の右辺で利用する方法が，**ガウス－ザイデル**（Gauss–Seidel）**法**である．反復計算の k ステップにおいて，数値解 $x_j^{(k)}$ が $j = 1, 2, \ldots, n$ という順に求められるとすると，$x_i^{(k)}$ を計算するときにはすでに $x_1^{(k)}, x_2^{(k)}, \ldots, x_{i-1}^{(k)}$ が得られているので，ガウス－ザイデル法の演算は次のように表される．

$$x_i^{(k)} = \frac{1}{a_{i,i}}\left(b_i - \sum_{j=1}^{i-1} a_{i,j}x_j^{(k)} - \sum_{j=i+1}^{n} a_{i,j}x_j^{(k-1)}\right) \tag{6.20}$$

$\boldsymbol{x}_k$ の要素に対する計算の順序が異なれば，式 (6.20) の右辺の表示も当然異なる．ガウス－ザイデル法では収束解に近い $x_j^{(k)}$ が右辺に用いられるので，一般にヤコビ法よりも少ない反復回数で収束解が得られる．

■反復行列と収束条件　式 (6.20) の関係を，行列とベクトルを用いて表してみよう．このために，係数行列 A を対角行列 D，対角要素を除く下三角行列 E，同じく対角要素を除く上三角行列 F を用いて $A = D - E - F$ と分解する．たとえば，

$$A = \begin{pmatrix} 2 & 1 & -1 \\ 1 & 2 & 1 \\ 1 & -1 & 2 \end{pmatrix} \tag{6.21}$$

であれば，D，E，F は次のように表される．

$$D = \begin{pmatrix} 2 & 0 & 0 \\ 0 & 2 & 0 \\ 0 & 0 & 2 \end{pmatrix}, \quad E = \begin{pmatrix} 0 & 0 & 0 \\ -1 & 0 & 0 \\ -1 & 1 & 0 \end{pmatrix}, \quad F = \begin{pmatrix} 0 & -1 & 1 \\ 0 & 0 & -1 \\ 0 & 0 & 0 \end{pmatrix} \tag{6.22}$$

対角行列 D の逆行列 D^{-1} は，D の要素の逆数を要素とする対角行列であることを考慮すれば，式 (6.20) は以下のように表現される．

$$\boldsymbol{x}_k = (D - E)^{-1}(\boldsymbol{b} + F\boldsymbol{x}_{k-1}) \tag{6.23}$$

これより,

$$T = (D - E)^{-1}F, \qquad C = (D - E)^{-1} \tag{6.24}$$

とおくと,

$$\boldsymbol{x}_k = T\boldsymbol{x}_{k-1} + C\boldsymbol{b} \tag{6.25}$$

と表される.定常反復解法の演算は,一般に式 (6.25) のように表現される.この行列 T を**反復行列**という.定常反復解法では,反復行列が以下に示すような条件を満たすときに収束解が得られる[12)].

まず,式 (6.25) の収束解が得られた場合に,これが方程式 $A\boldsymbol{x} = \boldsymbol{b}$ の解となることを確認する.収束解を $\boldsymbol{x}^*$ とすれば,

$$\boldsymbol{x}^* = T\boldsymbol{x}^* + C\boldsymbol{b} \tag{6.26}$$

であるので,式 (6.24) より

$$A\boldsymbol{x}^* = \boldsymbol{b} \tag{6.27}$$

であることがわかる.すなわち,収束解は方程式の解となる.

次に,収束解が得られる条件を考える.方程式 $A\boldsymbol{x} = \boldsymbol{b}$ の真の解を $\bar{\boldsymbol{x}}$ とおくと,

$$\bar{\boldsymbol{x}} = T\bar{\boldsymbol{x}} + C\boldsymbol{b} \tag{6.28}$$

が成り立つ.式 (6.28) と式 (6.25) の差を求めると,次式が得られる.

$$\boldsymbol{e}_k = T\boldsymbol{e}_{k-1} = \cdots = T^k\boldsymbol{e}_0 \tag{6.29}$$

ここに,$\boldsymbol{e}_k = \boldsymbol{x}_k - \bar{\boldsymbol{x}}$ であり,$\boldsymbol{e}_k$ は真の解に対する $\boldsymbol{x}_k$ の誤差ベクトルに相当する.式 (6.29) の演算より,誤差ベクトルが $\mathbf{0}$ へ近づくためには,

$$T^k \to O \qquad (k \to \infty) \tag{6.30}$$

であればよい(O はすべての要素が 0 である行列).式 (6.30) のような性質をもつ行列は,収束行列とよばれる.T が収束行列であるための必要十分条件は,

$$\rho(T) = \max_i |\lambda_i| < 1 \tag{6.31}$$

であることが示されている.ここに,λ_i は行列 T の固有値であり,$\rho(T)$ は λ_i の絶対値の最大値である($1 \leq i \leq n$).この $\rho(T)$ を,行列 T の**スペクトル半径**(spectral radius)という[13)].係数行列 A が狭義の対角優位行列[14)] である場合には,

12) より詳しい議論については,文献 [4],[8],[9] を参照されたい.

13) 固有値が複素数の場合は,実部と虚部の 2 乗和の平方根がその絶対値となる.複素平面上にすべての固有値をプロットしたとき,原点を中心として全点を含む最小円の半径がスペクトル半径に相当する.

14) 狭義の対角優位行列の定義は,演習 4.4 を参照.

- A は正則行列である．
- ヤコビ法およびガウス－ザイデル法の反復行列 T のスペクトル半径は 1 より小さい．すなわち，反復計算は収束して数値解が得られる．

ということが示されている．また，係数行列 A とその対角要素からなる行列 D がいずれも**正定値対称行列**[15]であるときには，ガウス－ザイデル法の反復行列のスペクトル半径は 1 より小さく，収束解が得られることが示されている[16]．

6.2.2　ガウス－ザイデル法のプログラム

ガウス－ザイデル法のプログラム例を以下に示す．

リスト 6.3　ガウス－ザイデル法のプログラム例

```
module subprogs
  implicit none
contains
  subroutine gauss_seidel(a, b, x, n, itrmax, er0)
    ! a= 係数行列, b= 右辺ベクトル, itrmax= 最大反復回数, er0= 誤差のしきい値
    integer, intent(in)  :: n, itrmax
    real(8), intent(in)  :: a(n, n), b(n), er0
    real(8), intent(out) :: x(n)
    real(8) s, er, rd(n), r(n)
    integer i, itr
    do i = 1, n
       if (a(i, i) == 0.0d0) stop 'a(i, i) == 0.0d0'
       rd(i) = 1.0d0 / a(i, i) ! 対角要素が 0 でなければその逆数を rd とする
    enddo
    x(1:n) = 0.0d0      ! 初期解を 0 とする
    do itr = 1, itrmax ! 反復計算のループ (最大 itrmax 回の反復)
       do i = 1, n
          s =     dot_product(a(i, 1   :i-1), x(1   :i-1))
          s = s + dot_product(a(i, i+1:n   ), x(i+1:n   ))
          x(i) = rd(i) * (b(i) - s)
       enddo
       r(1:n) = b(1:n) - matmul(a, x) ! 残差ベクトル
       er = dot_product(r, r)         ! 残差ベクトルの内積を誤差 er とする
       write(*, *) 'itr = ', itr, ' err = ', er  ! 途中経過の出力
       if (er <= er0) then ! 誤差 er がしきい値 er0 以下なら反復計算終了
          write(*, *) '# converged #' ! 収束したことを表示
          exit ! 収束した場合には反復計算のループから抜ける
       endif
    enddo
  end subroutine gauss_seidel
```

15）$\mathbf{0}$ でない任意のベクトル $\boldsymbol{x}$ に対して $(\boldsymbol{x}, A\boldsymbol{x}) > 0$ であるとき，行列 A は正定値であるという（ここで，$(\boldsymbol{x}, \boldsymbol{y})$ はベクトル $\boldsymbol{x}$ と $\boldsymbol{y}$ の内積を表す）．

16）いずれの証明も文献 [4] にある．

```
  subroutine alloc_dd_mat(a, b, x, n)
    ! ...n を取得し，a,b,x を割り付け，a に狭義の対角優位行列を設定（内容は省略）
  end subroutine alloc_dd_mat
end module subprogs

program main
  use subprogs
  implicit none
  real(8), allocatable :: a(:, :), b(:), x(:)
  integer :: n, itrmax = 100
  real(8) :: er0 = 1.0d-6
  call alloc_dd_mat(a, b, x, n) ! 係数行列 a，右辺ベクトル b の設定など
  call gauss_seidel(a, b, x, n, itrmax, er0) ! ガウス－ザイデル法
  ! ... 数値解 x の出力などを行う（省略）
end program main
```

リスト 6.3 のモジュールサブルーチン alloc_dd_mat では，配列の寸法 n を取得し，**未割付けの割付け配列** a，b，x を割り付け，b に乱数，a に狭義の対角優位行列を設定する．内容は省略しているが，演習 4.4 のプログラムを利用すれば容易に作成できるだろう．また，モジュールサブルーチン gauss_seidel により，ガウス－ザイデル法による数値解が求められる．プログラム中の演算は式 (6.20) のとおりである．なお，ガウス－ザイデル法では，数値解を計算する順序を変えると反復行列が変化するため，ほかの条件が同一でも収束解が得られるまでの反復回数が異なる場合がある．

演習 6.11 リスト 6.3 のプログラムを完成させて，動作を確認せよ．

演習 6.12 式 (6.19) で表されるヤコビ法のプログラムを作成せよ．同一の係数行列と右辺ベクトルを与えたときに，収束解が得られるまでの反復回数をガウス－ザイデル法と比較せよ．

6.2.3 SOR 法

SOR 法は，ガウス－ザイデル法における修正量 $\Delta x_i^{(k)}$ $(= x_i^{(k)} - x_i^{(k-1)})$ に**加速パラメータ** ω を乗じて行われる反復解法である[17]．ω の値を適切に設定すれば，収束解が得られるまでの反復回数をガウス－ザイデル法よりも減少させることができる．

SOR 法では，次式より $x_i^{(k)}$ を定める．

$$
\begin{aligned}
x_i^{(k)} &= x_i^{(k-1)} + \omega \Delta x_i^{(k)} \\
&= x_i^{(k-1)} + \omega \left[\frac{1}{a_{i,i}} \left(b_i - \sum_{j=1}^{i-1} a_{i,j} x_j^{(k)} - \sum_{j=i+1}^{n} a_{i,j} x_j^{(k-1)} \right) - x_i^{(k-1)} \right]
\end{aligned}
\tag{6.32}
$$

17) SOR は Successive Over-Relaxation（逐次過緩和）を意味する．ω は緩和因子，SOR パラメータともよばれる．$\omega = 1$ の場合はガウス－ザイデル法に相当し，多くの問題では，$1 < \omega < 2$ とされる．なお，$0 < \omega < 1$ とする場合には，過小あるいは**不足緩和**（under-relaxation）といわれる．

係数行列 A をガウス－ザイデル法の場合と同様に分解すれば，上式は次のように表される．

$$\boldsymbol{x}_k = (I - \omega D^{-1}E)^{-1}[(1-\omega)I + \omega D^{-1}F]\boldsymbol{x}_{k-1} + \omega(D - \omega E)^{-1}\boldsymbol{b} \quad (6.33)$$

これより，SOR 法の反復行列 T は以下のように表される．

$$T = (I - \omega D^{-1}E)^{-1}[(1-\omega)I + \omega D^{-1}F] \quad (6.34)$$

A が**正定値対称行列**であるときには，加速パラメータ ω が $0 < \omega < 2$ の範囲にあれば，収束解が得られることが示されている．

SOR 法の反復回数は，ω の値により異なる．反復回数を最小とする最適な加速パラメータ ω_o の値が事前にわかれば便利であるが，一般にこのような ω_o を求めることは困難であるとされている．ただし，特殊な条件の係数行列 A に対しては，ω_o が求められる場合がある．D_1，D_2 を対角行列，C_1，C_2 を任意の行列とし，A が次のように表されるとする[18]．

$$A = \begin{pmatrix} D_1 & C_1 \\ C_2 & D_2 \end{pmatrix} \quad (6.35)$$

このような係数行列 A に対するヤコビ法の反復行列を T_J とする．T_J のスペクトル半径 $\rho(T_J)$ が既知であるときには，SOR 法の反復行列 T のスペクトル半径を最小とする**加速パラメータ** ω_o は次式から求められることが示されている[4]．

$$\omega_o = \frac{2}{1 + \sqrt{1 - \rho^2(T_J)}} \quad (6.36)$$

ラプラス方程式の差分式に対する ω_o は 6.3.2 項で示される．

演習 6.13　リスト 6.3 を参考にして，狭義の対角優位行列を係数行列とする連立 1 次方程式の解を SOR 法により求めるプログラムを作成せよ．

6.2.4　非定常反復解法（Bi-CGSTAB 法）

非定常反復解法の代表的な解法の 1 つは，連立 1 次方程式 $A\boldsymbol{x} = \boldsymbol{b}$ の係数行列 A が**正定値対称行列**である場合に用いられる**共役勾配法**（CG 法，Conjugate Gradient method）である．共役勾配法では，方程式 $A\boldsymbol{x} = \boldsymbol{b}$ の解 $\boldsymbol{x}$ を求めるために，ある初期解 $\boldsymbol{x}_0$ から次式のようにスカラ修正量 α_k と修正方向ベクトル $\boldsymbol{p}_k$ を用いて解 $\boldsymbol{x}_k$ を修正し，解 $\boldsymbol{x}_{k+1}$ を求める．

$$\boldsymbol{x}_{k+1} = \boldsymbol{x}_k + \alpha_k \boldsymbol{p}_k \quad (6.37)$$

18）行列の行と列を適当に入れ替えることにより式 (6.35) のように表される場合に，行列は**性質 A**（property A）をもつという[10]．性質 A をもつ行列を対象として，SOR 法に関する検討が過去に多く行われている．たとえば，ラプラス方程式の差分式は，性質 A をもつ（6.3.2 項）．

共役勾配法では，各反復演算で得られる残差ベクトル $\boldsymbol{r}_k = \boldsymbol{b} - A\boldsymbol{x}_k$ $(k = 0, 1, \ldots)$ が互いに直交するように $\boldsymbol{p}_k$ が定められる．$\boldsymbol{x}$ の要素数を n とするとき，n 個の1次独立なベクトル $\boldsymbol{r}_0, \boldsymbol{r}_1, \ldots, \boldsymbol{r}_{n-1}$ に直交する残差ベクトルはゼロベクトルしかないので，共役勾配法では高々 n 回の反復演算で解が求められる[19)].

ここでは，係数行列 A が非対称行列となる場合でも $A\boldsymbol{x} = \boldsymbol{b}$ の解 $\boldsymbol{x}$ を求めることが可能な **Bi-CGSTAB 法**によるプログラムを作成しよう．A が $n \times n$ の正則な非対称行列であるとき，$A\boldsymbol{x} = \boldsymbol{b}$ と，これに双対な方程式 $A^T\boldsymbol{x}^* = \boldsymbol{b}^*$（係数行列を転置行列 A^T とした方程式）とをまとめた方程式に対して共役勾配法を適用する解法が **BCG 法**である．BCG 法では，残差ベクトルは $\boldsymbol{r}_k = R_k(A)\boldsymbol{r}_0$ のように，初期残差ベクトル $\boldsymbol{r}_0$ に A の多項式 $R_k(A)$ を乗じたものとなる．この BCG 法の収束性と安定性をさらに改良するため，$Q_k(A) = (1 - \omega_k A)Q_{k-1}(A)$ となるような多項式を利用して，残差ベクトルを $\boldsymbol{r}_k = Q_k(A)R_k(A)\boldsymbol{r}_0$ と表す方法が Bi-CGSTAB 法である[20)].

Bi-CGSTAB 法では，共役勾配法と同様に，ある初期解 $\boldsymbol{x}_0$ を修正していくことにより解を求める．そのアルゴリズムは以下のように表される．以下の式中で $(\boldsymbol{x}, \boldsymbol{y})$ はベクトル $\boldsymbol{x}$ と $\boldsymbol{y}$ の内積を表している．

$$\boldsymbol{x}_0 = \text{任意の初期ベクトル}, \qquad \boldsymbol{r}_0 = \boldsymbol{b} - A\boldsymbol{x}_0, \qquad \boldsymbol{r}_0^* = \boldsymbol{r}_0$$

$$\boldsymbol{p}_0 = \boldsymbol{r}_0, \qquad \boldsymbol{p}_0^* = \boldsymbol{r}_0^*, \qquad C_1 = (\boldsymbol{r}_0^*, \boldsymbol{r}_0^*)$$

$$\text{do } k = 0, 1, \ldots; \quad \text{until } \|\boldsymbol{r}_{k+1}\| < \epsilon$$

$$\boldsymbol{y} = A\boldsymbol{p}_k \tag{6.38}$$

$$C_2 = (\boldsymbol{r}_0^*, \boldsymbol{y}) \tag{6.39}$$

$$\alpha_k = C_1 / C_2$$

$$\boldsymbol{e} = \boldsymbol{r}_k - \alpha_k \boldsymbol{y}$$

$$\boldsymbol{v} = A\boldsymbol{e} \tag{6.40}$$

$$C_3 = (\boldsymbol{e}, \boldsymbol{v}) / (\boldsymbol{v}, \boldsymbol{v}) \tag{6.41}$$

$$\boldsymbol{x}_{k+1} = \boldsymbol{x}_k + \alpha_k \boldsymbol{p}_k + C_3 \boldsymbol{e}$$

$$\boldsymbol{r}_{k+1} = \boldsymbol{e} - C_3 \boldsymbol{v}$$

$$C_1 = (\boldsymbol{r}_0^*, \boldsymbol{r}_{k+1}) \tag{6.42}$$

$$\beta_k = C_1 / (C_2 C_3)$$

$$\boldsymbol{p}_{k+1} = \boldsymbol{r}_{k+1} + \beta_k(\boldsymbol{p}_k - C_3 \boldsymbol{y})$$

$$\text{enddo}$$

19) 解法の詳細は，文献 [4]，[11] を参照．実際には，計算の丸め誤差の影響などのため，n 回よりも多くの反復計算が必要となる場合もあるが，条件がよければ n より少ない反復回数で収束する．

20) Bi-CGSTAB 法の導出過程については，文献 [12] を参照．

上記のアルゴリズムに含まれる主要な演算は，式 (6.38) および式 (6.40) の行列ベクトル積と，式 (6.39)，式 (6.41)，式 (6.42) のベクトルの内積，そしてベクトルとスカラの積，ベクトルの和と差を求める演算である．これは，組み込み関数などを利用すれば，リスト 6.4 のように，アルゴリズムをほぼそのままの形で簡単にプログラムとして表現できる[21]．

リスト 6.4　Bi-CGSTAB 法のプログラム例

```
subroutine bicgstab1d(a, b, x, n, itrmax, er0)
  ! n は x の要素数, itrmax は最大反復回数, er0 は収束判定のしきい値
  integer, intent(in) :: n, itrmax
  real(8), intent(in) :: a(n, n), b(n), er0
  real(8), intent(inout) :: x(n)
  integer itr
  real(8) alp, bet, c1, c2, c3, ev, vv, rr
  real(8) r(n), r0(n), p(n), y(n), e(n), v(n)
  ! --- 初期値の設定
  x(:) = 0.0d0                ! 初期の解ベクトルをゼロベクトルとする
  r(:) = b - matmul(a, x)     ! 初期残差ベクトル
  c1 = dot_product(r, r)      ! 初期残差ベクトルの内積
  if (c1 < er0) return        ! 初期残差 < er0 なら return
  p(:) = r(:)                 ! 初期修正方向ベクトル
  r0(:) = r(:)                ! 初期残差ベクトルを r0 として保存
  do itr = 1, itrmax          ! 最大 itrmax 回まで反復計算
     y(:) = matmul(a, p)                    ! 行列ベクトル積
     c2 = dot_product(r0, y)                ! ベクトルの内積
     alp = c1 / c2
     e(:) = r(:) - alp * y(:)
     v(:) = matmul(a, e)                    ! 行列ベクトル積
     ev = dot_product(e, v)                 ! ベクトルの内積
     vv = dot_product(v, v)                 ! ベクトルの内積
     c3 = ev / vv
     x(:) = x(:) + alp * p(:) + c3 * e(:)   ! 解ベクトルの更新
     r(:) = e(:) - c3 * v(:)                ! 残差ベクトルの更新
     rr = dot_product(r, r)                 ! 残差ベクトルの内積
     write(*, *) 'itr, er = ', itr, rr      ! 途中経過出力 (不要なら削除可)
     if (rr < er0) exit                     ! 誤差が小さければ終了
     c1 = dot_product(r0, r)                ! ベクトルの内積
     bet = c1 / (c2 * c3)
     p(:) = r(:) + bet * (p(:) - c3 * y(:)) ! 修正方向ベクトルの更新
  enddo
end subroutine bicgstab1d
```

演習 6.14　リスト 6.3 のプログラムに上記の Bi-CGSTAB 法を用いて，解が得られることを確認せよ．

---

21)　小規模な問題に対しては，dot_product(e, e) < eps0 の場合に x(:) = x(:) + alp * p(:) として反復を終了する条件判定を加えるのが有効な場合がある．

6.3 ラプラス方程式の数値解法

6.3.1 ラプラス方程式の差分式

次式は 2 次元**ラプラス方程式**（Laplace equation）といわれ，ポテンシャル関数の分布や，定常状態における熱や濃度の分布などを表す重要な偏微分方程式である．

$$\frac{\partial^2 \phi}{\partial x_1^2} + \frac{\partial^2 \phi}{\partial x_2^2} = 0 \tag{6.43}$$

ϕ は，直交座標系の座標成分 x_1，x_2 を独立変数とする関数 $\phi(x_1, x_2)$ である．式 (6.43) は**楕円型**の偏微分方程式に分類され，適当な境界条件が指定されれば解 ϕ が定められる．このような問題を，**境界値問題**（boundary value problem）という．

本節では，**差分法**（finite difference method）を用いてラプラス方程式の数値解を求めるプログラムを作成する．x_1-x_2 平面上の各辺の長さが 1 である正方形領域（$0 \leq x_1, x_2 \leq 1$）において，以下の境界条件に従う ϕ の分布を求める問題を考える．

$$x_2 = 0 \text{ の境界上で } \phi = \sin(\pi x_1), \qquad \text{それ以外の境界上で } \phi = 0 \tag{6.44}$$

このように ϕ の値が指定される境界条件を，**ディリクレ**（Dirichlet）**境界条件**という．

差分法による離散化式を導出するため，図 6.1 に示すような 1 次元場を考える．この 1 次元場に一定の間隔（Δx）で n 個の**格子点**が設定されているとし，i 番目の格子点上の ϕ を ϕ_i と表す．ϕ_{i+1} および ϕ_{i-1} を格子点 i 上で**テイラー**（Taylor）**展開**すると，次の関係が得られる．

$$\phi_{i+1} = \phi_i + \left.\frac{\partial \phi}{\partial x}\right|_i \Delta x + \frac{1}{2}\left.\frac{\partial^2 \phi}{\partial x^2}\right|_i \Delta x^2 + \frac{1}{6}\left.\frac{\partial^3 \phi}{\partial x^3}\right|_i \Delta x^3 + O(\Delta x^4) \tag{6.45}$$

$$\phi_{i-1} = \phi_i - \left.\frac{\partial \phi}{\partial x}\right|_i \Delta x + \frac{1}{2}\left.\frac{\partial^2 \phi}{\partial x^2}\right|_i \Delta x^2 - \frac{1}{6}\left.\frac{\partial^3 \phi}{\partial x^3}\right|_i \Delta x^3 + O(\Delta x^4) \tag{6.46}$$

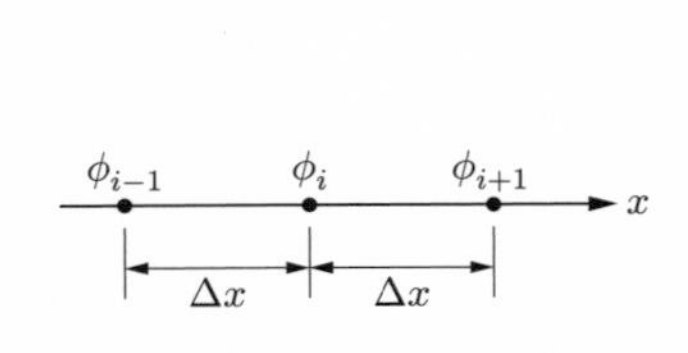

図 6.1 1 次元格子上の変数配置

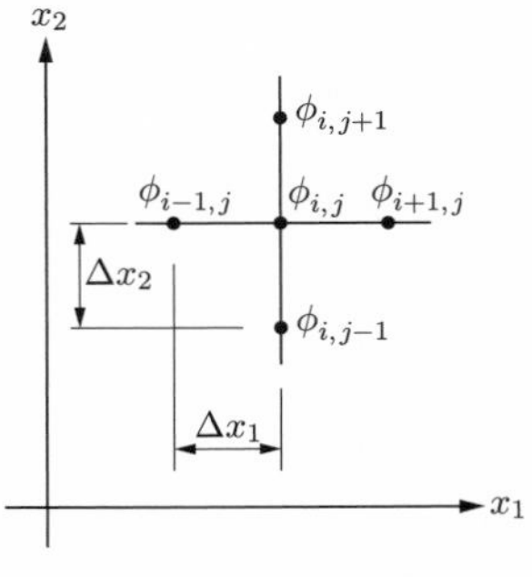

図 6.2 2 次元格子上の変数配置

$|_i$ は格子点 i 上で評価された微分量，$O(\Delta x^4)$ は Δx の 4 乗以上を含む項を表す．式 (6.45) と (6.46) の和を求めると，Δx の奇数乗の項が消去されて次式が導かれる．

$$\left.\frac{\partial^2 \phi}{\partial x^2}\right|_i = \frac{\phi_{i-1} - 2\phi_i + \phi_{i+1}}{\Delta x^2} - O(\Delta x^2) \tag{6.47}$$

式 (6.47) の右辺第 2 項を無視することにより，Δx の 2 乗以上の項を切り捨てる近似を 2 次精度の**中央（中心）差分**という[22]．これを各方向に行えば，図 6.2 に示すような境界を除く 2 次元領域の格子点 (i, j) 上では，式 (6.43) は次のように近似表現される．

$$\frac{\phi_{i-1,j} - 2\phi_{i,j} + \phi_{i+1,j}}{\Delta x_1^2} + \frac{\phi_{i,j-1} - 2\phi_{i,j} + \phi_{i,j+1}}{\Delta x_2^2} = 0 \tag{6.48}$$

なお，ここでは x_i 方向の格子点間隔を Δx_i としている（$i = 1, 2$）．x_i 方向の格子点数を n_i（≥ 3）とすれば，$\Delta x_i = 1/(n_i - 1)$ である．式 (6.48) を変形すれば，$\phi_{i,j}$ の係数を 1 とする次式が導かれる．

$$d\phi_{i,j-1} + c\phi_{i-1,j} + \phi_{i,j} + c\phi_{i+1,j} + d\phi_{i,j+1} = 0 \tag{6.49}$$

式 (6.49) は，格子点 (i, j) と，その上下左右の格子点上の値を用いる **5 点差分式**であり，係数 c，d は以下のように与えられる．

$$c = -\frac{\Delta x_2^2}{2(\Delta x_1^2 + \Delta x_2^2)}, \qquad d = \left(\frac{\Delta x_1}{\Delta x_2}\right)^2 c \tag{6.50}$$

一方，境界上の格子点では，ディリクレ境界条件として指定された値を η と表すと，次の関係が成り立つ．

$$\phi_{i,j} = \eta_{i,j} \tag{6.51}$$

全格子点数を N（$= n_1 \times n_2$）とするとき，式 (6.49) と式 (6.51) は N 本の連立 1 次方程式を構成する．これを，$A\boldsymbol{x} = \boldsymbol{b}$ という行列とベクトルを用いる表現としてみよう．$\phi_{i,j}$ を列順に並べた列ベクトルを $\boldsymbol{x}$ とする．すなわち，$\boldsymbol{x} = (\phi_{1,1}, \phi_{2,1}, \ldots, \phi_{n1,n2})^T$ とする．$\phi_{i,j}$ は，$\boldsymbol{x}$ の第 $i + (j-1) \times n_1$ 要素となる．この要素番号を m と表し，これに基づく上添字を式 (6.49) に付けて，次のように表現する．

$$\begin{aligned} &d^{m,m-n_1}\phi_{i,j-1}^{m-n_1} + c^{m,m-1}\phi_{i-1,j}^{m-1} \\ &\qquad + \phi_{i,j}^{m} + c^{m,m+1}\phi_{i+1,j}^{m+1} + d^{m,m+n_1}\phi_{i,j+1}^{m+n_1} = 0 \end{aligned} \tag{6.52}$$

$\phi_{i,j}$ の上添字は $\boldsymbol{x}$ における要素番号，c および d の上添字は係数行列 A における行と列の番号を表している．このように，境界を除く内部の格子点 (i, j) では，A の対応する

22）このように連続量を格子点上の値で近似表現することを**離散化**（discretization）という．

行には5つの非ゼロ要素があり，対角要素の値は1，また右辺ベクトルの要素の値は0となる．一方，境界上の格子点 (i,j) では，式 (6.51) より，

$$\phi_{i,j}^m = \eta_{i,j}^m \tag{6.53}$$

と表されるので，A の対応する行の非ゼロ要素は値が1である対角要素のみとなり，対応する右辺ベクトル $\boldsymbol{b}$ の要素の値は $\eta_{i,j}$ となる．以上のように，係数行列 A は対角要素が1であり[23)]，1行あたりの非ゼロ要素が高々5つである疎行列となる．

6.3.2 SOR 法によるラプラス方程式の解法

方程式 $A\boldsymbol{x} = \boldsymbol{b}$ の係数行列 A が「**性質 A**」をもつ場合には，SOR 法の最適な加速パラメータ ω_o が式 (6.36) のように求められることを述べた[24)]．式 (6.52) および式 (6.53) から導かれる連立1次方程式の係数行列は性質 A をもつことが，次のようにして示される．

最初に，値が既知（$\boldsymbol{b}_d$）であるディリクレ境界上の $\phi_{i,j}$ をまとめてベクトル $\boldsymbol{\phi}_d$ と表し，境界を除く内部の格子点上の $\phi_{i,j}$ を同様にベクトル $\boldsymbol{\phi}_x$ と表す．すると，これらが構成する関係式は，次のように記述される．

$$\begin{pmatrix} A_{1,1} & A_{1,2} \\ O & I \end{pmatrix} \begin{pmatrix} \boldsymbol{\phi}_x \\ \boldsymbol{\phi}_d \end{pmatrix} = \begin{pmatrix} \boldsymbol{0} \\ \boldsymbol{b}_d \end{pmatrix} \tag{6.54}$$

式 (6.54) の1行目の関係は，式 (6.52) の5点差分式から構成されており，2行目は $\boldsymbol{\phi}_d = \boldsymbol{b}_d$ という式 (6.53) のディリクレ境界条件を表している．式 (6.54) より，$\boldsymbol{\phi}_x$ は次の方程式の解として求められる．

$$A_{1,1}\boldsymbol{\phi}_x = -A_{1,2}\boldsymbol{b}_d \tag{6.55}$$

次に，ベクトル $\boldsymbol{\phi}_x$ の要素 $\phi_{i,j}$ を，$i+j$ が偶数であるものから構成されるベクトル $\boldsymbol{\phi}_e$ と，$i+j$ が奇数である $\boldsymbol{\phi}_o$ に分ける．また，これらに対応する式 (6.55) の右辺を表すベクトルをそれぞれ $\boldsymbol{b}_e$，$\boldsymbol{b}_o$ とする．すると，式 (6.55) は次のように表され，係数行列は性質 A をもつことがわかる．

$$\begin{pmatrix} I & C_1 \\ C_2 & I \end{pmatrix} \begin{pmatrix} \boldsymbol{\phi}_e \\ \boldsymbol{\phi}_o \end{pmatrix} = \begin{pmatrix} \boldsymbol{b}_e \\ \boldsymbol{b}_o \end{pmatrix} \tag{6.56}$$

式 (6.56) の関係は，$\boldsymbol{\phi}_e$ のある要素の計算式にはほかの $\boldsymbol{\phi}_e$ の要素は用いられず，$\boldsymbol{\phi}_o$ の要素のみが含まれることを表している．$\boldsymbol{\phi}_o$ を計算する場合も同様である[25)]．

23) 係数行列の対角要素を1とすることを**対角スケーリング**という．対角スケーリングにより，計算誤差や反復回数を減らせる場合がある．

24) 性質 A については p. 166 脚注参照．

25) この性質は，共有メモリ計算機における odd-even（red-black）SOR 法で利用されている[1]．

本節で考えているような正方形の領域において，各方向に等間隔な格子（$\Delta x_1 = \Delta x_2$）を用いる場合には，式 (6.36) に用いられているスペクトル半径 $\rho(T_J)$ が理論的に求められており，SOR 法における最適な加速パラメータ ω_o は次のように表される．

$$\omega_o = \frac{2}{1 + \sin[\pi/(n-1)]} \tag{6.57}$$

ここで，n は各方向の格子点数である（$n = n_1 = n_2 \geq 3$）．この ω_o は $1 \leq \omega_o < 2$ という範囲にあり，格子点数が増加すると ω_o は 1 から 2 へ漸近する．

演習 6.15　格子点数が $n_1 = n_2 = 4$ の場合に，式 (6.56) の関係を表す行列とベクトルの要素を実際に求めて，係数行列 $A_{1,1}$ が性質 A をもつことを確認せよ．

上記で扱った 2 次元ラプラス方程式の差分式の数値解を SOR 法により求める方法を考えよう．実際には，5 点差分式の係数行列 $(A_{1,1} \quad A_{1,2})$ を式 (6.55) のように分離するのはやや面倒であるので，これをそのままの形で利用する．$\boldsymbol{\phi}_d = \boldsymbol{b}_d$ であるので，式 (6.54) の 1 行目の関係は次のように表すことができる．

$$(A_{1,1} \quad A_{1,2})\begin{pmatrix} \boldsymbol{\phi}_x \\ \boldsymbol{b}_d \end{pmatrix} = \boldsymbol{0} \tag{6.58}$$

ここで，左辺の係数行列 $(A_{1,1} \quad A_{1,2})$ を改めて A，ベクトル $(\boldsymbol{\phi}_x, \boldsymbol{b}_d)^T$ を $\boldsymbol{x}$ とおくと，上記の関係は $A\boldsymbol{x} = \boldsymbol{0}$ と表される．A は式 (6.49) の 5 点差分式の係数から構成され，$\boldsymbol{x}$ に含まれる $\boldsymbol{\phi}_x$ が未知変数である．この関係に 6.2 節で扱われた SOR 法を用いればよい．A の対角成分のみを残してほかは右辺に移項し，式 (6.32) と同様に加速パラメータ ω を用いれば，以下のような反復計算式が得られる．

$$\phi_{i,j}^{k} = \phi_{i,j}^{k-1} + \omega[-d(\phi_{i,j-1}^{k} + \phi_{i,j+1}^{k-1}) - c(\phi_{i-1,j}^{k} + \phi_{i+1,j}^{k-1}) - \phi_{i,j}^{k-1}] \tag{6.59}$$

ベクトル $\boldsymbol{x}$ は全格子点上の $\phi_{i,j}$ から構成されるが，境界上の $\phi_{i,j}$ にはあらかじめディリクレ条件により指定される値を代入しておき，SOR 法により数値解を求める範囲，すなわち i，j に関する do ループの範囲は境界を除く内部の格子点範囲とする．

SOR 法の反復演算の主要部分をリスト 6.5 に示す．

リスト 6.5　SOR 法による 5 点差分式の計算プログラム（主要部分のみ）

```
call set_dbc(phi, x, n1, n2) ! ディリクレ境界条件の設定
do itr = 1, itrmax      ! SOR 法の反復計算
   do j = 2, n2 - 1     ! 内部の格子点に対する
      do i = 2, n1 - 1 ! 演算を 2 重ループで行う
         rhs = - c * (phi(i-1, j  ) + phi(i+1, j  )) &
               - d * (phi(i  , j-1) + phi(i  , j+1))
         phi(i, j) = phi(i, j) + omg * (rhs - phi(i, j))
      enddo
   enddo
```

```
        call chk_err(phi, c, d, n1, n2, er) ! 誤差をチェック
        write(*, *) 'itr, er = ', itr, er   ! 途中経過の出力
        if (er < er0) exit ! 誤差がしきい値er0より小なら反復終了
    enddo
```

演習 6.16 リスト 6.5 を参考にして全体のプログラムを作成せよ．副プログラム set_dbc と chk_err は別途作成する必要がある（後者は関数としてもよい）．chk_err の演算内容は，残差ベクトルの内積を er とするのであれば，各格子点でリスト 6.5 の rhs を求める計算を行い，(rhs - phi(i, j))**2 の総和を求めて er とすればよい．格子点座標の設定などには，演習 3.26 で作成したプログラムを利用できる．

演習 6.17 格子数を $n_1 = n_2$（$\Delta x_1 = \Delta x_2$）とするとき，加速パラメータ ω を式 (6.57) の ω_o 近傍の値とすると，反復回数が最小となることを確認せよ．反復回数の差が出にくい場合には，格子数をやや多く設定するとよい．

演習 6.18 上記のラプラス方程式の境界値問題の理論解は，式 (2.7) で与えられる．数値解と理論解の分布を gnuplot で描画して比較せよ．比較例を図 6.3 に示す．

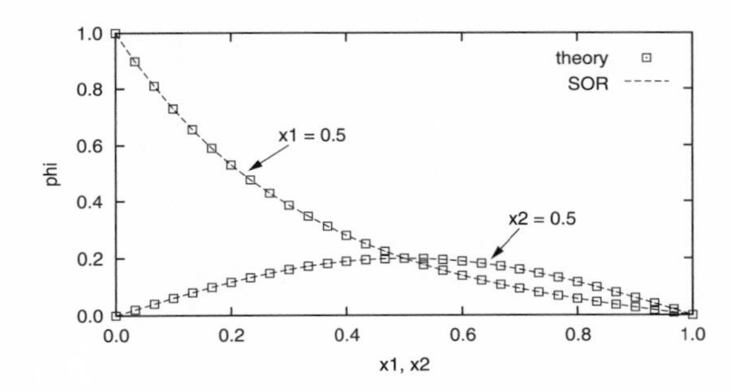

図 6.3 理論解と数値解の比較例

例題 1.4 のグラフ表示方法を参考にすれば，ϕ の分布の 3 次元表示などが行える．たとえば，SOR 法の反復計算終了後に以下のような出力を行う．

```
open(50, file = 'phi.d') ! 出力ファイルを開く
do j = 1, n2
   do i = 1, n1     ! 格子点座標とphiの値を出力
      write(50, '(3e12.4)') x(:, i, j), phi(i, j)
   enddo
   write(50, *) '' ! gnuplotで線が引かれないように空行を入れる
enddo
```

gnuplot を起動し，次のように入力すれば，図 6.4 に示すような面が塗りつぶされた 3 次元表示を行うことができる[26]．

```
gnuplot> set pm3d
gnuplot> set palette rgbformulae 33,13,10   # カラーマップの設定
gnuplot> splot 'phi.d' with pm3d
```

26) gnuplot バージョン 4.0 以上を利用する場合．マウス操作によりオブジェクトを回転・拡大できる．

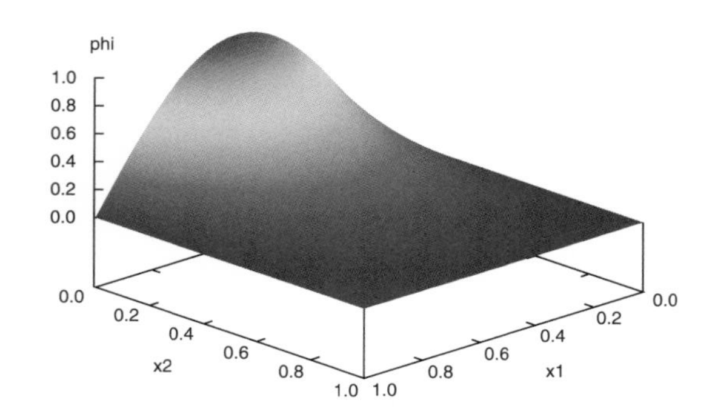

図 6.4　ϕ の分布の 3 次元表示の例

また，次のように入力すれば 2 次元面内のカラーコンタ図（塗りつぶし等高線図）を表示できる．

```
gnuplot> set pm3d map
gnuplot> set palette rgbformulae 33,13,10 # カラーマップの設定
gnuplot> splot 'phi.d'              # カラーコンタ図の表示，あるいは
gnuplot> splot 'phi.d' with lines # 格子も同時に描画された表示
```

6.3.3　ノイマン境界条件を含むラプラス方程式の解法

境界面の法線方向勾配を指定する条件（たとえば $\partial\phi/\partial n = \psi$）を，**ノイマン**（Neumann）**境界条件**という．ラプラス方程式に対して，次のノイマン境界条件を用いる問題を考える[27]．

$$x_2 = 1 \text{ の境界上で } \frac{\partial\phi}{\partial x_2} = 0, \qquad \text{それ以外の境界では式 (6.44) と同じ} \tag{6.60}$$

式 (6.45) より，ϕ の 1 階微分は次のように表される．

$$\left.\frac{\partial\phi}{\partial x}\right|_i = \frac{\phi_{i+1} - \phi_i}{\Delta x} - O(\Delta x) \tag{6.61}$$

右辺第 2 項を無視する 1 次精度の近似を行えば，ϕ の勾配が ϕ_i と ϕ_{i+1} により表現される．この近似を用いれば，式 (6.60) のノイマン境界条件は次のように表される．

$$-\phi_{i,n_2-1} + \phi_{i,n_2} = 0 \qquad (i = 1, 2, \ldots, n_1) \tag{6.62}$$

ノイマン境界条件を含む境界値問題の数値解を SOR 法により求める場合には，反復計算に式 (6.62) を加えればよい．

SOR 法の計算に用いる関係式を，式 (6.58) のように表示してみよう．ノイマン境界上の $\phi_{i,j}$ をまとめて $\boldsymbol{\phi}_n$ と表し，ディリクレ境界上では $\boldsymbol{\phi}_d = \boldsymbol{b}_d$ であることを考慮す

27）たとえば，ϕ を温度とすると，断熱条件は $\partial\phi/\partial n = 0$ と表される．

ると，次のような関係が得られる．

$$\begin{pmatrix} A_{1,1} & A_{1,2} & A_{1,3} \\ A_{2,1} & I & O \end{pmatrix} \begin{pmatrix} \boldsymbol{\phi}_x \\ \boldsymbol{\phi}_n \\ \boldsymbol{b}_d \end{pmatrix} = \begin{pmatrix} \mathbf{0} \\ \mathbf{0} \end{pmatrix} \tag{6.63}$$

左辺の係数行列を改めて A，ベクトル $(\boldsymbol{\phi}_x, \boldsymbol{\phi}_n, \boldsymbol{b}_d)^T$ を $\boldsymbol{x}$ とおくと，上記の関係は $A\boldsymbol{x} = \mathbf{0}$ と表される．これに SOR 法を用いればよい．ディリクレ境界上の $\phi_{i,j}$ には，指定される値をあらかじめ代入しておく．SOR 法の反復計算では，境界を除く内部の $\phi_{i,j}$ に対して式 (6.59) と同様の演算を行い，ノイマン境界上の $\phi_{i,j}$ には式 (6.62) の演算（具体的には ϕ_{i,n_2-1} の値を ϕ_{i,n_2} にコピーする演算）を行う．プログラムの主要部分を以下に示す．

リスト 6.6　SOR 法の反復演算の主要部分（ノイマン境界条件を含む場合）

```
call set_dbc(phi, x, n1, n2) ! ディリクレ境界条件の設定
do itr = 1, itrmax      ! SOR 法の反復計算
   do j = 2, n2 - 1     ! 内部の格子点に対する
      do i = 2, n1 - 1 ! 演算を 2 重ループで行う
         ! 内部格子点に対する演算（記述は省略）
      enddo
   enddo
   phi(:, n2) = phi(:, n2-1) ! ノイマン境界上の phi の値を設定
   ! 誤差のチェックと途中経過の出力（記述は省略）
enddo
```

6.4 非定常な拡散・熱伝導現象の計算

6.4.1 拡散方程式の陽的計算法

差分法を用いて，次の偏微分方程式の数値解を求めるプログラムを作成しよう．

$$\frac{\partial \phi}{\partial t} = \alpha \left(\frac{\partial^2 \phi}{\partial x_1^2} + \frac{\partial^2 \phi}{\partial x_2^2} \right) \tag{6.64}$$

ϕ は t，x_1，x_2 の関数，α は正の定数である．t が時間，x_1 および x_2 が空間位置を表す直交座標系の座標成分とすると，この方程式は，物質拡散や熱伝導を表す偏微分方程式となり，α は拡散係数あるいは熱伝導係数に相当する．ここでは，式 (6.64) を**拡散方程式**とよぶこととする．式 (6.64) は**放物型**の偏微分方程式であり，初期条件と境界条件が与えられると各時刻の解が定められる．このような問題を**初期値・境界値問題** (initial-boundary value problem) という．なお，定常状態，すなわち時間に依存しない $\partial\phi/\partial t = 0$ という状態では，拡散方程式は 6.3 節のラプラス方程式となり，初期条件には依存せずに境界条件のみから解が定められることになる．

ラプラス方程式に対しては x_1，x_2 方向に離散化を行ったが，式 (6.64) を離散化する際には，t 方向にも図 6.1 のような格子点を設定する．左辺をこの格子点上でテイラー展開すれば，格子点 (i,j) 上の $n+1$ 時刻における値 $\phi_{i,j}^{n+1}$ は，次のように表される[28)]．

$$\phi_{i,j}^{n+1} = \phi_{i,j}^{n} + \left.\frac{\partial \phi}{\partial t}\right|_{i,j}^{n} \Delta t + \frac{1}{2}\left.\frac{\partial^2 \phi}{\partial t^2}\right|_{i,j}^{n} \Delta t^2 + O(\Delta t^3) \tag{6.65}$$

これより，式 (6.64) 左辺の偏微分に対する次の関係が得られる．

$$\left.\frac{\partial \phi}{\partial t}\right|_{i,j}^{n} = \frac{\phi_{i,j}^{n+1} - \phi_{i,j}^{n}}{\Delta t} - O(\Delta t) \tag{6.66}$$

上式右辺第 2 項を無視する 1 次精度の近似を行い，式 (6.64) 右辺を n 時刻の変数で表す離散化方法を**オイラー陽解法**（Euler explicit method）という．式 (6.48) と同様に**中央差分**を用いると，拡散方程式は次の差分式で近似される．

$$\frac{\phi_{i,j}^{n+1} - \phi_{i,j}^{n}}{\Delta t} = \alpha\left(\frac{\phi_{i-1,j}^{n} - 2\phi_{i,j}^{n} + \phi_{i+1,j}^{n}}{\Delta x_1^2} + \frac{\phi_{i,j-1}^{n} - 2\phi_{i,j}^{n} + \phi_{i,j+1}^{n}}{\Delta x_2^2}\right) \tag{6.67}$$

$D_m = \alpha\Delta t/\Delta x_m^2$ とおいて（$m = 1, 2$），これを次のように表す．

$$\phi_{i,j}^{n+1} = \phi_{i,j}^{n} + D_1(\phi_{i-1,j}^{n} - 2\phi_{i,j}^{n} + \phi_{i+1,j}^{n}) + D_2(\phi_{i,j-1}^{n} - 2\phi_{i,j}^{n} + \phi_{i,j+1}^{n}) \tag{6.68}$$

この関係式では，未知変数は左辺の $\phi_{i,j}^{n+1}$ だけであり，右辺の変数は既知であるので，代入演算により順次各時刻の ϕ が定められる．計算手順は以下のように表される．

1. $\phi_{i,j}^{n}$ に初期条件と境界条件を設定する．
2. $\phi_{i,j}^{n}$ を用いて，境界を除く格子点上の $\phi_{i,j}^{n+1}$ を式 (6.68) から計算する．
3. 境界条件を用いて，境界上の $\phi_{i,j}^{n+1}$ を定める．
4. 上記の $\phi_{i,j}^{n+1}$ を $\phi_{i,j}^{n}$ とする（結果の更新）．
5. 所定の計算ステップあるいは定常解となれば計算を終了する．そうでなければ，上記 2. の手順に戻る．

上記 2. から 5. は，時間を Δt ずつ増加させる反復計算であり，**時間進行的な計算法**（time-marching method）といわれる．リスト 6.7 にプログラムの主要部分を示す．

28）$|_{i,j}^{n}$ は格子点 (i,j) 上の n 時刻における値を表す．

リスト 6.7 陽的に離散化された拡散方程式の計算プログラム例（主要部分のみ）

```
! x, dt, d1, d2, n1, n2, nstep, pstep などの値を設定 (内容省略)
phi(2:n1-1, 2:n2-1) = 0.0d0  ! 初期条件の設定
call set_dbc(phi, n1, n2)    ! ディリクレ境界条件の設定
call set_nbc(phi, x, n1, n2) ! ノイマン境界条件の設定
do istep = 1, nstep          ! nstep まで時間進行の反復演算を行う
   do j = 2, n2 - 1          ! 境界を除く内部の phi の値を計算
      do i = 2, n1 - 1
         phi2(i, j) = phi(i, j) &
           + d1 * (phi(i-1, j  ) - 2.0d0 * phi(i, j) + phi(i+1, j  )) &
           + d2 * (phi(i  , j-1) - 2.0d0 * phi(i, j) + phi(i  , j+1))
      enddo
   enddo
   call set_nbc(phi2, x, n1, n2)       ! ノイマン境界条件の設定
   er = chk_steady(phi, phi2, n1, n2)  ! 定常性のチェック
   phi(:, :) = phi2(:, :)              ! 結果の更新
   if (mod(istep, pstep) == 0) call output(phi, x, n1, n2) ! 途中結果出力
   if (er < er0) exit                  ! 定常解となっていれば終了
enddo
```

リスト 6.7 の中で用いられているサブルーチン set_dbc，set_nbc，output および関数 chk_steady は別途作成する必要がある．計算結果が定常解に到達していることを確認するには，配列 phi2 と phi の各要素の差の 2 乗和や，差の絶対値の最大値などをチェックすればよい．境界条件として**ディリクレ境界条件**が用いられる場合には，その境界上の $\phi_{i,j}$ は指定された値のままとしておけばよく，各時刻でこれを更新する必要はない．一方，式 (6.60) の**ノイマン境界条件**が与えられる場合には，各時刻の計算において，境界上の $\phi_{i,j}$ の値を次のように設定する．

$$\phi^n_{i,n_2} = \phi^n_{i,n_2-1} \qquad (i = 1, 2, \ldots, n_1) \tag{6.69}$$

なお，計算を安定に進めるには，次の条件が満たされればよい．

$$D_1 + D_2 \leq \frac{1}{2} \tag{6.70}$$

すなわち，時間方向の格子間隔（時間増分）Δt を，以下の条件を満足する値とする．

$$\Delta t \leq \frac{\Delta x_1^2 \Delta x_2^2}{2\alpha(\Delta x_1^2 + \Delta x_2^2)} \tag{6.71}$$

式 (6.70) の条件は，次の**ノイマンの安定性解析**により導かれる．虚数単位を I，波数を k_1，k_2 として，$\phi(t, x_1, x_2)$ がフーリエ級数展開により $\sum A(t, k_1, k_2) e^{I(k_1 x_1 + k_2 x_2)}$ と表されるとする．格子点上の変数は，$\phi^n_{i,j} = \sum A^n_{k_1,k_2} e^{I(k_1 i \Delta x_1 + k_2 j \Delta x_2)} = \sum A^n_{k_1,k_2} \times e^{I(i\theta_1 + j\theta_2)}$ と表される（$\theta_m = k_m \Delta x_m$）．計算が安定に進行するには，$n+1$ 時刻と n 時刻の振幅の比 $g = A^{n+1}_{k_1,k_2} / A^n_{k_1,k_2}$ が $|g| \leq 1$ という条件を満たせばよい．波数 (k_1, k_2)

成分のみに着目して，$\phi_{i,j}^{n} = A^{n} e^{Ii\theta_1} e^{Ij\theta_2}$ と表し，これを式 (6.68) に代入すると，

$$g = 1 + 2D_1(\cos\theta_1 - 1) + 2D_2(\cos\theta_2 - 1) \tag{6.72}$$

という関係が導かれる[29)]．すべての θ_m に対して $|g| \leq 1$ が成り立つには，式 (6.70) が満足されればよい．

なお，非定常計算を行う場合には，すべての時刻の ϕ を配列要素に格納する必要はなく，リスト 6.7 のように $\phi_{i,j}^{n}$ と $\phi_{i,j}^{n+1}$ の 2 時刻分の配列を用意して，それを更新する．ある時刻の計算結果を取得するには，その時刻のデータをファイル出力すればよい．

演習 6.19　初期条件を $\phi = 0$，境界条件を式 (6.44) として，式 (6.68) の適当な時刻の数値解を求めるプログラムを作成せよ．所定の時刻の ϕ をファイルに出力して gnuplot により描画せよ．また，Δt を変化させて，式 (6.71) の安定条件と実際の計算における安定性を比較せよ．

$\alpha = 0.5$ としたときの演習 6.19 の計算例を図 6.5 に示す．十分時間が経過すると定常状態に近づき，数値解は式 (2.7) で表されるラプラス方程式の理論解に漸近する．

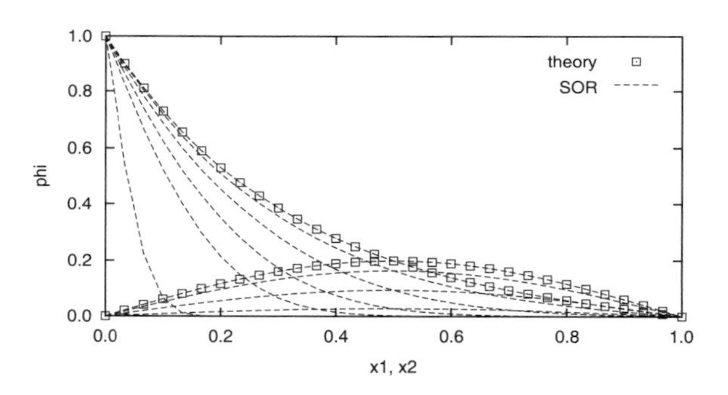

図 6.5　演習 6.19 の計算例
（$x_1 = 0.5$ および $x_2 = 0.5$ における分布．$\Delta t = 5.0 \times 10^{-4}$，格子数 31×31，出力ステップ数は，5，50，100，200，400，2000）

演習 6.20　式 (6.60) のノイマン境界条件が指定される拡散方程式の数値解を求めるプログラムを作成せよ．この定常解は，リスト 6.6 によるラプラス方程式の数値解とほぼ等しくなることを確認せよ．

演習 6.21　演習 1.24 で扱った 1 次元熱伝導問題の数値解を求めるプログラムを作成し，式 (1.12) で示される理論解と比較せよ（適当な時刻の温度分布を gnuplot で図示して両者を比較せよ）．

29）オイラーの公式 $e^{\pm i\theta} = \cos\theta \pm i \sin\theta$ を使う．

6.4.2 拡散方程式の陰的計算法

式 (6.67) では右辺は時刻 n で評価されたが，右辺に時刻 $n+1$ の変数を用いる方法を**オイラー陰解法**（Euler implicit method）とよび，離散化式は次のように表される[30]．

$$f\phi_{i,j-1}^{n+1} + e\phi_{i-1,j}^{n+1} + \phi_{i,j}^{n+1} + e\phi_{i+1,j}^{n+1} + f\phi_{i,j+1}^{n+1} = \gamma\phi_{i,j}^{n} \tag{6.73}$$

ここに，$\gamma = (1+2D_1+2D_2)^{-1}$ であり，$e = -\gamma D_1$ および $f = -\gamma D_2$ である．式 (6.73) はラプラス方程式の離散化式である式 (6.49) とよく似た形をしており，係数が異なることと，右辺が 0 でないことに注意すれば，6.3 節の解法を用いて $\phi_{i,j}^{n+1}$ を求めることができる．計算手順は p. 176 に示された陽解法と同様であるが，式 (6.68) の代わりに式 (6.73) の連立 1 次方程式の解を各時間ステップごとに求めることになる．

このように，陰的計算法では各時刻で連立 1 次方程式の解を計算しなければならず，計算負荷が大きいように見える．しかし，陽的計算法の部分で示したノイマンの安定性解析を式 (6.73) に適用すると，安定条件を定める振幅比 g は次式のようになり，Δt の値にかかわらず無条件安定（$|g| \le 1$）であることがわかる．

$$g = \frac{1}{1+2D_1(1-\cos\theta_1)+2D_2(1-\cos\theta_2)} \tag{6.74}$$

このため，時間増分 Δt を大きくとることが可能であり，所定の時刻の解あるいは定常解を得るまでの計算時間は陽的計算法よりも短くなる場合が多い．ただし，実際の計算では Δt に過大な値を設定すると計算精度や収束性に問題が生ずるので，試行により適当な大きさの Δt を定めることになる[31]．

演習 6.22 演習 6.19 の数値解を式 (6.73) を用いて求めるプログラムを作成せよ．この問題の定常解は式 (2.7) となることがわかっている．この理論解と数値解の誤差があるしきい値以下となるまでに要する計算時間を，陽解法と陰解法で比較せよ[32]．

定常解があらかじめ不明である一般の問題では，$\phi_{i,j}^{n+1}$ と $\phi_{i,j}^{n}$ の差に基づいて定常性を判定する．リスト 6.7 を例にとると，配列 `phi2` と `phi` の差 `er` が十分小さくなった時点で定常状態に到達したと判定する．この場合に，`er` ではなく単位時間あたりの変化量，すなわち `er/dt` を判定基準に用いると，`dt` が異なる陽解法と陰解法で同一の収束判定条件となる．

また，ノイマン境界条件が用いられる問題を陰解法で扱う場合には，連立 1 次方程式の計算の際に，ノイマン境界条件を正しく考慮する必要がある．このためには，6.3.3 項で述べた計算方法を用いればよい．

30） オイラー陰解法は**完全陰解法**（fully implicit method）ともよばれる．
31） 通常，式 (6.71) の上限の 10 倍から 100 倍くらいの値が利用できるが，詳細は問題に依存する．
32） おおよその計算時間の取得には，組み込みサブルーチン `cpu_time` を利用する．リスト 2.10 参照．

演習 6.23　ノイマン境界条件が用いられる演習 6.20 の数値解を式 (6.73) により求めるプログラムを作成せよ．定常解が得られるまでに要する計算時間を，陽解法と陰解法で比較せよ．定常性の判定には，上記の単位時間あたりの変化量を利用すること．

6.5　水面を伝わる波の計算

6.5.1　双曲型の微分方程式

次式のような関数 $h(x,t)$ の微分方程式の解を求める問題を考える[33]．

$$h_t + vh_x = 0 \tag{6.75}$$

$0 \leq t$，$0 \leq x \leq L$ とし，h に対して $t=0$ における初期値と，$x=0$ および L における境界条件が与えられる．t と x が時間と距離，$h(x,t)$ が波高を表すとすると，これは水面波の伝搬を表す方程式となり，流体分野では**移流方程式**とよばれる．

v が正の定数であるとき，h の初期分布を $f(x)=h(x,0)$ とすれば，式 (6.75) の解は $h(x,t)=f(x-vt)$ で与えられる[34]．これは，初期の波形がそのまま x の正の方向に一定の速度 v で移動する状態を表している．別の見方をすれば，図 6.6 に示すように，x-t 平面上において直線 $x-vt=C$（C は定数），あるいは $dx/dt=v$ で表される直線上では，h は一定の値となる．このような直線を一般に**特性曲線**といい，v を**特性速度**という．特性曲線に沿う微分 D/Dt は，次のように表される．

$$\frac{D}{Dt} = \frac{\partial}{\partial t} + v\frac{\partial}{\partial x} \tag{6.76}$$

特性曲線上では h は一定なので $Dh/Dt=0$ であり，これは式 (6.75) と同じ関係を表す．

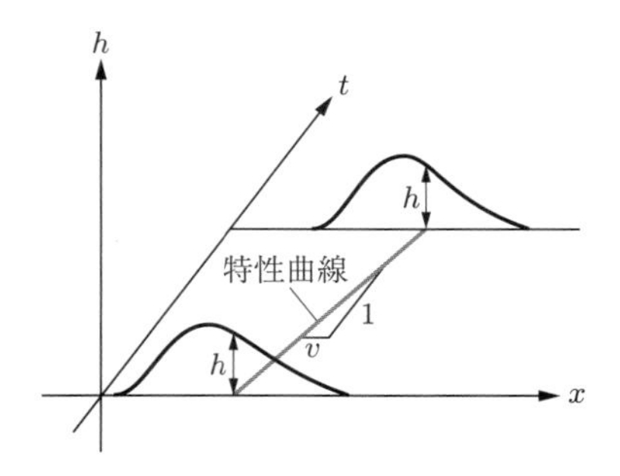

図 6.6　波の伝搬と特性曲線

33）下添字 t と x は，それらによる偏微分を表す．たとえば，$h_t = \partial h/\partial t$．また，$h(x,t)$ は x および t に対して連続的に滑らかに変化するとする．詳細については文献 [13] を参照されたい．

34）$X \equiv x - vt$ とすると，$f_t + vf_x = (df/dX)(X_t + vX_x) = 0$ より $f(x-vt)$ は式 (6.75) を満足する．

v が定数ではなく，x，t の連続的な関数 $v(x,t)$ であるときには，$dx/dt = v(x,t)$ と表される特性曲線は一般に曲線となる．この場合には，初期の波形は t の増加とともに歪んでしまうが，やはり特性曲線上では h は一定の値となる．さらに，v が h の関数であるときには，式 (6.75) は非線形な方程式となる．たとえば，$v = h$ とすると，式 (6.75) は $h_t + hh_x = 0$ という**非線形偏微分方程式**となる．波高 h が正であるとすると，波が高い部分は低いところよりも速く移動するため，波の「追いつき」が生ずる．すると，波形は不連続になり，それ以降は連続関数として扱えなくなる．しかし，追いつきが起こるまでは，特性曲線に沿ってやはり h は一定となる．

このように「特性曲線に沿って h が一定の値となる」という性質を利用して式 (6.75) の解を求める方法は，**特性曲線法**といわれる．以下では，この特性曲線法と，前節までに示された差分法を用いて波の移動や変形を計算するプログラムを作成する．

6.5.2 浅水流方程式と波動方程式

底面が水平で摩擦がない直線水路に水が流れている状態を考える．水深を h，流速（断面平均流速）を u とするとき，流体の粘性効果などを無視すると，h と u の関係は次の非線形偏微分方程式（1 次元**浅水流方程式**）により表される[35)]．

$$h_t + uh_x + hu_x = 0 \tag{6.77}$$

$$u_t + uu_x + gh_x = 0 \tag{6.78}$$

h と u はいずれも時間 t（≥ 0）と流下距離 x（$0 \leq x \leq L$）の関数であり，g は重力加速度である．$t = 0$ における初期条件と，$x = 0$ および L における境界条件が与えられるとき，上式の解を求める問題は**初期値・境界値問題**となる．

図 6.7 に示すように，底面から静止水面までの距離を H_0（正の定数）とし，水深を $h = H_0 + \eta$ と表す．$\eta \ll H_0$ として，η と u およびそれらの導関数の積がほかの項と

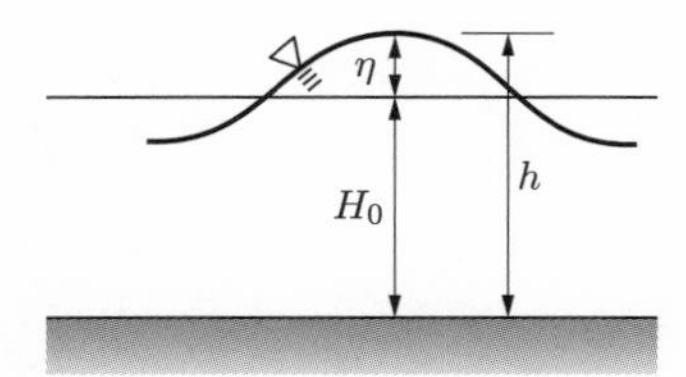

図 6.7 水深 h と H_0，η の関係

35） 流体の質量保存則（連続式）と，静水圧分布を仮定した 3 次元の流体の運動方程式（ナビエ－ストークス式あるいはこれに平均操作を加えたレイノルズ方程式）を水深方向および横断方向に積分すると，これらの方程式が導かれる．水深方向積分により得られる 2 次元浅水流方程式は，洪水や津波の計算に利用されている．

比較して無視できるとすると，式 (6.77) と式 (6.78) は次の線形な微分方程式となる．

$$\eta_t + H_0 u_x = 0 \tag{6.79}$$

$$u_t + g\eta_x = 0 \tag{6.80}$$

式 (6.79) を t，式 (6.80) を x で偏微分して u_{xt} を消去すると，次式が得られる．

$$\eta_{tt} = gH_0\eta_{xx} \tag{6.81}$$

これは**波動方程式**とよばれる**双曲型**の偏微分方程式である．式 (6.81) の一般解は $\pm\sqrt{gH_0}$ の速度で伝わる波の重ね合わせとなり，f，g を任意関数とすると，$\eta = f(x - \sqrt{gH_0}t) + g(x + \sqrt{gH_0}t)$ と表される．これをダランベール（d'Alembert）の解という．なお，$\sqrt{gH_0}$ は長波（水深と比較して波長が十分長い波）の波速に相当する．

6.5.3　特性曲線を利用する 1 次元浅水流方程式の計算法

式 (6.77) と式 (6.78) の数値解を特性曲線を利用して求める方法を考える．両式中には h と u が混在しているので，これを変形して式 (6.75) のように表せば特性曲線法を利用できる．このために，まずこれら 2 式を行列を用いて次のように表す．

$$\begin{pmatrix} h_t \\ u_t \end{pmatrix} + A\begin{pmatrix} h_x \\ u_x \end{pmatrix} = \mathbf{0}, \qquad \text{ここに，} A = \begin{pmatrix} u & h \\ g & u \end{pmatrix} \tag{6.82}$$

式 (6.82) の第 1 行が式 (6.77)，第 2 行が式 (6.78) を表している．

ここで，「2 次の正方行列 A が固有値 v，w に対する 2 つの 1 次独立な固有ベクトル $\boldsymbol{v}$，$\boldsymbol{w}$ をもつとき，行列 $P = (\boldsymbol{v}, \boldsymbol{w})$ は正則行列で，$P^{-1}AP$ は固有値 v，w を対角要素とする対角行列となる」という線形代数の定理を利用して，式 (6.82) の A を対角化し，特性曲線法を適用できる形とする．$c = \sqrt{gh}$ とおくと，A の固有値 v，w は次のように求められる．

$$v = u + c, \qquad w = u - c \tag{6.83}$$

また，これらに対する固有ベクトルを求めれば，対角化を行うための行列 P とその逆行列，また対角化された行列 $P^{-1}AP$ は，一例として以下のように求められる[36)]．

$$P = \begin{pmatrix} h & h \\ c & -c \end{pmatrix}, \quad P^{-1} = \frac{1}{2}\begin{pmatrix} 1/h & 1/c \\ 1/h & -1/c \end{pmatrix}, \quad P^{-1}AP = \begin{pmatrix} v & 0 \\ 0 & w \end{pmatrix} \tag{6.84}$$

次に，式 (6.82) に左から P^{-1} を乗じた結果は，次のように表される．

$$P^{-1}\begin{pmatrix} h_t \\ u_t \end{pmatrix} + (P^{-1}AP)P^{-1}\begin{pmatrix} h_x \\ u_x \end{pmatrix} = \mathbf{0} \tag{6.85}$$

36）固有ベクトルの大きさは一意的には定まらないので，ここでは大きさをある適当な値としている．

式 (6.85) の両辺を c 倍して，2 つの関係式を書き表すと，次のようになる．

$$p_t + vp_x = 0 \tag{6.86}$$

$$q_t + wq_x = 0 \tag{6.87}$$

上式中の p と q は，次のように表される．

$$p = c + \frac{1}{2}u, \qquad q = c - \frac{1}{2}u \tag{6.88}$$

また，逆に u，c，h は，p と q を用いて次のように表される．

$$u = p - q, \qquad c = \frac{1}{2}(p+q), \qquad h = \frac{c^2}{g} \tag{6.89}$$

式 (6.86) と式 (6.87) は，式 (6.75) と同様の形であるので，特性曲線法を利用できる．ここで用いる解法では，$0 \le x \le L$ の区間に，等しい間隔 Δx で並ぶ n 個の格子点を設定する．すべての変数を格子点上で離散的に定義し，たとえば格子点 i 上の時間ステップ k における水深を h_i^k のように表す（$i = 1, 2, \ldots, n;\ k = 1, 2, \ldots$）．具体的な計算方法は，以下のようになる．

1. 初期条件と境界条件に基づき，h_i^k，u_i^k を定める（$k = 1;\ i = 1, 2, \ldots, n$）．
2. 式 (6.83) と式 (6.88) を用いて，h_i^k，u_i^k から v_i^k，w_i^k，p_i^k，q_i^k を定める．
3. 境界を除く内部の格子点上の p_i^{k+1}，q_i^{k+1} を特性曲線を利用して求める（$i = 2, 3, \ldots, n-1$）．たとえば，式 (6.86) の p の値は，特性曲線 $dx/dt = v$ に沿って変わらない．このため，図 6.8 (a) に示すように，p_i^{k+1} の値は，格子点 i に到達する特性曲線の出発点である p_*^k と同じ値となる．ここでは，特性曲線を $dx/dt = v_i^k$ という直線に近似し，特性曲線の出発点にある p_*^k の値は，近くにある p_i^k から線形内挿することとしよう．すると，図 6.8 (b) のように，まず v_i^k の正負に応じて特性曲線の出発点を定め，次に p_{i-1}^k と p_i^k あるいは p_i^k と p_{i+1}^k の値を線形内挿し

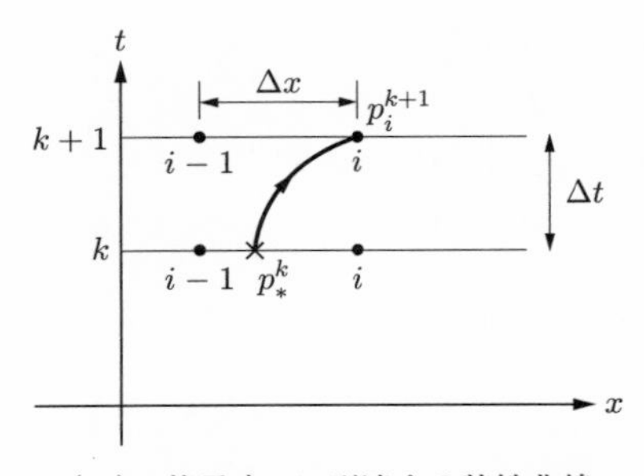

（a）　格子点 i に到達する特性曲線

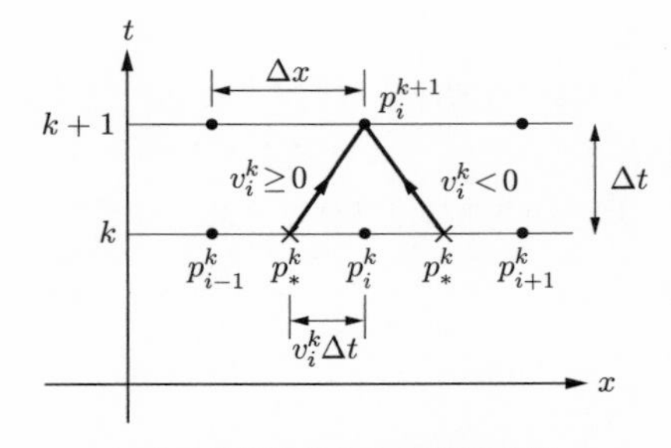

（b）　直線近似された特性曲線

図 6.8　格子点と特性曲線

て p_*^k を定める．特性曲線の性質から，この p_*^k の値がそのまま p_i^{k+1} となるので，p_i^{k+1} の具体的な計算式は次のように表される．

$$p_i^{k+1} = p_i^k - C(p_i^k - p_{i-1}^k) \qquad (v_i^k \geq 0 \text{のとき}) \tag{6.90}$$

$$p_i^{k+1} = p_i^k - C(p_{i+1}^k - p_i^k) \qquad (v_i^k < 0 \text{のとき}) \tag{6.91}$$

ここで，$C \equiv v_i^k \Delta t / \Delta x$ である．この C は**クーラン**（Courant）**数**とよばれ，計算を安定に進めるには $|C| \leq 1$ であることが必要である[37]．図 6.8 (b) からわかるように，この条件は，幾何学的には特性曲線の出発点が隣接格子点より内側に位置しなければならないという制約を表している．実際の計算では，この条件が満足されるように，Δt を十分小さい値とする．

4. 境界を除く内部の格子点上の q_i^{k+1} も同様に計算する（$i = 2, 3, \ldots, n-1$）．
5. 境界上（両端）の p_i^{k+1} を定める（$i = 1, n$）．たとえば，図 6.9 のように，上流端（左端）で p_1^{k+1} を計算するときには，特性速度 v_1^k が負であれば上記の内部の点と同様に特性曲線を利用して値を求める．しかし，v_1^k が正であると特性曲線は利用できないので，与えられたほかの条件から p_1^{k+1} を設定する[38]．

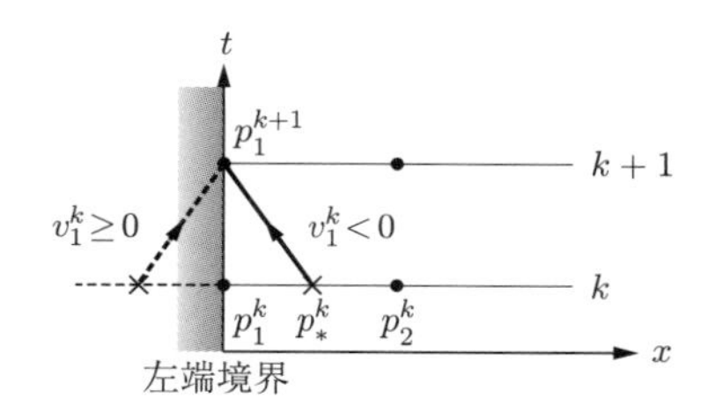

図 6.9　上流端（左端）における特性曲線

また，下流端（右端）においては，特性速度 v_n^k が正であれば特性曲線を利用して p_n^{k+1} を定め，v_n^k が負の場合にはほかの条件を利用する．

6. 境界上の q_i^{k+1} も同様に定める（$i = 1, n$）．
7. 計算された p_i^{k+1} と q_i^{k+1} から，式 (6.89) により u_i^{k+1}，c_i^{k+1}，h_i^{k+1} を求め，さらに式 (6.83) から v_i^{k+1} と w_i^{k+1} を計算する[39]．
8. $k+1$ ステップの変数を k ステップの変数とする（結果の更新）．
9. 所定の時刻まで計算できたら終了する．そうでない場合には上記 3. へ戻る．

37）これは **CFL 条件**といわれ，p. 177 の**ノイマンの安定性解析**を上記の式に適用して導かれる．
38）設定例については，p. 187 のリスト 6.13 を参照．
39）後述するプログラムでは，c_i^{k+1} は配列とせず，サブルーチン内のスカラ局所変数としている．

6.5.4 特性曲線法による1次元浅水流方程式の計算プログラム

上記の方法により1次元浅水流方程式の計算を行うプログラムを作成する．リスト6.8に主プログラムの例を示す．上記の変数 u, h, v, w, p, q はプログラム中でも同じ名称の変数で表され，$k+1$ ステップの p と q はそれぞれ pn, qn としている．

リスト 6.8　1次元浅水流方程式の計算を行う主プログラム

```
program main
  use subprogs
  implicit none
  real(8), allocatable :: x(:), u(:), v(:), w(:), h(:)
  real(8), allocatable :: p(:), q(:), pn(:), qn(:)
  real(8) dt, xl, dx, fr, gr, h0, dh
  integer n, itr, itrmax, i, pintv
  call set_init(n, dt, xl, dx, fr, gr, itrmax, pintv, h0, dh, &
       x, u, v, w, h, p, q, pn, qn) ! 変数値，初期条件などの設定
  call print_uh(x, h, u, gr, n, 1)  ! 出力ファイルを開き，初期条件を出力
  do itr = 1, itrmax                ! 時間進行計算を繰り返す
     call chk_cno(n, dx, dt, v, w)  ! クーラン数をチェック
     do i = 2, n - 1 ! 内部格子点の pn と qn を特性曲線法により定める
        call cm1d(pn, p, i, v, dt, dx)
        call cm1d(qn, q, i, w, dt, dx)
     enddo
     call bc_thru(pn, qn, p, q, v, w, n, dt, dx) ! 境界の pn と qn を定める
     call pq2uhvw(pn, qn, gr, u, h, v, w, n) ! pn,qn から u,h,v,w を定める
     p(:) = pn(:) ! 全格子点の p を更新する
     q(:) = qn(:) ! 全格子点の q を更新する
     if (mod(itr, pintv) == 0) call print_uh(x, h, u, gr, n, 0) ! 出力
  enddo
  call print_uh(x, h, u, gr, n, -1)        ! 出力ファイルを close する
  deallocate(x, u, v, w, h, p, q, pn, qn) ! 割付け解除
end program main
```

リスト6.8の主プログラム中では，モジュール subprogs 内に記述されたサブルーチン set_init，print_uh，chk_cno，cm1d，bc_thru，pq2uhvw が用いられる．

set_init は，入力ファイルから変数値を読み取り，割付け配列の割付けと初期値の設定を行う．演算の主要部分は，たとえば以下のように書かれる．

リスト 6.9　サブルーチン set_init の演算の主要部分

```
    open(10, file = 'data.d')        ! 入力ファイルを開く
    read(10, *) n, itrmax, pintv     ! 格子点数 n，反復回数，出力間隔
    read(10, *) dt, xl, fr, gr, h0  ! dt，L，フルード数，g，基準水深
    close(10)                        ! 入力ファイルを閉じる
    dx = xl / dble(n - 1)            ! dx の設定
    dh = 0.1d0 * h0                  ! 初期水面形設定のための dh を設定
    allocate (x(n), u(n), v(n), w(n), h(n), p(n), q(n), pn(n), qn(n))
    x(:) = (/ (dx * dble(i - 1), i = 1, n) /) ! x 座標を設定
    u(:) = sqrt(gr * h0) * fr ! フルード数 fr を用いて流速を設定
```

```
  h(:) = h0 + dh * exp(- (x(:) - 0.5d0 * xl) ** 2 / 1.0d2) ! 初期水面形
  call uh2pqvw(u, h, gr, p, q, v, w, n) ! u,hからp,q,v,wを定める
```

上記の例では，入力ファイル data.d から数値を読み取り，変数の数値の設定[40)]，割付け配列の割付け，格子点の x 座標の値，流速と水面形の初期条件を定める．最後の call 文は上記の計算手順 2. に相当し，uh2pqvw は u と h の初期値から p，q，v，w を定めるサブルーチンである（内容は省略）．

また，計算結果を出力ファイルに書き込むためのサブルーチン print_uh の主要部分はリスト 6.10 に示すとおりである．ここでは，引数 fopen の値により，ファイルの open および close 操作が行われるものとしている．

リスト 6.10　サブルーチン print_uh の演算の主要部分

```
subroutine print_uh(x, h, u, gr, n, fopen)
  !...(変数の宣言文)
  if (fopen == 1) then        ! fopen=1 ならファイルを open する
     open(20, file = 'uh.d')
  else if (fopen == -1) then ! fopen=-1 ならファイルを close して return
     close (20)
     return
  endif
  do i = 1, n ! 各格子点上の x,h,u, フルード数の出力
     write(20, '(10e16.8)') x(i), h(i), u(i), u(i) / sqrt(gr * h(i))
  enddo
  write(20, *) '' ! gnuplot による描画のため空行を入れておく
end subroutine print_uh
```

サブルーチン chk_cno はクーラン数が 1 を超えていないことをチェックするもので，その主要部分は組み込み関数 maxval および max を用いてリスト 6.11 のように書かれる．また，サブルーチン cm1d では，リスト 6.12 のようにして式 (6.90) と式 (6.91) が計算される．pn と qn の計算には，同一のサブルーチンを利用できる．

リスト 6.11　サブルーチン chk_cno の演算の主要部分

```
  cno1 = maxval(abs(v(:)) * dt / dx)
  cno2 = maxval(abs(w(:)) * dt / dx)
  cno  = max(cno1, cno2)
  if (cno >= 1) then
     write(*, *) 'stop, cno >= 1, cno = ', cno
     stop
  endif
```

40）フルード数については p. 187 で解説する．

リスト 6.12 サブルーチン cm1d の演算の主要部分

```
cno = v(i) * dt / dx   ! クーラン数を計算
if (cno >= 0.0d0) then ! 特性曲線の出発点位置に応じて空間内挿
   pn(i) = p(i) - cno * (p(i  ) - p(i-1))
else
   pn(i) = p(i) - cno * (p(i+1) - p(i  ))
endif
```

サブルーチン bc_thru では境界上の pn，qn を定める．リスト 6.13 では，特性曲線の出発点が領域外部となる場合には，前ステップの値を維持する条件としている．

リスト 6.13 サブルーチン bc_thru の演算の主要部分

```
do i = 1, n, n - 1        ! このループでは，i は 1 と n という値のみをとる
   pn(i) = p(i)           ! 前ステップの値をデフォルト値として設定
   qn(i) = q(i)           ! 同上
   cno1 = v(i) * dt / dx  ! クーラン数を計算
   cno2 = w(i) * dt / dx  ! 同上
   if (i == 1) then       ! 上流端（特性速度が負なら pn,qn を計算）
      if (cno1 < 0.0d0) pn(i) = p(i) - cno1 * (p(i+1) - p(i  ))
      if (cno2 < 0.0d0) qn(i) = q(i) - cno2 * (q(i+1) - q(i  ))
   else if (i == n) then  ! 下流端（特性速度が正なら pn,qn を計算）
      if (cno1 > 0.0d0) pn(i) = p(i) - cno1 * (p(i  ) - p(i-1))
      if (cno2 > 0.0d0) qn(i) = q(i) - cno2 * (q(i  ) - q(i-1))
   endif
enddo
```

最後のサブルーチン pq2uhvw は，p，q から u，h，v，w を計算するもので，上記の計算手順 7. に相当する（プログラムは省略）．

さて，以上のような主プログラムとモジュールサブルーチンを用意し，入力ファイル data.d に一例として次のような計算条件（m-sec 単位）を記述して実行する．

リスト 6.14 計算条件を含む data.d ファイルの記述例

```
100     200     20                          : n, itrmax, pintv
1.0d-1  1.0d2   0.5d0    9.8d0    1.0d-1 : dt, xl, fr, gr, h0
```

ここで，**フルード**（Froude）**数** Fr は次式で定義される無次元数である．

$$\mathrm{Fr} = \frac{u}{\sqrt{gh}} \tag{6.92}$$

フルード数は流速 u と**波速** $\sqrt{gh}$ の比を表しており，$|\mathrm{Fr}| > 1$ の場合は射流，$|\mathrm{Fr}| < 1$ の場合は常流といわれる流れとなる．射流では波速よりも流速の方が大きいので，水面の波は下流側のみへ伝搬し，上流側へは伝わらない．射流では式 (6.83) の 2 つの固有値はいずれも正であるが，常流では固有値は正と負の値となる．

計算結果を図示するには，gnuplot を起動した後，以下のように入力すればよい．

```
gnuplot> plot 'uh.d' with lines
```

すると，横軸を x 座標，縦軸を h とするグラフが表示される．出力間隔 pintv ごとの結果がすべて描画されるので，表示の粗密が適当でない場合には，pintv に適当な値を設定して再計算すればよい．出力ファイル uh.d には，水深 h のほかに流速 u やフルード数も出力されているので，x-u あるいは x-Fr の関係を描画することができる[41)]．リスト 6.14 に示された条件で計算された結果を図 6.10 (a) に示す．また，図 6.10 (b) はリスト 6.14 のフルード数のみを 1.5 としたときの計算結果である．前者では波が上下流両方向に伝搬するが，後者では下流（図の右側）方向のみに伝搬する．

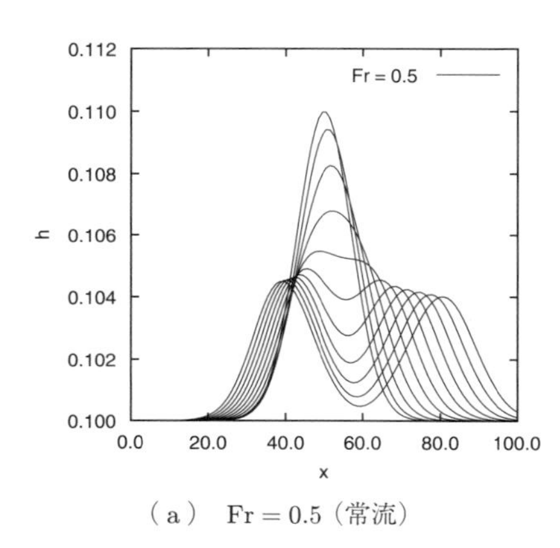

（a） $\mathrm{Fr} = 0.5$（常流）

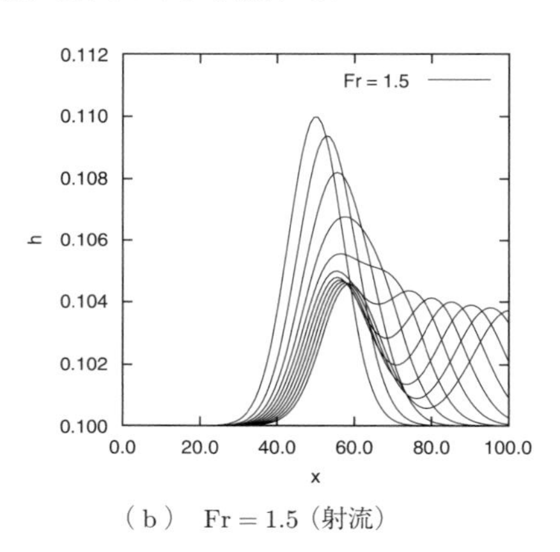

（b） $\mathrm{Fr} = 1.5$（射流）

図 6.10　計算により得られた x と h の関係

演習 6.24　上記の計算プログラムを完成させ，$\mathrm{Fr} > 1$ の場合と $\mathrm{Fr} < 1$ の場合の波の伝搬の様子を考察せよ．$\mathrm{Fr} = 0, 1$ あるいは $\mathrm{Fr} < 0$ の場合はどのようになるか．

6.5.5　2次元波動方程式の計算プログラム

6.5.2 項で示されたように，浅水流方程式を線形化することにより，波動方程式が得られる．この数値解を差分法により求める方法を考えよう．解法は，6.4 節で扱った拡散方程式の場合とほぼ同様であり，読者は容易にそのプログラムを作成できるだろう．ここでは，次式の 2 次元波動方程式を扱うこととする．

$$\eta_{tt} = gH_0(\eta_{x_1x_1} + \eta_{x_2x_2}) \tag{6.93}$$

41）`gnuplot> plot 'uh.d' using 1:3 with lines` などとする．

$0 \leq t$, $0 \leq x_1, x_2 \leq L$ とし，初期条件と境界条件は以下とする．

$$\eta = f(x_1, x_2), \quad \eta_t = 0 \qquad (t = 0) \tag{6.94}$$

$$\frac{\partial \eta}{\partial n} = 0 \qquad \text{（すべての境界上）} \tag{6.95}$$

式 (6.64) の拡散方程式との相違は，左辺が t の 2 階偏微分となっている点である．式 (6.93) の両辺に**中央差分**を用いて陽的に離散化すると，次の関係が得られる．

$$\begin{aligned}\eta_{i,j}^{n+1} &= 2(1 - C_1 - C_2)\eta_{i,j}^{n} - \eta_{i,j}^{n-1} \\ &\quad + C_1(\eta_{i-1,j}^{n} + \eta_{i+1,j}^{n}) + C_2(\eta_{i,j-1}^{n} + \eta_{i,j+1}^{n})\end{aligned} \tag{6.96}$$

ここに，$C_m = gH_0\Delta t^2/\Delta x_m^2$ である（$m = 1, 2$）[42]．上式が拡散方程式の差分式と異なる点は，時間方向に 3 つの格子点を用いることである．$t = 0$ における η が離散化式では $\eta_{i,j}^2$ と表されるとすると（上添字は時間ステップを表す），$\eta_{i,j}^3$ を求めるには $\eta_{i,j}^2$ と $\eta_{i,j}^1$ が必要となる．ここでは，式 (6.94) のように初期条件として $\eta_t = 0$ が与えられるので，式 (6.66) の関係を用いて，近似的に $\eta_{i,j}^1 = \eta_{i,j}^2$ とすればよい．

リスト 6.15 に計算プログラムの主要部分を示す．η を表す変数 eta は 3 次元配列とし，$\eta_{i,j}^{n+1}$，$\eta_{i,j}^{n}$，$\eta_{i,j}^{n-1}$ は，それぞれ eta(i,j,3)，eta(i,j,2)，eta(i,j,1) と表される．また，x_1，x_2 方向の格子点数はそれぞれ n1，n2 である．

リスト 6.15 2 次元波動方程式の計算プログラムの主要部分

```
c(1:2) = gr * h0 * dt ** 2 / dx(1:2) ** 2  ! C1,C2を定める
c0 = 2.0d0 * (1.0d0 - c(1) - c(2))
do itr = 1, itrmax                         ! 時間進行の反復計算
   do j = 2, n2 - 1                        ! 内部領域の eta の計算
      do i = 2, n1 - 1
         eta(i, j, 3) =  c0 * eta(i, j, 2) - eta(i, j, 1) &
              + c(1) * (eta(i-1, j  , 2) + eta(i+1, j  , 2)) &
              + c(2) * (eta(i  , j-1, 2) + eta(i  , j+1, 2))
      enddo
   enddo
   eta(2:n1-1, 2:n2-1, 1) = eta(2:n1-1, 2:n2-1, 2) ! 内部領域の結果の更新
   eta(2:n1-1, 2:n2-1, 2) = eta(2:n1-1, 2:n2-1, 3) ! 同上
   eta( 1,  :, :) = eta(   2,    :, :) ! 境界条件の設定
   eta(n1,  :, :) = eta(n1-1,    :, :) ! 同上
   eta( :,  1, :) = eta(   :,    2, :) ! 同上
   eta( :, n2, :) = eta(   :, n2-1, :) ! 同上
enddo
```

この計算では 3 種類の時刻の変数が用いられるので，結果を更新する際には，リスト 6.15 のように $\eta_{i,j}^{n+1}$ と $\eta_{i,j}^{n}$ をそれぞれ $\eta_{i,j}^{n}$ と $\eta_{i,j}^{n-1}$ とする演算が必要である．

42） 式 (6.96) を安定に計算するには，$C_1 + C_2 \leq 1$ となるように Δt を十分小さく設定する．

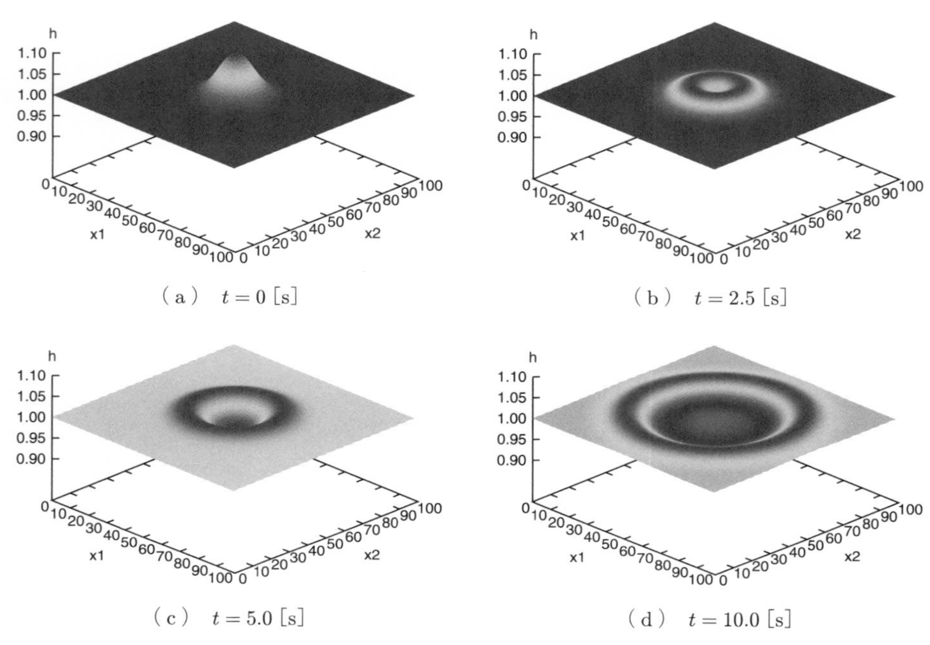

（a）　$t = 0$ [s]

（b）　$t = 2.5$ [s]

（c）　$t = 5.0$ [s]

（d）　$t = 10.0$ [s]

図 6.11　2次元波動方程式の計算例

図 6.11 に計算例を示す．これは，n1 と n2 を 101，$L = 100$ [m]，$H_0 = 1$ [m]，$\Delta t = 0.1$ [s] としたときの結果である．初期水面形の設定には，リスト 6.9 と同様の指数関数を用いている．また，計算結果の描画方法は，図 6.4 の場合と同様である．

演習 6.25　リスト 6.15 のプログラムを完成させて，適当な初期水面形を設定して，図 6.11 のような計算結果の表示を行ってみよう．

第7章 ▶ OpenMPによる並列計算

7.1 OpenMPの基本

7.1.1 進化するPCとコンパイラ

本章を追記している2019年時点でも，大学などで利用されるほぼすべてのスーパーコンピュータにFortranコンパイラが用意されていることからわかるように，数値計算においてFortranは重要な位置づけとなっている．一方，本書の最初の出版（2007年）から10年以上の時間が経過しており，身近なPCやコンパイラなどは進化を続け，次のような状況となっている．

- 一般に購入するノートPCなどに，複数のコアが搭載されるようになった．
- OpenMP[1)]の規定に従って若干手を加えたFortranの並列計算プログラムはgfortranでコンパイルできるようになり（GCC 4.2.0以上），PCの複数コアを使う**並列計算**が可能となった．
- 上記のようにして作成された並列計算プログラムは，高性能の計算機（たとえば大学・研究所などのスーパーコンピュータ）でも利用できる．

つまり，OpenMPを利用すれば，前章までに作成したFortranプログラムに少々手を加えるだけで，それらを並列計算プログラムとすることが可能である．本章では，初めてOpenMPを使ってみようという読者を対象として，FortranプログラムをOpenMPにより並列化する基本的な方法を紹介する．

まず，利用するPCに複数のコアが搭載されていることを確認しよう．購入時のPCの説明書を確認したり，macOS，Linux，Windowsなど，各OSでコア数を調べるコマンドなどが用意されているので，それらを利用しよう[2)]．

実際にハードウエアとしてPCに搭載されているコアの数は，物理コア数といわれる．一方，ハイパースレッディング・テクノロジー（Hyper-Threading Technology, HTT）という機能があるPCでは，物理コア数より数多くのコア（論理コア）を演算処理で利用できる．使用するPCでHTTが利用できるかどうかも確認しておこう．

1) OpenMPはプログラム言語ではなく，たとえばFortranで書かれたプログラムを並列化するために挿入する文や関数，サブルーチンの使い方などを規定する仕様である．共有メモリシステム上で並列処理を行うために利用される．OpenMPの公式サイトは，https://www.openmp.org で，こちらの仕様（Specifications）にOpenMPのルールが書かれている．

2) 詳細はOSのサポートサイト，信頼できるインターネットのサイトなどを参照されたい．

図7.1は，一例として，2個の物理コア（コア0とコア1）を内蔵するプロセッサ・パッケージとメインメモリの関係を，かなり単純化して示したイメージである3)．図7.1のシステムの特徴は，以下のとおりである．

- 演算処理を行うコアが2個あるので，ある演算を2つに分割して，それぞれのコアで計算すれば，2倍近い速度で演算処理が行える可能性がある．
- 2個のコアは，メインメモリを共有している．これを共有メモリシステムという．2個のコアは，メインメモリ内の同じ変数（共有変数）を参照したり，変数に値を書き込んだりできる4)．

なお，図7.1のシステムでHTTを利用できれば，論理コア数を4として，さらに高速に演算を行える可能性がある．

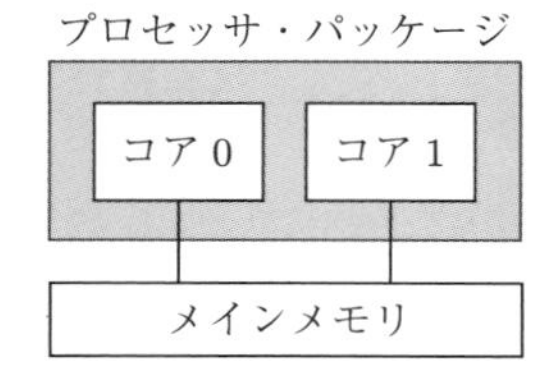

図7.1　デュアルコア・プロセッサとメインメモリの簡単なイメージ

次に，GCC 4.2.0以上の最新バージョンのgfortranをPCにインストールしよう5)．一方，OpenMPにも開発段階に応じてバージョン番号が付けられている．OpenMPに対応するコンパイラを使うときには，コンパイラのバージョンと，サポートされるOpenMPのバージョンの対応を念のため確認しておこう6)．とくに，OpenMPの高いバージョンで追加された機能を使う場合は，それがコンパイラでサポートされていることを確認しておく必要がある．なお，本章では，OpenMPバージョン3.0程度の主要な機能のみを紹介する7)．これらは基本的な機能であるので，本書のプログラムリストなどは，より高いバージョンのOpenMPに対応する高性能な計算機に移植しても適切に動作するだろう8)．

---

3)　各コアに付属し，アクセスが高速なキャッシュメモリやその他諸々は一切省略している．

4)　共有変数については，7.1.4項で詳しく述べる．

5)　インストールされているgfortranのバージョンを確認するには，`gfortran --version`と入力する．

6)　たとえば，gfortranでは，OpenMPの公式サイト https://www.openmp.org/resources/openmp-compilers-tools/ のCompilersにてGNUの項目を見ると，コンパイラのバージョン（たとえばGCC 6.1）と，サポートされるOpenMPのバージョン（たとえばOpenMP 4.5）の関係が確認できる．

7)　Fortranユーザのための資料として，拙著[1]がある．少々古いバージョンだが，OpenMP 2.5を対象としており，本章の内容をより詳しく理解する際には役立つだろう．

8)　本章で扱うプログラムは，gfortran（GCC 8.3.0）にて動作確認している．

7.1.2 OpenMPを使ってみよう

複数のコアを同時に使う並列処理（あるいは並列計算）に対して，単一のコアを使う演算を逐次処理（逐次計算）とよぶ．前章までは，並列処理を意識せず，逐次計算プログラムを扱ってきた．OpenMPによる並列計算プログラムを作るには，まず正しく動くFortranの逐次計算プログラムを作成し，これにOpenMPの指示文[9]や関数，サブルーチンを適宜書き加えていけばよい．

最初に，次の簡単な逐次処理プログラムを考えよう．

リスト 7.1 helloと出力する逐次処理プログラム

```
program hello
  write (*, *)   'hello'
end program hello
```

リスト7.1のプログラムをOpenMPにより並列化した例が，リスト7.2である．

リスト 7.2 並列処理によりhelloが2回出力されるプログラム

```
program hello
  !$ use omp_lib       ! OpenMPのモジュールの使用宣言
  !$ call omp_set_num_threads(2)  ! 使用するスレッド数を定める
  !$OMP parallel       ! 並列領域開始 (フォーク)
    write (*, *)   'hello'
  !$OMP end parallel  ! 並列領域終了 (ジョイン)
end program hello
```

リスト7.2をOpenMPによる並列プログラムとしてコンパイルして，実行してみよう．gfortranを用いてコンパイルする場合には，オプション -fopenmpを付ける[10]．リスト7.2のプログラムのファイル名がhello.f90であるときは，以下のようにする[11]．

OpenMPを使うプログラムをgfortranでコンパイルする方法

```
gfortran -fopenmp hello.f90
```

上記のように，オプション -fopenmpを付けてコンパイルした後，実行すると，helloが2回出力される．これが2並列処理の出力結果である．

なお，オプション -fopenmpを付けずに，逐次処理プログラムとしてコンパイルすると，先頭に記号！が付いた行はコメント文として無視される．このため，実行するとリスト7.1のプログラムと同様に，helloが1回だけ出力される．このように，OpenMPによる並列処理プログラムは，コンパイルオプションがなければ，逐次処理プログラム

9) OpenMPの仕様のdirectiveを，本章では「指示文」と表記する．
10) コンパイラが異なると，オプションも異なる場合があるので注意する．
11) 付録4に示したように，Makefileにこのオプションを記述して利用すると便利である．

として動作する．したがって，次項7.1.3で説明する条件付きコンパイル文を適切に書いておけば，OpenMP非対応のコンパイラでも，逐次計算用のプログラムとしてコンパイル可能である．

7.1.3　OpenMPの基本的な記述方法

リスト7.2のプログラムで，文頭に記号`!$`が付いた文は，**条件付きコンパイル文**といい，また`!$OMP`から始まる文を**指示文**とよぶ[12]．いずれも先頭に記号`!`があるが，gfortranでコンパイルする際にオプション`-fopenmp`を付けると，条件付きコンパイル文は実行文として認識される．また，先頭に`!$OMP`が付いた文も，OpenMPの指示文として扱われる．逐次計算では使われないOpenMPプログラム特有の記述，たとえばOpenMPの関数を使う実行文などは，先頭に記号`!$`を付けて，条件付きコンパイル文としておくとよい．

リスト7.2のプログラムの各行を見ていこう．2行目の`use omp_lib`は，第3章で述べた`use`文によるOpenMPのモジュールの使用宣言である．モジュールはコンパイラ側で用意されているので，プログラムにはこの`use`文のみを書けばよい．この使用宣言は，OpenMPの指示文や関数，サブルーチンを使うプログラム単位ごとに記述する．3行目の`call omp_set_num_threads(2)`では，OpenMPのサブルーチンを呼び出しており，引数を2とすることにより，スレッド（thread，処理の流れ）の数を2，すなわち2並列の処理をする条件を設定している．`call omp_set_num_threads()`により，スレッド数を使用可能なコア数以下に設定すれば，1スレッドの演算は自動的に1コアで実行される[13]．

図7.2に示すように，リスト7.2の演算処理は逐次処理としてスタートし，`parallel`指示文，すなわち`!$OMP parallel`に到達したときに，スレッドは2本に分かれ（フォーク），2スレッドが同時に実行する2並列処理（リスト7.2では`write`文の実行）が行われる．その結果，`hello`が2回出力されたのである．そして，処理が`!$OMP end parallel`に到達すると，2本のスレッドは再び1本となり（ジョイン），それ以降は逐次処理となる．`!$OMP end parallel`では，すべてのスレッドの処理が終了した後に，それ以降の逐次処理を開始する．このように，`!$OMP parallel`と`!$OMP end parallel`の間が「**並列領域**」で，この領域で複数のスレッドが生成されて並列処理が行われる[14]．それ以外の部分は，1スレッドのみで演算が行われる「**逐次領域**」となる．OpenMPによる並列計算では，この「並列領域」を生成し，その中である演算処理を分割して，それらを各スレッド（すなわち各コア）に割り当てて実行することにより，逐次処理よりも高

12）指示文の接頭語（sentinel）`!$OMP`は，`!$omp`のように小文字でもよい．

13）スレッドとコアの関係を明示的に扱うaffinityという考え方がOpenMP 4.0から導入されている．

14）並列領域における複数のスレッドをチーム（team）とよぶことがある．

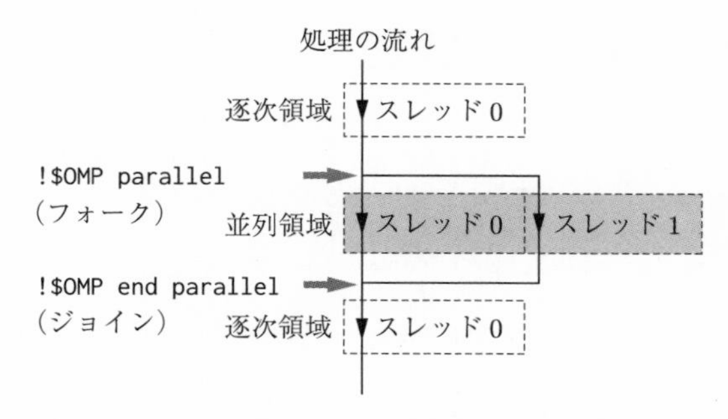

図 7.2 parallel 指示文によるスレッドのフォーク・ジョインと並列領域

速に実行することが基本となっている.

図 7.2 のような処理の流れは，**フォーク・ジョインモデル**（fork-join model）といわれ，この並列処理はスレッド並列処理とよばれる．図 7.3 (a) の例のように，1 つのプログラムの中に複数の並列領域があっても問題ない[15]．一方，図 7.3 (b) のように，並列領域内のスレッドがさらに並列領域を生成する「並列領域のネスト」も可能であるが，高度なテクニックとなるので，特段の理由がある場合のみの利用とするのが無難である.

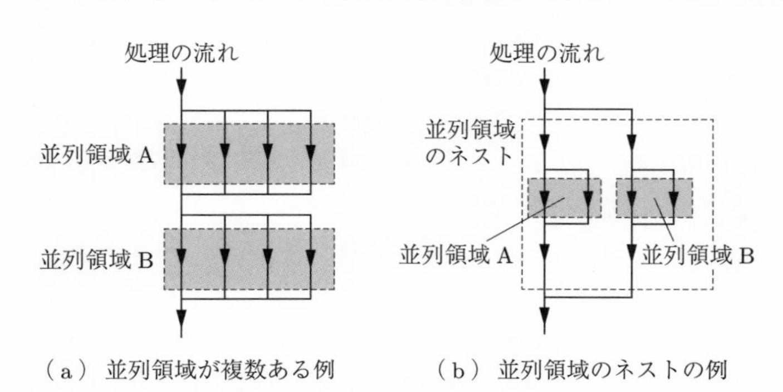

（a） 並列領域が複数ある例　　（b） 並列領域のネストの例

図 7.3 複数の並列領域・並列領域のネスト

さて，図 7.2 に示したように，スレッドには 0 から始まるユニークな整数の番号（スレッド番号）が自動的に付けられる．並列領域以外の部分は，0 番のスレッドのみが処理を行う逐次領域である．スレッド番号を取得する OpenMP の関数は，omp_get_thread_num() である（引数は不要）．この関数を用いるプログラム例をリスト 7.3 に示す.

15) 可能であれば，並列領域の数を少なくしたほうが，フォーク・ジョインに伴う負荷が少なくなる．また，複数の並列領域間でスレッド数は一定にしておくことを推奨する.

リスト 7.3　逐次・並列領域でスレッド番号を出力するプログラム

```
program thread_no
  !$ use omp_lib  ! OpenMP のモジュールの使用宣言
  !$ write (*, *) 'serial-1, my thread no = ', omp_get_thread_num()
  !$ call omp_set_num_threads(2)  ! 使用するスレッド数を定める
  !$OMP parallel      ! 並列領域開始 (フォーク)
    !$ write (*, *) 'parallel, my thread no = ', omp_get_thread_num()
  !$OMP end parallel  ! 並列領域終了 (ジョイン)
  !$ write (*, *) 'serial-2, my thread no = ', omp_get_thread_num()
end program thread_no
```

リスト7.3の実行結果は以下のようになり，図7.2のスレッド番号に対応した出力となることがわかる．なお，並列領域では，各スレッドはランダムな順序で処理を行うため，下記の出力例の2行目と3行目の出力順序が逆になる場合もある．

```
serial-1, my thread no =            0
parallel, my thread no =            0
parallel, my thread no =            1
serial-2, my thread no =            0
```

7.1.4　共有変数とプライベート変数，データ依存性，barrier 指示文

本章では，図7.1のように複数のコアがメインメモリを共有する，共有メモリシステムを扱っている．このため，並列領域では，すべてのスレッドが共通にアクセス（読み書き）可能な変数を設定できる．これを**共有変数**という．一方，演算では1つのスレッドのみがアクセス可能で，ほかのスレッドからはアクセスできない変数，すなわち**プライベート変数**が必要となる場合がある．

図7.4に，メインメモリに設定された共有変数 s とプライベート変数 p のイメージを示す．共有変数 s は2つのコアからアクセスできるが，コア0のプライベート変数 p はコア0のみアクセスでき，コア1からはアクセスできない．変数名は共通に p であるが，実態は各スレッド固有のプライベートな変数となっている．

プライベート変数を設定するには，リスト7.3などで利用した parallel 指示文に private 節を付けて変数を指定すればよい[16)]．private 節による指定がなければ，変数

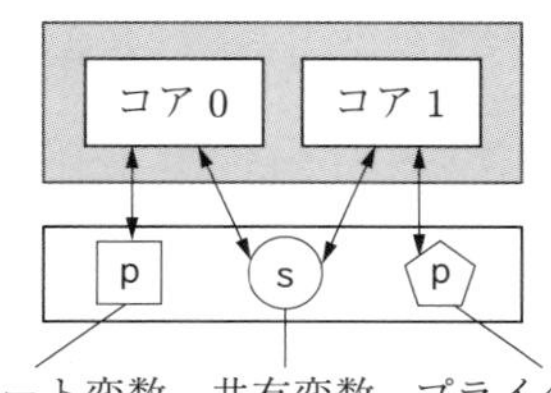

図 7.4　2つのコアと共有変数・プライベート変数のイメージ

16）OpenMPの仕様のclauseを，本章では「節」と表記する．

は共有変数となる[17]．並列領域内では，変数名が同じプライベート変数が，スレッド数と同じ数だけ用意されることになる．

具体例を考えよう．リスト7.3のプログラムで，並列領域においてスレッド番号を変数pに格納する場合には，pはプライベート変数でなければならない．もし，共有変数sに格納すると，2つのスレッドのうち，最後にsに書き込まれた値（上書きされた値）がそれ以降の並列領域で使われることになるが，スレッドが処理を行う順序は決まっていないため，実行するたびに結果が異なってしまう可能性がある．

これを実際にプログラムを書いて確かめてみよう．リスト7.4のプログラム例では，6行目で`!$OMP parallel private(p)`として，`parallel`指示文に`private`節を付け，変数pをプライベート変数と指定している．一方，sは`private`節に含まれていないので，共有変数である．また，リスト7.4では，9行目で並列領域内のすべてのスレッドの同期をとるために`barrier`**指示文**が使われている[18]．したがって，リスト7.4では，すべてのスレッドがプライベート変数pと共有変数sにスレッド番号を格納して同期をとった後，スレッド番号とpおよびsを出力する．なお，条件付きコンパイル文の継続行は，10行目と11行目のように書けばよい．

リスト7.4　並列領域で共有変数とプライベート変数を利用する例

```
program private_shared
  !$ use omp_lib
  implicit none
  integer :: nth = 2, p, s
  !$ call omp_set_num_threads(nth)  ! 使用するスレッド数を定める
  !$OMP parallel private(p) ! 並列領域開始 (pをプライベート変数と指定)
    !$ p = omp_get_thread_num() ! プライベート変数pにスレッド番号を格納
    !$ s = omp_get_thread_num() ! 共有変数sにスレッド番号を格納
    !$OMP barrier               ! スレッドの同期をとる
    !$ write (*, *) 'my thread no., p, s = ', & ! スレッド番号と
    !$               omp_get_thread_num(), p, s ! pとsを出力する
  !$OMP end parallel        ! 並列領域終了
end program private_shared
```

リスト7.4のプログラムをコンパイル[19]して何度か実行すると，

```
 my thread no., p, s =            0           0           1
 my thread no., p, s =            1           1           1
```

17) Fortranでは，doループの制御変数（カウンタ）は，`private`節による指定がなくてもプライベート変数となる（OpenMP API Version 4.5 Nov. 2015）．ただし，本章では安全のためすべてのプライベート変数は`private`節で指定しておく．

18) 並列領域内で先に`barrier`指示文に到達したスレッドは，ほかのすべてのスレッドが`barrier`指示文に到達するのを待ち，すべてのスレッドが揃ってから`barrier`指示文以降の演算を開始する．

19) 本章の以下の部分では，とくに指定しない限り，「コンパイル」とは，gfortranにオプション`-fopenmp`を付けてコンパイルすることを表す．

といった出力が見られるだろう[20]．各行で出力される3つの数値のうち，最初のスレッド番号と2番目のpの値は必ず等しくなる．これは，プライベート変数pが，各スレッドが独自に使える（共有されていない）変数であるためである．これに対して，3番目の出力である共有変数sの値は，上記の1行目の出力のように最初の2つの値と異なる場合がある．この理由は，上記の例ではスレッド番号1のスレッドが，共有変数sへ後から書き込みを行ったためであり，上記1行目のスレッド番号0の出力ではsの値は1となっている．何度か実行すると，以下のような出力も現れるだろう．

```
 my thread no., p, s =            0           0           0
 my thread no., p, s =            1           1           0
```

これは，共有変数sへの書き込み順序が逆になった場合の結果である．上記の例のように，並列領域におけるスレッドの処理の順序は決まっていない．

スレッドの処理の順序に依存して結果が変わってしまうことを「**データ依存性**（data dependencies）」という．データ依存性がある処理は，逐次計算と同様の結果が得られない可能性があるため，基本的には並列化できない．このような処理を並列化する場合には，データ依存性の問題が発生しないように，計算手順やアルゴリズムを変更するなどの対策が必要である[21]．

プログラミングのポイント7.1

- ☑ 並列領域内では，スレッド固有の変数はプライベート変数にする．
- ☑ 共有変数のデータ依存性に注意する．

7.1.5　逐次領域の変数と並列領域のプライベート変数

7.1.4項では，並列領域でプライベート変数を利用できることを示した．並列領域の前，すなわちフォークする以前に宣言された変数pと，並列領域内のプライベート変数pは，共通の値をもつのだろうか．また，並列領域終了後，すなわちジョインした後の逐次領域の変数pは，並列領域の演算の影響を受けているのだろうか．これらを確認するために，リスト7.5を実行してみよう．

リスト7.5　逐次領域と並列領域における変数の関係

```
program private_shared2
  !$ use omp_lib
  implicit none
  integer :: p = -999, s = 100
  write (*, *) 'before : p, s = ', p, s  ! 逐次領域での出力
  !$ call omp_set_num_threads(2)  ! 使用するスレッド数を定める
```

20）リスト7.3の実行結果と同様に，1行目と2行目が入れ替わることは問題ない．
21）データ依存性の詳細については，拙著[1]などを参照されたい．

```
  !$OMP parallel private(p) ! 並列領域開始 (pをプライベート変数と指定)
    !$ if (omp_get_thread_num() == 0) s = s + 23 ! スレッド0のみがs+23
    !$OMP barrier                                ! スレッドの同期をとった後,
    !$ write (*, *) 'my thread no., p, s = ', &  ! 各スレッドの
    !$              omp_get_thread_num(), p, s   ! 結果を出力
  !$OMP end parallel        ! 並列領域終了
  write (*, *) 'after  : p, s = ', p, s  ! 逐次領域での出力
end program private_shared2
```

リスト7.5の実行結果の一例は，次のようになる．

```
before : p, s =          -999          100
my thread no., p, s =             0            0            123
my thread no., p, s =             1        32766            123
after  : p, s =          -999          123
```

上記の出力例では，2行目と3行目のpの値（0と32766）が，逐次領域で設定したpの値（-999）と異なり，不定となっている．この結果に示されるように，以下の性質があることに注意しよう．

- 共有変数sについては，フォーク前の逐次領域で設定した変数sの値（リスト7.5では100）が並列領域内でも保持されている．また，共有変数sは，並列領域内で設定した値（リスト7.5では123）をジョイン後の逐次領域でも保持している．
- プライベート変数pは，フォーク前の逐次領域の値（リスト7.5では-999）を並列領域で保持していない．並列領域内ではプライベート変数pの初期値は不定であることに注意し，ゼロクリアや初期値の設定を忘れずに行うこと[22)]．
- 並列領域内のプライベート変数pの値は，ジョイン後の逐次領域の変数pには引き継がれない．ジョイン後は，フォーク前の変数pの値（リスト7.5では-999）となっている．

図7.5に，以上のような逐次領域と並列領域における変数の関係を簡単に示す．共有変数sは，逐次領域および並列領域のいずれでも共通の値を保持する変数である．一方，並列領域内のプライベート変数pは，逐次領域の変数pとは異なる変数で，共通の値はもたない．

また，複数の並列領域があるとき，異なる並列領域間では，プライベート変数の値は引き継がれない．たとえば，図7.3(a)で示した並列領域Aのプライベート変数pの値は，並列領域Bのプライベート変数pには引き継がれないので注意しよう[23)]．

---

22) ジョイン前のpの値をプライベート変数pに引き継ぐために，firstprivate節を用いて，!$OMP parallel firstprivate(p)とする方法がある[1]．

23) 異なる並列領域間でプライベート変数を引き継ぐためには，threadprivate指示文を使う必要がある[1]．

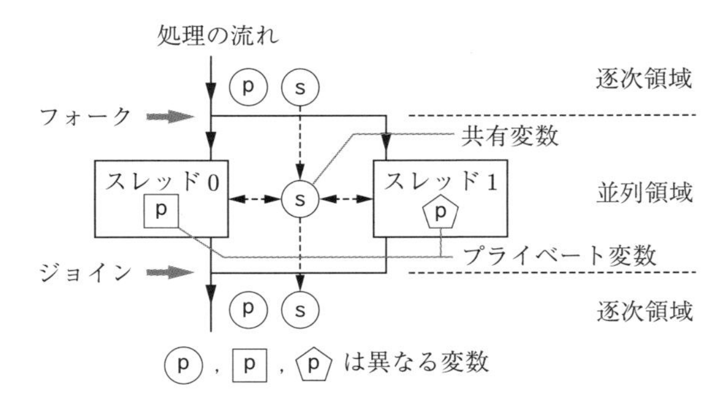

図7.5　逐次領域と並列領域における各種変数の関係

7.2　並列領域における指示文とスレッドの制御

7.2.1　single指示文

parallel指示文を利用して設定された並列領域では，とくに指定しなければ，すべてのスレッドがランダムな順序で演算処理を行う．複数のスレッドのうち，ある実行文に最初に到達した1つのスレッドのみにその演算処理を実行させたい場合には，single指示文を使う．

リスト7.6は，single指示文により，ある1つのスレッドのみが並列領域内のスレッドの数を出力する例である．並列領域内のスレッドの数を確認したい場合には，omp_get_num_threads()というOpenMPの関数を使う．

リスト7.6　single指示文により並列領域のスレッドの数を出力する例

```
program single_directive
  !$ use omp_lib
  !$ call omp_set_num_threads(4)  ! 使用するスレッド数を定める
  !$OMP parallel       ! 並列領域開始
    !$OMP single       ! single指示文
      !$ write (*, *) 'number of threads = ', omp_get_num_threads()
    !$OMP end single  ! end single指示文
    !$ write (*, *) 'parallel, my thread no = ', omp_get_thread_num()
  !$OMP end parallel  ! 並列領域終了
end program single_directive
```

リスト7.6では，call omp_set_num_threads(4)として，スレッド数を4と設定している．並列領域では，これらのスレッドのうち，最初に!$OMP singleに到達したスレッドのみが並列領域内のスレッド数，すなわちomp_get_num_threads()の結果を出力する．もし，このsingle指示文がなければ，すべてのスレッドがこれと同じ処理をするので，スレッドの数だけ同じ（不要な）出力が現れる．このような場合に，single

指示文は便利である．

また，!$OMP end single の位置では，すべてのスレッドの同期がとられる[24]．リスト 7.4 で利用した barrier 指示文がこの位置にあると考えればよい．ここで同期が行われた後，すべてのスレッドがそれ以降の処理を開始する．リスト 7.6 の例では，single 指示文により，1 つのスレッドがスレッド数を出力した後で，各スレッドがスレッド番号を出力することになる．スレッド番号の出力順序はランダムになるが，!$OMP end single で同期されるため，必ずスレッド数の出力が行われた後で，スレッド番号が出力されることになる．

single 指示文の便利な機能を 1 つ紹介しておこう．並列領域で read 文が実行される場合は，スレッド数と同じ数の入力データを用意する必要がある．もし，並列領域内のすべてのプライベート変数に，1 回の read 文の実行で同一の値を設定したい場合には，リスト 7.7 のように，copyprivate 節を利用すればよい．

リスト 7.7 single 指示文でプライベート変数をブロードキャストする例

```
program single_broadcast
  !$ use omp_lib
  !$ implicit none
  !$ integer p
  !$ call omp_set_num_threads(4)  ! 使用するスレッド数を定める
  !$OMP parallel private(p)       ! 並列領域開始，p はプライベート変数
    !$ p = -999          ! 適当な初期値を設定してみる
    !$OMP single        ! single 指示文
      !$ write (*, *) 'input p = '
      !$ read (*, *) p               ! 1 つのスレッドのみが p を読む
    !$OMP end single copyprivate(p) ! end single 指示文，ブロードキャスト
    !$ write (*, *) 'my thread no and p = ', omp_get_thread_num(), p
  !$OMP end parallel  ! 並列領域終了
end program single_broadcast
```

リスト 7.7 のように，!$OMP end single copyprivate(p) とすれば，ある 1 つのスレッドが read 文で読み込んだ p の値がすべてのスレッドのプライベート変数 p にコピーされる．リスト 7.7 で copyprivate(p) を取り除くと，出力の 1 つは read 文で読んだ値となるが，ほかのスレッドの出力は，初期値として設定した -999 となる．

7.2.2 do 指示文

前節で示したように，parallel 指示文を利用すると，複数のスレッドが同時に演算を行う並列領域を設定できる．この並列領域において，ある演算を分割して，各スレッドに割り当てれば，演算に要する時間を短縮できるだろう．

---

24) 同期をとらず，先を急ぐ場合は，nowait 節を利用して，!$OMP end single nowait とする．

簡単な例として，1 次元配列 x に 0 を代入する次のプログラム部分を考えよう[25)]．

```
integer :: x(10)
do i = 1, 10
   x(i) = 0
enddo
```

PC のコア数が 2 であり，2 スレッドの並列処理により，上記の do ループの演算を行う場合は，これを

```
do i = 1, 5
   x(i) = 0
enddo
```

という演算と，残りの演算

```
do i = 6, 10
   x(i) = 0
enddo
```

に分けて，各スレッドに実行させればよい．このように，並列領域で do ループの演算を分割してスレッドに割り当てるために，do **指示文**が用意されている[26)]．do 指示文を使うと，上記の演算はリスト 7.8 のように書かれる．

リスト 7.8　配列をゼロクリアする並列計算

```
program parallel_zero
  !$ use omp_lib
  implicit none
  integer :: i, n = 10
  integer, allocatable :: x(:)
  allocate (x(n))
  !$ call omp_set_num_threads(2)  ! 使用するスレッド数を定める
  !$OMP parallel private(i) ! 並列領域開始，i はプライベート変数
    !$OMP do                ! do 指示文
    do i = 1, n               ! do ループの演算は自動的に
       x(i) = 0               ! 分割されて各スレッドに
    enddo                     ! 割り当てられる
    !$OMP enddo             ! end do 指示文 (暗黙の同期，省略可能)
  !$OMP end parallel        ! 並列領域終了
end program parallel_zero
```

リスト 7.8 では，並列領域の内部に do ループを書き，その直前に !$OMP do という do 指示文を付けている．このようにすれば，do ループの演算が自動的に分割されて，各ス

25) 配列要素の値は宣言しただけでは不定なので，逐次計算，並列計算にかかわらず，プログラム中の早い段階で初期値を設定（あるいはゼロクリア）しておくことが重要である．とくに，OpenMP で演算の最初に配列をゼロクリアする処理は**ファーストタッチ**ともいわれ，コアがアクセスしやすいメモリ領域に配列要素を配置できるため有効であるとされている．

26) parallel 指示文と do 指示文を結合した !$OMP parallel do という指示文もある．7.2.3 項を参照のこと．

レッドに割り当てられる[27)].

図 7.6 は，この do 指示文のはたらきを示したものである．図 7.6 (a) のように，do 指示文を付けないと，並列領域内のすべてのスレッドが，同じ始値と終値の範囲のループ演算を実行する．一方，このループ演算を分割して，各スレッドに実行させたい場合には，リスト 7.8 に示されるように，対象とする do ループの直前に do 指示文を入れる．すると，図 7.6 (b) のように，ループカウンタの始値と終値がスレッドごとに調整されて，ループ演算が分割して実行される．

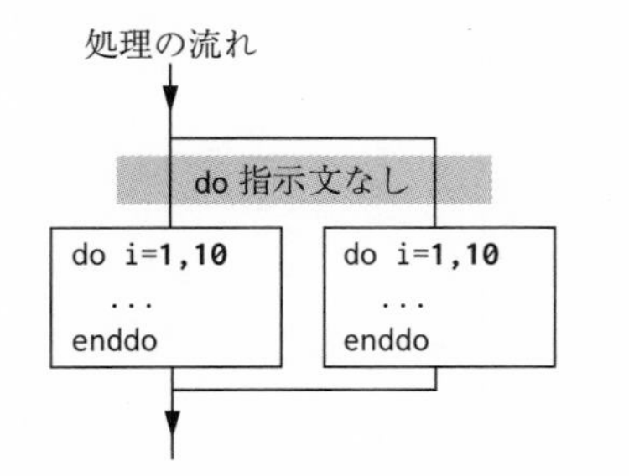

（a） do 指示文がない場合のループ演算の例

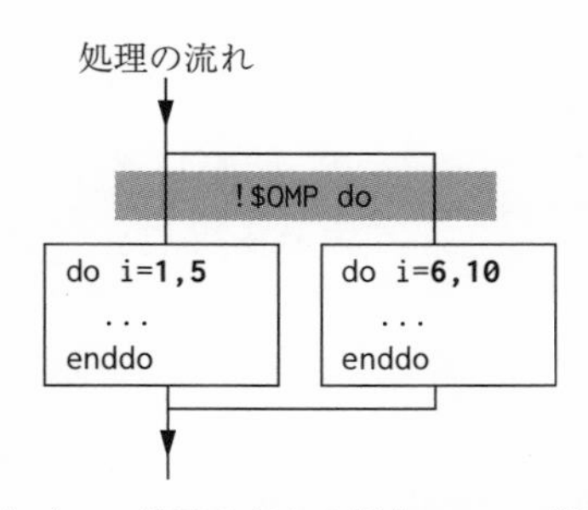

（b） do 指示文がある場合のループ演算の例

図 7.6　並列領域内における do 指示文とループ演算の範囲

なお，リスト 7.8 では，前節で述べたデータ依存性の問題を考慮して，`!$OMP parallel private(i)` としており，do ループの制御変数（カウンタ）`i` をプライベート変数としている[28)]．また，リスト 7.8 では，enddo の後に `!$OMP enddo` を書いて，do 指示文の終了箇所を明示している．この `!$OMP enddo` に到達すると，各スレッドの同期がとられる[29)]．つまり，リスト 7.4 で用いた `barrier` 指示文がこの位置にあると考えればよい．このため，`!$OMP enddo` 以降では，各スレッドが do ループで実行された結果を同様に使うことができる．なお，この `!$OMP enddo` は省略することが許されており，省略した場合はその直前の enddo がこれと同じはたらきをする．

7.2.3 `parallel` do 指示文

7.2.2 項では，まず `parallel` 指示文により並列領域を設定した後，次に並列領域内の do ループを do 指示文を用いて分割し，各スレッドに演算を割り当てる並列化法の手順を示した．リスト 7.8 の例のように，プログラム中の do ループのみを並列的に計算し

27)　ループの分割やスレッドへの割り当てをユーザが指定する方法は，7.2.10 項で示す．

28)　Fortran で OpenMP を使う場合は，do 指示文直後の do ループの制御変数は自動的にプライベート変数となるが，安全のために本章では `private` 節を付けることとする．

29)　`single` 指示文と同様に，同期が不要な場合は `!$OMP enddo nowait` とする．

たい場合は，これら 2 つの指示文を結合したショートカットである，**parallel do 指示文**（!$OMP parallel do）を利用してもよい．

parallel do 指示文を用いると，リスト 7.8 のプログラムは，次のリスト 7.9 のように書かれる．なお，並列計算の終了部分に書かれた !$OMP end parallel do は省略可能であり，省略した場合は直前の enddo がそれと同じはたらきをする．

リスト 7.9　parallel do 指示文により配列をゼロクリアする並列計算

```
program parallel_zero_shortcut
  !$ use omp_lib
  implicit none
  integer :: i, n = 10
  integer, allocatable :: x(:)
  allocate (x(n))
  !$ call omp_set_num_threads(2)  ! 使用するスレッド数を定める
  !$OMP parallel do private(i) ! parallel do 指示文，i はプライベート変数
    do i = 1, n                ! 並列領域が設定され，do ループの演算は
       x(i) = 0                ! 自動的に分割されて各スレッドに
    enddo                      ! 割り当てられる
  !$OMP end parallel do        ! 並列演算終了 (省略可能)
end program parallel_zero_shortcut
```

なお，リスト 7.9 では，スレッド数を 7 行目で call omp_set_num_threads(2) として設定しているが，この実行文を省略し，parallel do 指示文に含めて，!$OMP parallel do private(i) num_threads(2) とすることも可能である[30]．

7.2.4　reduction 節と総和を求める並列計算

7.2.2 項では，並列領域内で do 指示文を用いて，do ループの演算を分割して複数のスレッドに割り当てる方法を紹介した．これを利用して，総和の計算など，**リダクション演算**とよばれる計算を並列処理するプログラムを考えよう．

ごく簡単な例であるが，wa = 0 とした後，2 スレッドの並列計算で，1 から 2 までの総和を求める次の do ループの演算を考える．

```
do i = 1, 2
   wa = wa + i
enddo
```

wa を共有変数として，リスト 7.8 と同様に，上記の do ループの演算を 2 つのスレッドに実行させるとしよう．すると，7.1.4 項で述べたデータ依存性の問題が起こる．この問題を理解するために，まず逐次計算における上記の do ループの演算内容を示すと，

30）並列領域ごとに利用するスレッド数を変えることは可能であるが，特殊な事情がない限りスレッド数は一定とし，プログラムの最初で call omp_set_num_threads(nth) として，スレッド数 nth（正の整数）を指定しておくことを勧める．

1. wa の初期値 0 を読み，これに 1 を加えて，その結果 1 を wa に書き込む.
2. wa の値 1 を読み，これに 2 を加えて，その結果 3 を wa に書き込む.

という演算が順に行われる．一方，これらの演算が 2 つのスレッドで並列的に実行される場合は，上記 1. と 2. の演算順序はランダムになる．スレッド 0 が上記 1.，スレッド 1 が上記 2. を行うとしよう．このとき，たとえばスレッド 0 が結果 1 を wa に書き込む前に，スレッド 1 が wa の値（この時点では 0）を読んでしまうと，スレッド 1 が書き込む値は 2 となってしまう．そして，スレッド 0 の書き込みがスレッド 1 より後であれば，最終的な wa の値は 1，その逆であれば 2 となり，いずれにしても逐次計算の結果とは一致しない誤った結果となってしまう．このような問題を回避するためには，次のように，do 指示文に reduction 節を付けて，リダクション演算の種類と，その結果を格納する変数をコロンで区切って指定すればよい.

```
!$OMP do reduction(+ : wa)
```

一般には，reduction 節は，オペレータと変数名をコロンで区切って記述する.

reduction 節の記述方法

```
reduction(オペレータ : 変数名 (複数の場合はカンマで区切る) )
```

オペレータには，和 (+)，差 (-)，積 (*) のほかに，Fortran では最大値あるいは最小値を求める組み込み関数 max と min，またビット演算や論理演算子などを書くことができる．コロンの右側には変数名を書く．リダクション演算の結果を格納する変数が複数ある場合は，それらをカンマで区切って記述する.

リスト 7.10 に，reduction 節を用いて，1 次元配列 x と y で表される 2 つのベクトルの内積を求めるプログラム例を示す．内積計算では，ベクトルの成分の積の総和を求めるため，リスト 7.10 では do 指示文に reduction 節を付けている.

リスト 7.10 ベクトルの内積を OpenMP で並列計算するプログラム

```
program parallel_dotp
  !$ use omp_lib
  implicit none
  integer :: i, n = 1000
  real(8) :: dp = 0.0d0
  real(8), allocatable :: x(:), y(:)
  allocate (x(n), y(n))
  call random_number(x(1:n))
  call random_number(y(1:n))
  !$ call omp_set_num_threads(2)  ! 使用するスレッド数を定める
  !$OMP parallel private(i)       ! 並列領域開始
    !$OMP do reduction(+ : dp)    ! do 指示文に reduction 節を付ける
    do i = 1, n
       dp = dp + x(i) * y(i)
```

```
    enddo
    !$OMP enddo
  !$OMP end parallel              ! 並列領域終了
  write (*, *) 'parallel dp = ', dp
  write (*, *) 'serial   dp = ', dot_product(x(1:n), y(1:n))
end program parallel_dotp
```

リスト7.10では，並列領域終了後の逐次領域で，並列計算の結果であるdpと，逐次計算で求めた内積の値の両方を確認のために出力している．これらはほぼ同じ値になるが，小数点以下の高い位（右端とそれに近い位置の数値）は，並列計算と逐次計算で異なる場合がある．一般に実数の計算では，計算順序が異なると，丸め誤差の影響で小数点以下の高い位の結果が変わってしまうことがある．並列計算と逐次計算では，計算の順序が異なる場合があるので，このような相違が生ずる[31]．

演習7.1 リスト7.10のプログラムを作成して実行し，並列計算と逐次計算で求めた結果を比較せよ．また，do指示文に付けられたreduction節を取り除いて実行すると，並列計算では正しい結果が得られなくなることを確認せよ．

なお，7.2.3項で紹介したショートカットを使う場合は，reduction節を追加して，リスト7.10の該当部分を以下のように書くこともできる．

```
  !$OMP parallel do private(i) reduction(+ : dp)
    do i = 1, n
       dp = dp + x(i) * y(i)
    enddo
  !$OMP end parallel do          ! 省略可能
```

7.2.5 critical 指示文

並列領域では，とくに制御しなければ，複数のスレッドの処理がランダムな順序で同時に進められる．並列領域のある演算箇所で，排他的な逐次処理，すなわち「単一のスレッドが1回ずつ行う処理」を行いたい場合には，次のようにcritical指示文を利用する．

```
  (並列領域内)
    !$OMP critical
      (実行文：複数行でもよい)
    !$OMP end critical
```

上記の!$OMP criticalと!$OMP end criticalで囲まれた「**クリティカル領域**」の演算処理は，1回に1つのスレッドのみが実行できる．あるスレッドがクリティカル領域の演算を行っている間，ほかのすべてのスレッドはクリティカル領域に入ることはでき

31）並列計算では実行ごとに計算順序が変わり，異なる誤差が生ずる可能性がある．この影響を小さくするには，倍精度実数など，仮数の桁数が長い実数を利用するなどの工夫が必要である．

ず，待機する状態となる．そして，あるスレッドのクリティカル領域の演算が終了すると，待機していた1つのスレッドがクリティカル領域の演算を開始する．このようにして，待機しているスレッドがなくなるまで，各スレッドの演算が行われる．クリティカル領域にスレッドが入る順序はコンパイラの実装に任されている．クリティカル領域では，演算の処理速度は逐次計算と同程度になってしまうため，並列領域内で排他処理が必要で，相対的にその負荷が軽微な場合に用いられる．

リスト 7.11 は，critical 指示文とプライベート変数を用いて 1 から n までの総和を求める計算例である．

リスト 7.11　critical 指示文とプライベート変数を用いて総和を計算する例

```
program parallel_critical
  !$ use omp_lib
  implicit none
  integer :: i, n = 1000, psum, wa = 0
  !$ call omp_set_num_threads(2)  ! 使用するスレッド数を定める
  !$OMP parallel private(i, psum) ! 並列領域開始，i と psum はプライベート変数
    psum = 0                     ! プライベート変数 psum をゼロクリア
    !$OMP do                     ! do 指示文 (reduction 節はなし)
    do i = 1, n
      psum = psum + i            ! 各スレッドがプライベート変数 psum に加算する
    enddo
    !$OMP enddo                  ! enddo 指示文 (省略可能)
    write (*, *) 'my thread no and psum = ', omp_get_thread_num(), psum
    !$OMP critical               ! critical 指示文
      wa = wa + psum             ! 排他的に和を計算，wa は共有変数
    !$OMP end critical
  !$OMP end parallel             ! 並列領域終了
  write (*, *) 'wa = ', wa
end program parallel_critical
```

リスト 7.11 では，リスト 7.10 と異なり，reduction 節を利用せず，プライベート変数 psum に各スレッドで計算された総和を格納し，クリティカル領域で psum の和を排他的に求めて，共有変数 wa に結果を書き込んでいる．psum の総和を求める演算は，クリティカル領域内で実行しないと，7.1.4 項で述べたデータ依存性の問題があるため正しい結果が得られない[32]．リスト 7.11 の実行結果の一例は，以下のようになる．

```
my thread no and psum =            0      125250
my thread no and psum =            1      375250
wa =       500500
```

演習 7.2　リスト 7.11 のプログラムを作成して実行し，クリティカル領域の有無により，結果がどのようになるかを確認せよ．

32) 2 コアの PC を利用する場合など，スレッド数が少ないときには，たまたま正しい結果が得られるように見えることがあるが，プログラムは誤りであるので注意しよう．

7.2.6 配列演算のデータ依存性

7.1.4 項で述べたデータ依存性の問題は，並列領域内で do 指示文により分割・割り当てされた配列演算でも発生することがある．配列 x が共有変数であるとき，次の演算を並列的に実行する場合を考えよう．

```
do i = 2, n
   x(i) = x(i) + x(i - 1)
enddo
```

逐次計算の場合には，上記の do ループの最初の 2 ステップ（i = 2, 3）では，

```
   x(2) = x(2) + x(1)
   x(3) = x(3) + x(2)
```

という演算が順に実行される．つまり，1 行目で計算された x(2) が 2 行目の右辺で利用される．これに対して，2 並列の計算で，スレッド 0 が 1 行目，スレッド 1 が 2 行目の演算をランダムな順序で実行すると，たとえばスレッド 0 が x(2) に結果を格納する前に，スレッド 1 が x(2) の値を読む可能性があり，この場合には逐次計算と同じ結果が得られない．配列演算を並列化する場合には，このようなデータ依存性の問題に注意する必要がある．

一方，共有変数である配列 x と y を使う次の演算例には，データ依存性はない．

```
do i = 2, n
   y(i) = x(i) + x(i - 1)
enddo
```

上記の例では，複数のスレッドが右辺の x(i) と x(i-1) をランダムな順序で「参照」するだけであり，それらの値は変わらない[33]．このため，do ループが分割されて並列的に実行されても，左辺の y(i) には逐次計算と同じ結果が書き込まれる．

プログラミングのポイント 7.2

☑ **do 指示文を付けた do ループ内の配列演算ではデータ依存性の問題に十分注意する（右辺と左辺に同一配列が使われているときなどには注意しよう）．**

7.2.7 do 指示文と多重 do ループと演算の時間計測

多重 do ループの演算を分割して各スレッドに割り当てる簡単な方法としては，最も外側の do ループの前に do 指示文を書けばよい．リスト 7.12 は，倍精度実数型の 3 次元配列 a を並列処理によりゼロクリアし，その演算に要する経過時間を計測するプログラム部分である．

33）この例の並列計算をより高速に実行するためには工夫する余地があるが，逐次計算と同じ結果が得られるという意味では問題ない．

リスト 7.12 3 次元配列 a をゼロクリアする並列処理の経過時間を出力する例

```
...
!$ t1 = omp_get_wtime()          ! 時刻を取得
!$OMP parallel private(i, j, k) ! 並列領域開始
  !$OMP do collapse(3) ! collapse 節を付けると多重ループが展開される
  do k = 1, n3
     do j = 1, n2
        do i = 1, n1
           a3(i, j, k) = 0.0d0
        enddo
     enddo
  enddo
  !$OMP enddo
!$OMP end parallel               ! 並列領域終了
!$ write (*, *) 'elapsed time = ', omp_get_wtime() - t1 ! 経過時間を出力
...
```

リスト 7.12 の do 指示文には，collapse 節を付けている．collapse 節を付けない場合には，do 指示文の直後の do ループ，すなわちリスト 7.12 の例では do k ... の演算のみが分割されて，各スレッドに割り当てられる．一方，これより内側の 2 重ループでは，演算は分割されず，ループカウンタの始値と終値の範囲すべての演算が全スレッドで実行される．

これに対して，リスト 7.12 のように，collapse(m) 節を付けると，do 指示文から m 重目までの do ループが展開されて，それらが 1 重のループとして扱われ，これが分割されて各スレッドに割り当てられる．リスト 7.12 では，collapse(3) としているので，3 重ループが単一の do ループと扱われて並列化されている．演算の内容によっては collapse 節を付けることができない場合もあるが，多重ループの展開が可能なときには，collapse(m) 節により演算が高速になる場合がある[34]．

以上のように，collapse 節を付けない場合には，do 指示文の直後の do ループのみが並列処理の対象となる．この場合に，次のように do 指示文を多重ループの 1 つ内側に入れることは誤りではない[35]．

```
...
do k = 1, n3
   !$OMP do      ! do 指示文
   do j = 1, n2 ! このループのみが分割され，各スレッドに割り当てられる
      do i = 1, n1
         ...
```

上記の場合には，do k ... のループと do i ... のループは分割されず，すべてのスレッドが始値と終値の範囲の演算を行い，do j ... のループのみが分割されて演算が

34） リスト 7.12 の例では，n1 と n2 が十分大きい値で，n3 がスレッド数より小さいときには有効．
35） このとき，対応する !$OMP enddo の位置も変更する必要がある．

各スレッドに割り当てられる．ただし，上記の例では，演算の分割，割り当てなどの処理が n3 回繰り返されることになり，演算の負担となる可能性がある．

なお，リスト 7.12 では，OpenMP の関数 omp_get_wtime() を利用して，並列領域の前後で時刻を取得し，その差を計算して経過時間を求めている[36]．OpenMP による演算の経過時間を計測するには，リスト 2.10 で利用した Fortran の組み込みサブルーチン cpu_time() は使えないので注意しよう．

プログラミングのポイント 7.3

☑ OpenMP により並列化された演算の経過時間を計測するには，cpu_time() ではなく omp_get_wtime() を使う．

演習 7.3　リスト 7.12 を利用して，全体のプログラムを作成し，配列要素数やスレッド数，collapse 節の効果などを経過時間を計測して考察せよ[37]．

7.2.8　行列ベクトル積

2.6.5 項で述べたように，行列ベクトル積は 2 重の do ループを使って計算される．リスト 2.14 のプログラムを利用して，OpenMP で並列化した例をリスト 7.13 に示す．倍精度実数型の配列 a と x の要素には計算に必要な値が設定済みであるとする．

リスト 7.13　「行割り」で行列ベクトル積を並列計算する例

```
...
!$OMP parallel private(i, j) ! 並列領域開始
  !$OMP do
  do i = 1, n
     y(i) = 0.0d0  ! 共有変数の配列 y を並列的にゼロクリア
  enddo
  !$OMP enddo
  !$OMP do
  do i = 1, n        ! このループは並列化される
     do j = 1, n   ! このループは並列化されない
        y(i) = y(i) + a(i, j) * x(j)  ! ループ j に依存するリダクション演算
     enddo
  enddo
  !$OMP enddo
!$OMP end parallel              ! 並列領域終了
...
```

リスト 7.13 の前半では，配列 y をゼロクリアする 1 重の do ループの演算が並列処理される．後半は，行列ベクトル積を計算するための 2 重の do ループであるが，7.2.7 項

36)　関数 omp_get_wtime() は，倍精度実数で秒単位の時刻を返す．

37)　条件によっては逐次計算のほうが高速になる場合もある．これは，スレッドのフォーク，ジョインや，do 指示文における演算の分割・割り当てなどの負荷が顕在化するためである．

で述べたように，外側の do i ... のループの演算のみが分割されて，各スレッドに割り当てられて処理される．その内側の do j ... のループの演算は並列化されず，すべてのスレッドにより始値と終値の範囲の演算が実行される．以下に示す 2 重ループの内側の演算は，リスト 7.10 の内積計算と同様に，総和を求めるリダクション演算となっている．

```
do j = 1, n
   y(i) = y(i) + a(i, j) * x(j)
enddo
```

しかし，リスト 7.13 では，do j ... の演算は分割・割り当てされていないので，データ依存性の問題は発生せず，適切な結果が得られる．

2 並列（スレッド 0 と 1）の場合，リスト 7.13 の後半の行列ベクトル積を求める演算のイメージは，図 7.7 に示すようになる．do i ... のループが分割されて各スレッドに割り当てられるので，左辺のベクトル $\boldsymbol{y}$ と行列 A が上下に分割された「行割り」の形で扱われている．行列の「列」の方向には分割されていないので，総和を求める演算 $\sum_{j=1}^{n} a_{i,j}x_j$ の do j ... のループ演算の始値は 1，終値は n となっており，データ依存性の問題は生じない．

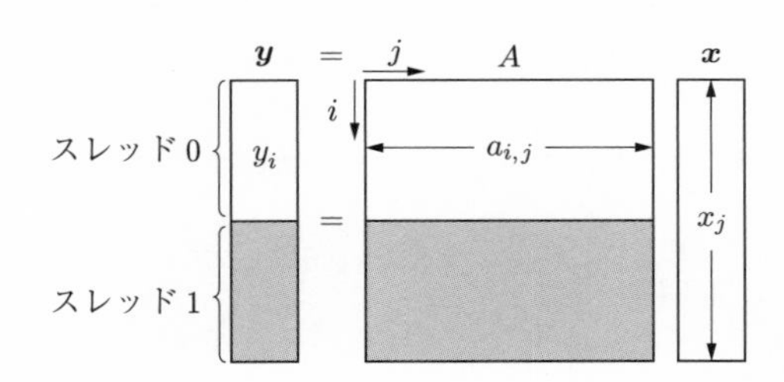

図 7.7 「行割り」による行列ベクトル積

次に，多次元配列要素のアクセス順序を考えてみよう．2.6.3 項では，多次元配列要素の効率的なアクセス順序を示した．これを考慮すると，大規模な演算（n が十分大きい計算）では，リスト 7.13 の 2 重ループを逆にしたほうが，2 次元配列 a に対してメモリアクセスが効率的と考えられる．実際に，逐次計算では，以下のリスト 7.14 のように，先に配列 y をゼロクリアしておいて，2 重ループを逆にすると，計算が高速になる．

リスト 7.14 メモリアクセス順序に配慮した行列ベクトル積の逐次計算

```
...
! メモリアクセスが効率的な逐次計算方法
y(1:n) = 0.0d0
do j = 1, n     ! 2 重ループの順序と
   do i = 1, n ! a(i, j) の添字の対応を考慮
      y(i) = y(i) + a(i, j) * x(j)
   enddo
enddo
...
```

それでは，リスト 7.14 のプログラムを OpenMP により並列化することを考えてみよう．do j ... のループを分割・割り当てすると，データ依存性の問題が生ずるので，次のリスト 7.15 のように，内側の do i ... のループのみを並列化する．なお，並列領域内で配列 y をゼロクリアする部分は，リスト 7.13 と同じなので省略している．

リスト 7.15　メモリアクセス順序に配慮した「行割り」行列ベクトル積の並列計算

```
...
!$OMP parallel private(i, j) ! 並列領域開始
  ! 共有変数の配列 y は並列的にゼロクリアしておく (内容省略)
  do j = 1, n          ! このループは並列化されない
     !$OMP do
     do i = 1, n       ! このループは並列化される
        y(i) = y(i) + a(i, j) * x(j)  ! ループ j に依存するリダクション演算
     enddo
     !$OMP enddo
  enddo
!$OMP end parallel              ! 並列領域終了
...
```

リスト 7.15 のようにすると，逐次計算と同様の結果が得られ，正しく動作する．ただし，p. 210 で述べた問題と同様に，この方法では do 指示文が n 回実行されるので，その処理の負荷が含まれている可能性がある．

ほかの方法はないだろうか？　データ依存性の問題があるが，まず次のように，外側の do j ... の上に do 指示文を書いてみる．

```
!$OMP do  ! このままではデータ依存性の問題あり
do j = 1, n
   do i = 1, n
      ...(ループ j に依存するリダクション演算)
```

上記の演算では，図 7.8 に示すように，各スレッドが参照する行列要素（2 次元配列 a の要素）が「列割り」となっている．多少技巧的だが，この「列割り」で並列計算を行う方法として，リスト 7.11 を参考にして，プライベート変数と critical 指示文を使うリスト 7.16 のような例が考えられる．なお，並列領域内で共有変数である配列 y をゼロクリアする部分は，リスト 7.13 と同じなので省略している．

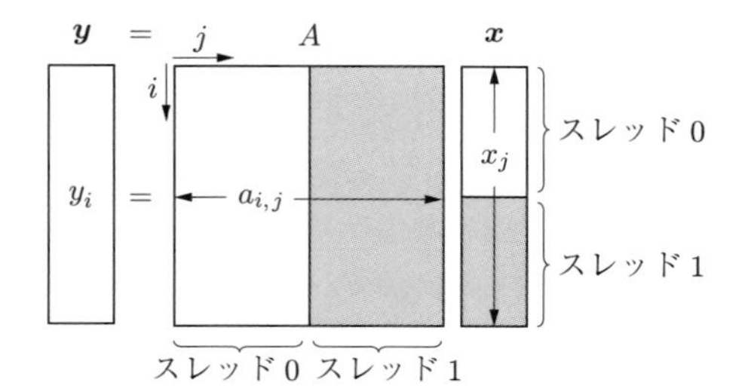

図 7.8　「列割り」による行列ベクトル積

リスト 7.16 「列割り」で行列ベクトル積を並列計算する例

```
...
!$OMP parallel private(i, j, py) ! 並列領域開始
  ! 共有変数の配列 y は並列的にゼロクリアしておく (内容省略)
  py(1:n) = 0.0d0     ! プライベート変数の配列 py をゼロクリア
  !$OMP do
  do j = 1, n         ! このループが分割 (列割り) され, 各スレッドに割り当て
     do i = 1, n      ! このループは分割されない
        py(i) = py(i) + a(i, j) * x(j) ! 各スレッドが各 py に結果を格納
     enddo
  enddo
  !$OMP enddo
  !$OMP critical      ! クリティカル領域開始
  do i = 1, n
     y(i) = y(i) + py(i)  ! 共有変数の配列 y に各 py を排他的に加算
  enddo
  !$OMP end critical ! クリティカル領域終了
!$OMP end parallel                ! 並列領域終了
...
```

リスト 7.16 では，プライベート変数として，1 次元配列 py を利用する．do j ... のループの演算が分割されて各スレッドに割り当てられるので，図 7.8 に示すように，各スレッドは「列割り」で範囲が指定された 2 次元配列要素 a(i, j) と，対応する 1 次元配列要素 x(j) の積和を計算してプライベート変数の配列 py に格納する．次に，critical 指示文によるクリティカル領域において，共有変数の配列 y に各スレッドのプライベート変数の配列 py を排他的に加算していく．このような手順で，逐次計算と同様の結果が得られる[38)]．

演習 7.4 リスト 7.13，リスト 7.15，リスト 7.16 を利用して，行列ベクトル積の計算を行い，配列要素数やスレッド数などを変えて経過時間を計測し，考察せよ[39)]．

7.2.9 行列積の並列計算

行列積の計算は 2.6.6 項で扱われており，プログラム例はリスト 2.15 に示されている．OpenMP により並列化された行列積のプログラム例を，リスト 7.17 に示す．

リスト 7.17 行列積を並列計算するプログラム例

```
...
!$ t1 = omp_get_wtime()
!$OMP parallel private(i, j, k) ! 並列領域開始
  !$OMP do
```

38) リスト 7.16 は，オプション -fopenmp を付けずにコンパイルした場合でも動作するが，逐次計算では配列 py を使う部分は冗長なので，計算時間を厳密に比較する際はこの点に注意しよう．

39) 利用する計算機により，経過時間の傾向が異なる場合もある．

```
    do j = 1, n     ! このループは並列化される
       do i = 1, n ! このループは並列化されない
          a(i, j) = 0.0d0
       enddo
    enddo
    !$OMP enddo
    !$OMP do
    do j = 1, n        ! このループは並列化される
       do i = 1, n     ! このループは並列化されない
          do k = 1, n ! このループは並列化されない
             a(i, j) = a(i, j) + b(i, k) * c(k, j)
          enddo
       enddo
    enddo
    !$OMP enddo
  !$OMP end parallel               ! 並列領域終了
  !$ write (*, *) 'elapsed time = ', omp_get_wtime() - t1
  ...
```

前項までを理解した読者には，特筆すべきことはないだろう．OpenMPにより，いかに容易に演算を並列化できるかを示す一例と考えられる．リスト7.17の前半では，2次元配列aを並列的にゼロクリアしている．後半では，3重のdoループにより行列積を計算しているが，この演算は`do k ...`のループに対してデータ依存性のある総和の計算であることに注意する．リスト7.17の3重ループは，最も外側の`do j ...`のループの演算のみが分割されてスレッドに割り当てられる．その内側の2重ループの演算では，すべてのスレッドによりループの始値と終値の範囲の演算が実行されるので，`do k ...`のループに対するデータ依存性の問題は発生しない．

なお，リスト7.17のプログラムでは，2つのdo指示文が使われているが，いずれも外側の2重ループは1重のループに展開可能なので，`!$OMP do collapse(2)`としてもよい[40]．

7.2.10 do指示文とスケジューリング

これまで，do指示文のはたらきは「doループの始値と終値の範囲の演算が分割されて，各スレッドに自動的に割り当てられる」と簡単に述べてきたが，この分割・割り当て方法は，**スケジューリング**とよばれる．OpenMPでは，ユーザがいくつかのスケジューリングを選択できる．具体的には，`!$OMP do schedule(type [,chunk])`のように[41]，do指示文にschedule **節**を付ければよい．typeの部分には，スレッドへの割り当て方を指定するキーワード（たとえばdynamic，static，guidedなど）を書く．演算の進

40） collapse節を付ける効果は，問題のサイズや計算機に依存するので，各自試されたい．

41） [ ]は省略可能であることを表す．chunkを省略しない場合にはブラケット[ ]は不要．

行状況に応じて，特定の順序でスレッドに割り当てていく演算の大きさ（整数），すなわち分割されたループカウンタ範囲の「ひとかたまり」をチャンクサイズといい，この値を chunk に指定できる．なお，この chunk は省略することもできる[42)]．

スケジューリングの効果が現れる例を考えよう．図 7.9 に示すように，n 行 n 列の行列 B と C がいずれも下三角行列（対角要素よりも右上の要素がすべて 0）であるとき，それらの行列積 $A = BC$ から得られる行列 A も下三角行列となる．行列 A，B，C をそれぞれ 2 次元配列 a，b，c で表し，行列積 BC を計算する．配列 b と c の要素には，計算に必要な値が設定済みであり，配列 a の全要素はゼロクリアされているとする．このとき，行列積の主要な演算のプログラムは，次のように書かれるだろう．

```
do j = 1, n
   do i = j, n
      do k = j, i
         a(i, j) = a(i, j) + b(i, k) * c(k, j)
      enddo
   enddo
enddo
```

上記の 3 重の do ループのうち，最も外側の do j ... のカウンタの始値と終値は 1 から n までの全範囲としているが，内側の 2 重ループの始値と終値は，配列 a の要素が 0 となる範囲を除き，かつ b(i,k) * c(k,j) の結果が 0 となることが自明な範囲を除いている．内側の 2 重ループの範囲は，演算の進行（j および i の値）とともに変化し，それに応じて演算の負荷も変化する．このような場合に，スケジューリングをうまく利用すると，演算が高速になることがある．

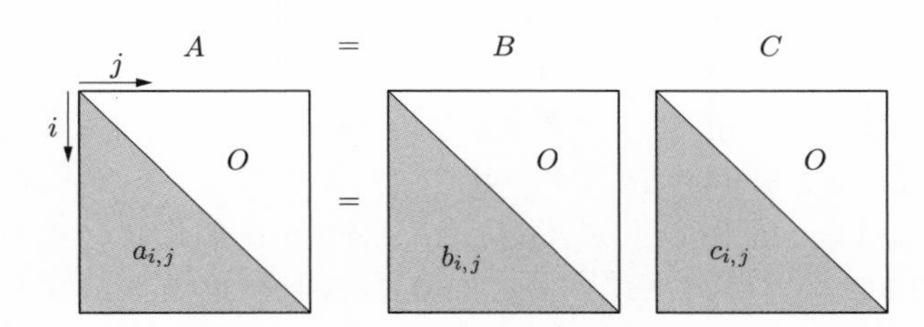

図 7.9　下三角行列とベクトルの積を求める演算

一例として，do 指示文に schedule(dynamic) 節を付けて，上記の演算を並列化したプログラムをリスト 7.18 に示す．リスト 7.18 の 3 重ループの最も外側にある do j ... のループの上に schedule 節を伴う do 指示文を書いている．このように，type として dynamic を指定すると，演算処理を終えたスレッドにチャンクサイズ（chunk を指定し

42）より詳細は，OpenMP の仕様（https://www.openmp.org/specifications/）あるいは参考書（たとえば拙著 [1]）などを参照されたい．

なければデフォルト値）の演算をラウンドロビン方式[43] で割り当てていく処理が繰り返される．このような仕組みで動的に負荷が分散されるため，ループ内の演算の負荷が均一でない場合に有効とされている[44]．

リスト 7.18　スケジューリングを利用して下三角行列積を並列計算する例

```
...(b, c の要素の値は設定しておき, a の要素はゼロクリアしておく)
!$ t1 = omp_get_wtime()
!$OMP parallel private(i, j, k) ! 並列領域開始
  !$OMP do schedule(dynamic)    ! スケジューリングを指定
  do j = 1, n          ! スケジューリングに基づいて並列化される
     do i = j, n       ! このループは並列化されない
        do k = j, i    ! このループは並列化されない
           a(i, j) = a(i, j) + b(i, k) * c(k, j) ! ループ k に依存する演算
        enddo
     enddo
  enddo
  !$OMP enddo
!$OMP end parallel                ! 並列領域終了
!$ write (*, *) 'elapsed time = ', omp_get_wtime() - t1
...
```

リスト 7.18 の演算時間を実際に以下の 2 例で計測した結果を示す．

1. MacBook：MacBook[45] を用いて，gfortran（GCC 8.3.0）により，オプションを -fopenmp のみとしてコンパイルして計算した例である．n は 2,500 とし，コア数を 1，2，4（HTT を利用）として，do 指示文に schedule 節を付ける場合と付けない場合の計算を行った．逐次計算の経過時間 T_1 は約 52 秒であった．
2. CRAY CS400 2820XT：京都大学のスーパーコンピュータ CRAY CS400 2820 XT[46] の 1 ノード（物理コア数 36）を利用した例である．Intel コンパイラ ifort（IFORT）17.0.6 を用いて，オプションは -qopenmp のみとしてコンパイルした．計算条件は，n を 10,000 として，利用するコアの数を 2^m（$m = 0, 1, \ldots, 5$）と変えて，上記 1 の MacBook の場合と同様に，schedule 節あり，なしの計算を行い，経過時間を測定した．コア数 1 の逐次計算の経過時間 T_1 は，約 590 秒であった．

43）静的にスレッド 0，1，2，…，0，1，2，…と順に割り当てる方法．

44）ループ内の演算負荷がほぼ均一な場合に schedule(dynamic) 節を利用すると，計算機によっては逆に効率が低下することもあるので注意されたい．

45）macOS 10.14.3，メモリ 8 GB，Intel Core i7，1.4 GHz，物理コア数 2，HTT により論理コア数 4 に設定可能．

46）1 ノードの構成は，Xeon Broadwell 18 コア（2.1 GHz）× 2，メモリ容量は 128 GB である．このサブシステム全体には 850 ノードが搭載されている．参考サイトは http://www.iimc.kyoto-u.ac.jp/ja/services/comp/supercomputer/.

上記 2 例の各条件で得られた経過時間を T_1 で除した値と，コア数の関係を図 7.10 に示す．図中の「理想値」は，コア数 N のときの経過時間を $1/N$ とした関係を表す．図 7.10 (a) に示す MacBook の結果では，スケジューリングを行うと，2 並列の演算時間は理想値に近い値まで短縮されており，その効果があることがわかる．また，図 7.10 (b) の結果では，スケジューリングを行うと，すべてのコア数にわたって理想値に近い経過時間の短縮が見られた．上記の例のように，do ループ内の演算の負荷がループカウンタの値により変化するような問題では，スケジューリングを利用すると，より効率的な並列処理を行える場合がある．

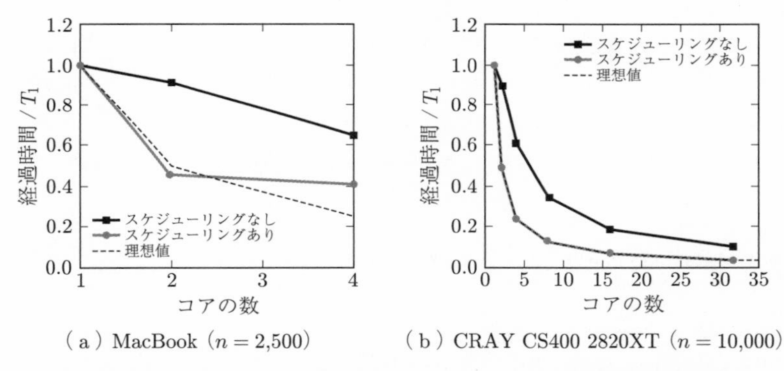

（a）MacBook（$n = 2{,}500$）　（b）CRAY CS400 2820XT（$n = 10{,}000$）

図 7.10　逐次計算時間（T_1）を基準とする，リスト 7.18 の経過時間の計測例

7.3　実用的な OpenMP による並列プログラミング

7.3.1　逐次計算プログラムへの OpenMP の導入

本章では，これまでに OpenMP を利用して，行列ベクトル積や行列積などの逐次演算プログラム部分を並列化し，演算時間を短縮化する基本的な方法を紹介してきた．本節では，主プログラムといくつかの副プログラムから構成される，より実用的な逐次計算プログラムを対象として，これに OpenMP を導入する手順を述べる．その手順は，通常以下のようになる．

1. まず，適切に動作する逐次計算プログラムを作成する．
2. 逐次計算プログラムで演算時間を要する部分（ホットスポット）を見つける[47]．
3. ホットスポットに OpenMP の指示文を入れるなどして，計算時間を短縮する．
4. 残りの逐次計算部分のホットスポットに対して，3. を繰り返していく．

47） 逐次計算であれば，リスト 2.10 の `cpu_time()` を利用して時間計測してもよいし，どの演算に時間を要しているかを詳しく解析するプロファイラを利用できる場合は，それも有効である．

上記**3.**を行う場合に，多くの演算処理や副プログラムの呼び出しなどが行われている広い範囲をいきなり並列領域にしてしまうと，問題が生じたときに，解決に手間がかかることが多い．このため，最初はプログラムのごく短い部分を対象にしてOpenMPによる並列化を行い，並列領域を少しずつ増やしたり，並列領域の範囲を順次拡大していくという手順をとるのが無難である．

7.3.2　副プログラムへのOpenMPの導入

以下では，第6章のリスト6.4で示されたBi-CGSTAB法を利用して，対角優位な行列を係数行列とする連立1次方程式の数値解を求めるプログラムを考える．リスト6.4はサブルーチンとして書かれているが，これを主プログラムとして，係数行列などの諸条件の設定，また行列ベクトル積やベクトルの内積などの演算部分を副プログラムとした形式を考える．主プログラムは，リスト7.19のように表される．

リスト7.19　Bi-CGSTAB法により連立1次方程式の数値解を求める主プログラム

```
program main
  !$ use omp_lib
  use my_module   ! 副プログラムが書かれたmoduleの使用宣言
  implicit none
  real(8), allocatable :: a(:, :), x(:), b(:)
  ... (変数の宣言，変数の値の設定など，詳細は省略)
  allocate (a(n, n), x(n), b(n), ... 以下省略
  !$ call omp_set_num_threads(nth)     ! 使用するスレッド数(nth)を設定
  call set_coefmat(a, n)               ! 係数行列aを設定（対角優位行列など）
  call omp_setvec_value(b, n)          ! 右辺ベクトルの要素の値を設定
  call omp_setvec_value(x, n)          ! 初期解ベクトルの要素の値を設定
  call omp_residual_vec(r, a, x, b, n) ! r = b - Ax，初期残差ベクトルを計算
  call omp_copyvec_x2y(p, r, n)        ! p = r,  rをpにコピー
  call omp_copyvec_x2y(r0, r, n)       ! r0 = r, rをr0にコピー
  c1 = omp_dotp(r, r, n)               ! c1 = r dotp r
  !$ tp1 = omp_get_wtime()             ! 時間計測のため時刻を取得
  do k = 1, kmax                       ! Bi-CGSTAB法の反復計算
     y(:) = omp_matvec_func(a, p, n)        ! y = A p
     c2 = omp_dotp(r0, y, n)                ! c2 = r0 dotp y
     alp = c1 / c2
     e(:) = omp_calvec_func(r, y, - alp, n) ! e = r - alp y
     v(:) = omp_matvec_func(a, e, n)        ! v = A e
     ev = omp_dotp(e, v, n)                 ! ev = e dotp v
     vv = omp_dotp(v, v, n)                 ! vv = v dotp v
     c3 = ev / vv
     x(:) = omp_calvec2_func(x, p, e, alp, c3, n) ! xの更新
     r(:) = omp_calvec_func(e, v, - c3, n)  ! r = e - c3 v
     rr = omp_dotp(r, r, n)                 ! rr = r dotp r
     if (rr < eps) exit                     ! 収束していればexit
     c1 = omp_dotp(r0, r, n)                ! c1 = r0 dotp r
     bet = c1 / (c2 * c3)
     p(:) = omp_setp_func(r, p, y, bet, -c3, n)   ! pの更新
```

```
  enddo
  !$ write (*, *) 'elapsed time = ', omp_get_wtime() - tp1
end program main
```

リスト7.19の主プログラムでは，スレッド数の設定や，omp_get_wtime()による時間計測などは行うが，parallel指示文による並列領域は設定せず，演算は逐次処理としている．Bi-CGSTAB法の反復計算に入る前の副プログラム（set_coefmat，omp_setvec_valueおよびomp_copyvec_x2y）の内容は，第6章までの知識で容易に作成できると考えられるので省略する．これらの副プログラムが作成できたら，内部をOpenMPで並列化してみよう．一方，Bi-CGSTAB法の反復計算に含まれる主な演算は，1) 行列ベクトル積の計算，2) ベクトルの内積計算，3) ベクトルの線形計算，である．これらを実行する副プログラムをOpenMPにより並列化する．

OpenMPを用いる行列ベクトル積の計算と，ベクトルの内積計算については，すでに本章で示した．たとえば，行列ベクトル積は，リスト7.13，リスト7.15，リスト7.16のどれかを利用すればよい．リスト7.16を使う場合には，OpenMPを用いる行列ベクトル積のモジュール関数は，次のリスト7.20のようになる．

リスト7.20　リスト7.16をモジュール関数とした例

```
module my_module
  !$ use omp_lib  ! ここでmoduleの使用宣言をしておく
  implicit none   ! 同様にこの宣言もしておくと，contains文以下では宣言不要
contains
  function omp_matvec_func(a, x, n) result(y) ! y = A x
    integer, intent(in) :: n
    real(8), intent(in) :: a(n, n), x(n)
    real(8) y(n), py(n)
    integer i, j
    !$OMP parallel private(i, j, py) ! 並列領域開始
      !$OMP do
      do i = 1, n
         y(i) = 0.0d0
      enddo
      !$OMP enddo
      py(1:n) = 0.0d0      ! プライベート変数の配列pyをゼロクリア
      !$OMP do             ! 列割りされた割り当て部分の積和を計算
      do j = 1, n
         do i = 1, n
            py(i) = py(i) + a(i, j) * x(j) ! 各スレッドがpyに結果を格納
         enddo
      enddo
      !$OMP enddo
      !$OMP critical              ! クリティカル領域開始
      do i = 1, n
         y(i) = y(i) + py(i)   ! 共有変数の配列yにpyを排他的に加算
      enddo
```

```
      !$OMP end critical       ! クリティカル領域終了
    !$OMP end parallel                 ! 並列領域終了
  end function omp_matvec_func
  ...(その他の関数やサブルーチンなど)
end module my_module
```

ベクトルの内積計算を行うモジュール関数は，reduction節を用いるリスト7.10を使えば，次のリスト7.21のように書かれる．この関数をリスト7.20のmy_moduleのcontains文以下におけばよい．

リスト7.21 リスト7.10をモジュール関数とした例

```
  ... (my_moduleのcontains文以下におく)
  function omp_dotp(a, b, n) result(dp) ! dp = a dot b
    integer, intent(in) :: n
    real(8), intent(in) :: a(n), b(n)
    real(8) dp
    integer i
    dp = 0.0d0
    !$OMP parallel private(i)
      !$OMP do reduction(+ : dp)
      do i = 1, n
         dp = dp + a(i) * b(i)
      enddo
      !$OMP enddo
    !$OMP end parallel
  end function omp_dotp
```

また，ベクトルの線形計算は，次のように単純にdoループを並列化して，同様にリスト7.20のmy_module中に記述すればよい．Bi-CGSTAB法の反復計算に含まれる，その他のベクトルの線形計算の副プログラム（omp_calvec2_funcとomp_setp_func）も同様であるので，第6章のリスト6.4に示された演算を参考に作成されたい．

リスト7.22 OpenMPによりベクトルの線形計算を行うモジュール関数

```
  ... (my_moduleのcontains文以下におく)
  function omp_calvec_func(a, b, alp, n) result(z) ! z = a + k b
    integer, intent(in) :: n
    real(8), intent(in) :: a(n), b(n), alp
    real(8) z(n)
    integer i
    !$OMP parallel private(i)
      !$OMP do
      do i = 1, n
         z(i) = a(i) + alp * b(i)
      enddo
      !$OMP enddo
    !$OMP end parallel
  end function omp_calvec_func
```

なお，残差ベクトルを求めるモジュールサブルーチンは，リスト 7.20 の omp_matvec_func を利用すれば，次のように書かれるだろう．この場合，モジュール関数 omp_matvec_func は，並列領域内ではなく，逐次領域で利用する点に注意する．

リスト 7.23　残差ベクトルを計算するモジュールサブルーチン例

```
... (my_module の contains 文以下におく)
subroutine omp_residual_vec(r, a, x, b, n) ! r = b - A x
  integer, intent(in)  :: n
  real(8), intent(in)  :: a(n, n), x(n), b(n)
  real(8), intent(out) :: r(n)
  real(8), allocatable :: y(:)
  integer :: i
  allocate (y(n))
  y(:) = omp_matvec_func(a, x, n) ! 逐次領域でこの関数を使う点に注意
  !$OMP parallel private(i)
    !$OMP do
    do i = 1, n
       r(i) = b(i) - y(i)
    enddo
  !$OMP end parallel
end subroutine omp_residual_vec
```

以上では，副プログラムを利用する逐次処理プログラムを，OpenMP により並列化する方法を示した．上記は 1 つの例であるが，その方針を要約すると，以下のようになる[48]．

- 大部分の演算処理が副プログラムで行われており，主プログラムはそれらを呼び出すだけの簡潔な構造としている．この場合には，主プログラムには並列領域は設定しない．
- 計算の負荷が大きい副プログラムに着目して，さらにその内部で計算負荷が大きい部分から並列化を進めていく．

リスト 7.19 の主プログラムと上記の副プログラムを利用して，7.2.10 項で示した 2 例と同様に，演算の経過時間を以下のようにして計測した．

1. MacBook：MacBook を用いて，7.2.10 項と同じ条件でコンパイルして実行した例である．計算条件の n は 20,000 として，同一の対角優位行列を係数行列とし，残差ベクトルの内積が 10^{-8} 未満となる収束条件のもとで，コア数を 1，2，4（HTT を利用）とした．いずれの計算でも 9 回の反復計算で収束条件が得られた．逐次計算の経過時間 T_1 は約 30 秒であった．

48) ここで示した例には該当しないが，もし OpenMP で並列化された副プログラムがきわめて多数回呼び出される場合には，フォーク・ジョインの負荷などを軽減するように，呼び出し部分を含めて並列化すると，演算がより効率的になる場合がある．

2. CRAY CS400 2820XT：CRAY CS400 2820XT の 1 ノードを利用して，7.2.10 項と同じ条件でコンパイルして実行した例である．計算条件は，n を 100,000 とし，コア数を 2^m（$m = 0, 1, \ldots, 5$）として，収束条件は上記 **1.** と同様にした．いずれの計算でも 10 回の反復計算で収束解が得られた．逐次計算に要した経過時間 T_1 は約 350 秒であった．

上記 **1.** の結果を図 7.11 (a)，また **2.** の結果を図 7.11 (b) に示す．図中の「理想値」は，コア数 N とその逆数 $1/N$ の関係を表している．図 7.11 (a) に示した MacBook による計算結果では，コア数を 2 とすると，逐次計算に対して演算時間が 1/2 近くまで短くなった．HTT により論理コア数を 4 とした場合は，2 コアの場合と比較して演算速度の改善はわずかであった．

一方，図 7.11 (b) に示した CRAY CS400 2820XT を使用した場合には，すべてのコア数の範囲でほぼ理想値に近い状況で演算時間は低減している．このように，手元の PC で作成した OpenMP による Fortran プログラムであっても，高性能の計算機を使えば，基本的にはそのままで大規模な高速計算が可能となる[49]．

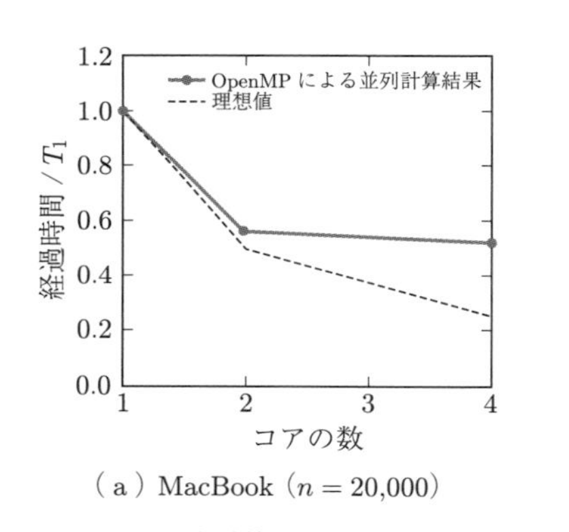

（a）MacBook（$n = 20{,}000$）

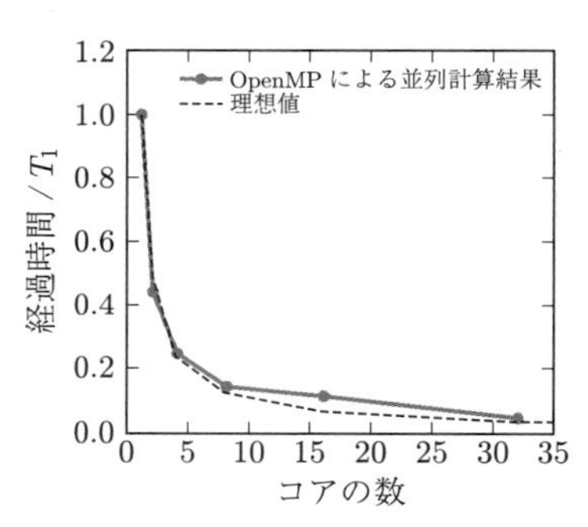

（b）CRAY CS400 2820XT（$n = 100{,}000$）

図 7.11　逐次計算時間（T_1）を基準とするリスト 7.19 の経過時間の計測例

7.3.3　並列領域内からの副プログラムの呼び出し

7.3.2 項では，OpenMP で並列化された副プログラムを主プログラムの逐次領域から利用する例を示した．一方，計算アルゴリズムによっては，並列領域から副プログラムを呼び出すケースもあると考えられる．たとえば，OpenMP で並列化された副プログラムの並列領域から，ほかの副プログラムが呼び出される場合などである．

その場合に注意すべきことは，共有変数あるいはプライベート変数という属性は，呼び出された副プログラムへ引き継がれる，という点である．リスト 7.24 では，主プログ

49）さらなる高速化を求める場合には，計算機に合わせて，指示文に続く節のパラメータ・チューニングなどを検討する．

ラムからモジュールサブルーチン print_threadno を call している.

リスト 7.24 副プログラム内の変数の属性を確認するプログラム例

```
module my_module
  implicit none
contains
  subroutine print_threadno(s, p)
    !$ use omp_lib
    real(8), intent(in)    :: s
    integer, intent(inout) :: p
    !$ p = omp_get_thread_num() ! pにスレッド番号を格納
    !$OMP barrier ! 同期(pが共有変数なら最後に書き込んだ番号が保存されるはず)
    !$ write (*, *) 'my thread no, p, s = ', & ! スレッド番号,
    !$          omp_get_thread_num(), p, s     ! pとsを出力
  end subroutine print_threadno
end module my_module

program main
  !$ use omp_lib
  use my_module
  implicit none
  real(8) :: s
  integer :: p
  call random_number(s) ! 共有変数sに[0,1)間の一様乱数を設定
  write (*, *) 'serial region, s = ', s
  !$ call omp_set_num_threads(4)  ! 使用するスレッド数を設定
  !$OMP parallel private(p)       ! 並列領域開始, pはプライベート変数
    !$ call print_threadno(s, p)   ! s,pを引数としてサブルーチンをcall
  !$OMP end parallel              ! 並列領域終了
end program main
```

主プログラムの parallel 指示文で，変数 s はとくに何も指定していないので共有変数，また p は private 節に記述されているのでプライベート変数となる．それらを実引数として，サブルーチン print_threadno を call している．並列領域に入る前に，s には 0 以上 1 未満の一様乱数を設定して，出力している．サブルーチン print_threadno では，変数 p にスレッド番号を格納して，!$OMP barrier により同期をとる．もし，p が共有変数だとすると，p の値は，同期をとる直前に最後のスレッドが書き込んだスレッド番号となっているはずであるが，リスト 7.24 を実行すると，以下の例のような出力が得られる．

```
 serial region, s =   0.95615866943033534
 my thread no, p, s =    2    2    0.95615866943033534
 my thread no, p, s =    1    1    0.95615866943033534
 my thread no, p, s =    3    3    0.95615866943033534
 my thread no, p, s =    0    0    0.95615866943033534
```

この結果から，共有変数，プライベート変数という属性は，call された副プログラムでも引き継がれることがわかる．

7.4　OpenMP 導入時によくある誤り

本章の最後に，OpenMP を使う場合に，しばしば見られる誤りを記しておく．

- 並列領域内で，プライベート変数にすべき変数に private 節を付け忘れる．
- 総和の計算などのリダクション演算で，reduction 節を付け忘れる．
- 共有変数（とくに共有変数の配列）に対して，データ依存性の問題を起こしている．
- 意図しない並列領域のネスト（図 7.3 (b) 参照）を起こしている．
- threadprivate 指示文や並列のネストなどを十分確認せずに使用して，複雑かつ技巧的なプログラムを作ってしまい，バグが取れなくなってしまう．

データ依存性の問題のように，コンパイル段階ではエラーは検出されないが，実行時に妙な挙動をするプログラムは修正が面倒である．作成段階で慎重に OpenMP を導入するとともに，動作チェックを繰り返して少しずつ並列化を進めよう．

▶ 付録

1 Fortran 90/95 に関する補足

1.1 変数の型

変数の型には，整数型，実数型，複素数型，文字型，論理型がある．

■整数型と実数型 整数型は，…，-1，0，1，…のような整数を表す変数の型である．実数型は，小数点が付く実数値を表す変数の型である．整数型および実数型変数は，一般的には次のように宣言される．

```
integer(種別パラメタ)  変数名，変数名，...
real(種別パラメタ)  変数名，変数名，...
```

種別パラメタは，整数型では 1，2，4，8，また実数型では 4，8，16 などの整数値である[1)]．上記の「(種別パラメタ)」の部分を省略して，単に integer あるいは real として宣言すると，それぞれ**基本整数型**，**基本実数型**（本文中では単精度実数型）となり，通常，種別パラメタには，いずれも 4 が設定される．

種別パラメタ 4 の整数型（基本整数型）は 4 バイトの整数型であり，-2147483648（$=-2^{31}$）から 2147483647（$=2^{31}-1$）までの値を扱うことができる．基本整数型には，この範囲を超える整数を代入することはできない．このため，演算結果がこの範囲に納まらない場合には，正しい結果が変数に格納されないことに注意する．種別パラメタが 8 である整数型は，8 バイトの整数型であり，扱える数値の範囲も大きくなる．次項で述べるように，組み込み関数 kind と range を用いて，変数の種別パラメタと扱える数値の範囲を知ることができる．逆に，ある範囲の整数を表現可能な整数型の種別パラメタを取得するには，組み込み関数 selected_int_kind を利用すればよい．

一方，種別パラメタが 8 である実数型（**倍精度実数型**）は，絶対値が 0 あるいは -2^{-1022} から，2^{1023} までの範囲の数値を扱うことができる．基本実数型では，扱える数値の範囲はこれより狭くなる．次項で詳しく述べるように，実数型の場合でも組み込み関数 kind と range などを利用して変数の情報を取得することが可能であり，また，指定された 10 進精度と 10 進指数範囲の値を扱える実数型の種別パラメタ値を返す組み込み関数 selected_real_kind が用意されている．

---

1) 一部の処理系では，real(16)（4 倍精度）などの種別パラメタが使用できない場合がある．

実数型変数に数値を代入する場合には，右辺の数値を左辺の変数の**種別パラメタ**に合わせておく．本文中では，数値を倍精度実数型の指数表示にする方法として，数値の後に d0 などを付ける記述方法を解説したが（1.3.2 項参照），一般には，数値の後に種別パラメタをアンダースコアとともに記述する．たとえば，3.14 を種別パラメタ 4，8，16 の実数型とするには，それぞれ 3.14_4，3.14_8，3.14_16 と記述する．

■実数型の精度決定関数　実数型変数に対して，10 進数の**有効数字**のある桁数を確保したい場合には，精度決定関数を用いて種別パラメタを設定する．プログラム例を以下に示す．

```
program real_precision
  implicit none
  integer, parameter :: srk = selected_real_kind(10) ! 種別パラメタを取得
  real(srk) pi           ! 上記の種別パラメタ srk を使って実数型変数を宣言
  pi = 2.0_srk * acos(0.0_srk) ! 種別パラメタ srk の数値を使った値を代入
  write(*, *) pi                 ! 値の出力
  write(*, *) precision(pi), kind(pi), range(pi) ! 実数型変数の各情報を出力
end program real_precision
```

上記プログラムの 3 行目では，組み込み関数 selected_real_kind を使い，引数に 10 を指定して，10 進数の有効数字の桁数を「10 桁」確保するための種別パラメタを取得している．有効数字の桁数は，多くの場合に単精度実数型では約 7 桁，倍精度実数型では約 15 桁であるので，この例では 10 桁を確保するために十分な倍精度実数型が選択されることになり，種別パラメタ srk は 8 と設定される．なお，この設定では実数型変数の種別が指定されるだけであり，演算過程において常に有効数字の桁数が保証されるということではない．

5 行目では，種別が srk である実数型変数に数値を代入する際に，右辺の数値に _srk と種別パラメタを記述して，数値の精度を左辺と合わせている．

プログラムの最終行の 1 つ上の行では，組み込み関数を利用して，実数型変数の各種情報を出力している．precision は，引数とされた実数型変数に対して，その 10 進数の**有効数字の桁数**を返す関数である．また，kind は種別パラメタ，range は絶対値の範囲が 10 の何乗であるかを返す関数である．上記のプログラムの実行例を以下に示す．この例では，桁数 15，種別パラメタ 8 の倍精度実数型変数が用いられている．

```
   3.14159265358979
          15           8         307
```

なお，組み込み関数 kind と range は，整数型変数にも用いることができる．

■複素数型　複素数型は，x，y を実数，i を虚数単位とするとき，$z = x + iy$ と表される複素数 z に対する変数の型である．複素数型変数の宣言時に初期値を設定するには，次のように実部 x と虚部 y を括弧でまとめてペアとし，カンマで区切って表す．また，

代入演算のときには，cmplx(x, y) として実部と虚部の値を指定する．

```
complex(8) :: im = (0.0d0, 1.0d0) ! 虚数単位を表す複素数型変数 im の宣言
complex(8) :: im2
im2 = cmplx(0.0d0, 1.0d0, kind = 8)
write(*, *) im2 ! (0.000000000000000E+000,1.00000000000000) と表示される
```

ここで，complex(8) の (8) という部分は，種別パラメタが 8 であることを表し，cmplx の 3 番目の引数として kind = 8 を指定すると，実部と虚部は倍精度実数型となる．(8) を省略すると実部と虚部は単精度実数型となる．数値計算では，精度の低下を防ぐために，complex(8) として宣言する．

以下に，**オイラーの公式** $e^{\pm i\theta} = \cos\theta \pm i \sin\theta$ を用いる簡単な計算例を示す．

```
program chk_complex
  implicit none
  complex(8) :: z, im = (0.0d0, 1.0d0) ! im は虚数単位
  real(8) theta, pi
  integer i
  pi = 2.0d0 * acos(0.0d0)
  do i = -5, 5
     theta = pi * 0.1d0 * dble(i)
     z = exp(im * theta)
     write(*, '(7e11.3)') theta, sin(theta), aimag(z), &
                          cos(theta), real(z), &
                          abs(z) ** 2, real(z * conjg(z))
  enddo
end program chk_complex
```

上記で，aimag(z)，real(z)，conjg(z) は，順に引数 z の虚部，実部，共役複素数を求める組み込み関数である．また，絶対値を求める組み込み関数 abs は，この例のように複素数型変数にも使用できる．

■文字型　文字型変数は，1 つの文字あるいは複数の文字が並ぶ文字列を表す変数で，character という語を用いて宣言する．宣言時には長さ，すなわちバイト単位で数えた文字数を指定する．文字数の指定がないときは，文字長さは 1 となり，1 バイト文字を 1 つだけ代入できる変数となる（基本文字型変数）．英数字と半角記号は 1 文字 1 バイトであるが，日本語と全角記号は 1 文字 2 バイトとなる[2]．以下に，文字型変数の宣言と使用例を示す．

```
character c           ! 長さ 1 の文字型変数 (スカラ)
character(10) str     ! 長さ 10 の文字型変数 (スカラ)
character(10) strs(4) ! 長さ 10 の文字型配列 (要素数 4 の配列)
character(15) :: title = 'Apostrophe is ''' ! 文字定数を代入
c   = 'abcde'                               ! 同上
str = 'abcde'                               ! 同上
```

2) 文字型変数への日本語の代入や，出力時の表示に関しては，システムに依存するので注意が必要である．

```
strs(1:4) = (/ 'just', 'three', 'times', 'bye' /) ! 配列への代入
write(*, *) c                        ! 文字列を出力
write(*, *) trim(str), trim(str) ! 末尾の空白を取り除いて出力
write(*, *) str, str                 ! 文字列をそのまま 2 回出力
write(*, *) str(2:4)                 ! 文字列中の一部分を取り出す
write(*, *) strs(1:3)                ! 文字型配列の 1 から 3 番目の要素を出力
write(*, *) title                    ! 文字列を出力
```

1 行目の c は文字長さ 1 の文字型変数である．2 行目の宣言文は，character str*10 と書いてもよい．長さが 2 以上の文字列を表すには，2 行目のように括弧内に長さを指定して宣言する．str は 1 バイト文字 10 個からなる文字列を表す．3 行目は文字型配列の宣言文であり，strs は長さが 10 の文字列からなる要素を 4 つもつ文字型配列となる．

4 行目は初期値を指定して宣言する例である．長さが 15 の文字型変数 title に代入される右辺のアポストロフィで囲まれた文字列を**文字定数**という．文字定数は，上記のようにアポストロフィで囲むことで表されるが，アポストロフィ自身を文字定数とするには，title = 'Apostrophe is ''' のように，これを 2 つ続けて書く．このように，2 つの連続するアポストロフィは 1 つの文字としてのアポストロフィと解釈される（右端の 3 つのうちの最後のものは，文字定数を囲む記号としてのアポストロフィである）．

実行文中で文字型変数に文字定数を代入するには，5，6 行目のようにする．また，7 行目では文字型配列の各要素に文字定数を代入している．変数 c は 1 バイト文字 1 つを表すので，c = 'abcde' とすると最初の 1 文字 a が代入され，それより右側の文字は切り捨てられる．また，str = 'abcde' では，右辺の文字定数のほうが長さが短いので，str に代入された文字より右側の部分には空白が入る．上記の例の出力結果は，以下のようになる．

```
a
abcdeabcde
abcde     abcde
bcd
just      three     times
Apostrophe is '
```

上記の 2，3 行目の出力からわかるように，組み込み関数 trim を使用すると，str に代入された文字列の後続の空白部分を切り落とすことができる．また，文字列中の一部分を取り出すときには，str(2:4) のような記述とする．変数中の文字列の 1 文字にアクセスするときは，str(2) ではなく，str(2:2) のようにする．write(*, *) strs(1:3) は str(2:4) と似ているが意味は異なり，文字型配列の 1 番目から 3 番目の要素を出力する処理である．

また，2 つの**文字列の結合**を行うときには，次のように連結演算子 // を用いる．

```
character(3) c1, c2
character(6) c3
```

```
c1 = "abc"
c2 = "def"
c3 = c1 // c2
write(*, *) c3
```

上記の出力は，abcdef となる．

なお，文字型変数の入出力時の書式については，付録 1.3 などを参照のこと．

■**論理型**　**論理型変数**は，真か偽の 2 つの状態を表す変数である．真と偽を表す**論理定数**は，前後にピリオドを付けて，それぞれ .true. および .false. と表す（大文字でもよい）．論理型変数には，次のように論理定数や，**論理式**の値を代入できる．論理式は，単一の論理型変数，あるいは関係演算子や論理演算子を使って書かれた真か偽の値をとる式である（演算子の詳細は次項で示される）．以下に簡単な例を示す．

```
logical :: lg1, lg2 = .true.     ! 初期値を真に指定して lg2 を宣言
integer :: i = 2
logical lgs(3)                   ! 論理型配列を宣言
lg1 = i < 2                      ! 右辺の論理式の結果を lg1 に代入
if (lg2) write(*, *) lg1, lg2    ! lg2 が真ならば，lg1 と lg2 を出力
lgs(1:3) = (/ i == 1, i == 2, i == 3 /) ! 論理型配列への代入
write(*, *) lgs(1:3)                    ! 論理型配列の各要素を出力
```

上記の 3 行目は，論理型配列の宣言文であり，lgs は各要素が論理型変数である要素数 3 の配列となる．上記の出力結果を以下に示す．T，F はそれぞれ真，偽を表す．

```
F T
F T F
```

1.2　if 文の基本的な使い方

複数の論理式があり，それぞれに対応する実行文があるときには，次のような形で if 文を用いる．

```
if (論理式 a) then
   ... 実行文 A
else if (論理式 b) then
   ... 実行文 B
else
   ... 実行文 C
endif
```

上記の例では，最初の論理式 a が真であれば実行文 A が実行される．論理式 a が偽であり，次の論理式 b が真であれば実行文 B が実行される．いずれも真でなければ，実行文 C が実行される．論理式が 1 つの場合には，次のように記述すればよい．

```
if (論理式 a) then
   ... 実行文 A
```

```
else
   ... 実行文 B
endif
```

また，条件に一致した場合にのみ実行文 A を実行するのであれば，

```
if (論理式 a) then
   ... 実行文 A
endif
```

という形を用いる．以上の形式では，「... 実行文」と書かれた部分に複数の実行文を記述できる．実行文が 1 文であるときには，

```
if (mod(i, 2) >= 2) stop 'something is wrong !!'
```

という形を使うこともできる．

また，論理式が 2 つになり，それらを結合させて評価するときには，**論理演算子**を使う．2 つの論理式が「A かつ B」という条件で結ばれるときは，.and. でつなぐ．

```
if (mod(i, 2) == 0 .and. mod(i, 3) == 0) write(*, *) i
```

2 つの論理式が「A または B」という条件で結ばれるときは，.or. を使う[3]．

```
if (mod(i, 3) == 0 .or. mod(i, 5) == 0) write(*, *) i
```

論理式が複雑になるときには，単一の if 文ではなく，いくつかの if 文に分けたほうがプログラムはわかりやすくなる．

論理式で数値などの比較を行うときには，次のような**関係演算子**が用いられる．左右の表記のどちらを使ってもよい．

```
if (a >  b) は if (a .gt. b) と同じ (a が b より大きければ真)
if (a >= b) は if (a .ge. b) と同じ (a が b より大きいか等しいとき真)
if (a <  b) は if (a .lt. b) と同じ (a が b より小さければ真)
if (a <= b) は if (a .le. b) と同じ (a が b より小さいか等しいとき真)

if (a == b) は if (a .eq. b) と同じ (a が b と等しければ真)
if (a /= b) は if (a .ne. b) と同じ (a が b と等しくなければ真)
```

論理型変数を使う場合の if 文の簡単な例を以下に示す．

```
logical :: status = .true.   ! 論理型変数 status を初期値を「真」として宣言
if (status == .true.)  write(*, *) 'true'
if (status /= .false.) write(*, *) 'true'
if (status)            write(*, *) 'true' ! 括弧内に論理型変数のみを記述
```

上記の最終行の例のように，単一の論理型変数も論理式の 1 つであるので，if 文の括弧の中に論理型変数のみを記述することも許される．上記では，論理式はいずれも真なので，実行すると true と表示される．

3）.and. および .or. では，ピリオドと and あるいは or の間にスペースを入れない．

1.3 入出力の書式

出力の際に数値や文字を整形して体裁を整えるには，書式を指定した write 文を利用するとよい．また，必要であれば入力の際にも read 文に書式を指定できる．

■出力時に用いられる書式 書式付き出力のいくつかの例と代表的な利用方法を示す．以下のプログラム部分は，文字型変数の書式を指定する出力例である．

```
character(30) :: char1 = 'Fortran 90/95'
character(20) :: char2 = ' is easy.'
write(*, '(a7)') char1
write(*, '(a, a)') char1, char2
write(*, '(a, a)') trim(char1), trim(char2)
```

このプログラム部分の出力結果は，次のようになる．

```
Fortran
Fortran 90/95                   is easy.
Fortran 90/95 is easy.
```

上記のように，write 文の括弧内のカンマの右側に '( )' という区切りを設けて，その括弧内に書式を記述する．文字型変数の場合には，'(a*)' という書式を用い，* の部分には整数（変数名ではなく数字）を書く．すると，文字列の先頭からその整数の個数分の文字が出力される．整数を省略すると，変数のすべての文字が出力される．上記の例では，write(*, '(a7)') char1 として，文字型変数 char1 の先頭の 7 文字分を出力している．また，write(*, '(a, a)') char1, char2 とすると，2 つの文字型変数の後続の空白部分も含むすべての文字が出力される．なお，組み込み関数 trim を使用すると，後続の空白を取り除いた文字列が出力される．

本文中で示されたように，キーボード入力を促す際には次の出力を行う．

```
write(*, '(a)', advance = 'no') ' input n : '
```

書式 '(a)' の出力対象は，write 文の後に続く文字定数 ' input n : ' である．また，advance = 'no' は，**改行**を抑制する指定である．デフォルトでは advance = 'yes' であり，write 文は 1 回実行されるごとに改行を行うが，'no' を指定すると改行が抑制される．なお，文字定数および advance に続く語の区切りには，上記のアポストロフィの代わりに，引用符「"」を使ってもよい．

次に，整数型および実数型の変数に対する書式付き出力の例を示す．

```
integer :: i, ivar(4) = (/ (i, i = 1001, 1004) /)
real(8) :: xvar(4) = (/ 1.234d1,  0.0d0, -1.234d-2, -9.999d-1 /)
do i = 1, 4
   write(*, '(i10, f10.2, e12.4)') ivar(i), xvar(i), xvar(i)
enddo
```

この出力結果は次のようになる．ただし，最終行は，文字数を確認するために付け加えたもので，出力結果ではない．

```
      1001     12.34  0.1234E+02
      1002      0.00  0.0000E+00
      1003     -0.01 -0.1234E-01
      1004     -1.00 -0.9999E+00
12345678901234567890123456789012 ! 文字数確認のための数字 (出力結果ではない)
```

まず，整数型変数 ivar(i) の出力書式に関して，上記では i10 という書式が指定されている．これは，全体の文字数を 10 個分確保して，その中に右詰めで整数値を書き出す，という書式である．もし，全体の文字数が足りないと，オーバーフローを起こしてしまい，次のように文字数分の * が出力され，値は確認できなくなってしまう．

```
write(*, '(i3)') ivar(1) ! 全体の文字数が 3 しか確保されていない
```

```
***                                 ! 実行結果 (* が文字数分出力されている)
```

次に，上記の例の f10.2 は，全体の文字数を 10 個確保し，その中で小数点以下 2 桁の数値を右詰めで書く，という書式である．全体の文字数を w，小数点以下の数値の個数を d とすると，小数点と 1 の位の数値，またマイナス符号が付く文字数を考慮すれば，$w \geq d+3$ であることが最低限必要となる．たとえば，-10 を f5.2 という書式で出力しようとすると，-10.00 と文字数が 6 個分必要となるので，オーバーフローを起こして * が表示され，数値は確認できなくなってしまう．書式付き出力を行う際には，このような点に注意する．

数値計算では，一般にこの f5.2 という形式よりも，上記の e12.4 のような指数形式の出力のほうが役に立つ場合が多い．e12.4 は，全体の文字数を 12 個分確保して 10 の指数形式（たとえば 12.34 を 0.1234×10^2 と表す形式）で，小数点以下 4 桁を表示する．全体の文字数と小数点以下の数値の個数をそれぞれ w および d と表すとき，$w \geq d+7$ であることが必要である．これは，上記の出力例に見られるように，指数の符号と数値 2 桁分，また E という文字や，先頭の符号，1 の位の数値，小数点の文字分が必要なためである[4]．

同じ書式を繰り返し利用する場合には，次のような書式指定がある．

```
write(*, '(4e12.4)') xvar(1:4)
```

この書式指定では，同じ行に e12.4 の書式で 4 つの出力が行われる．出力の個数より書式指定の繰り返し回数のほうが多くても問題ないため，write(*, '(100e12.4)') xvar(1:4) などと書くことも許されるが，逆に write(*, '(2e12.4)') xvar(1:4) とすると，途中で改行が行われる．また，以下のような繰り返しも可能である．

4)　指数の数値が 3 桁以上となる場合（倍精度実数など）では，文字数にはさらに余裕をもたせるほうが安全．

```
do i = 1, 4, 2
   write(*, '(2(2x, "i = ", i6, 3x, "e = ", e12.4))') &
        (ivar(j), xvar(j), j = i, i + 1)
enddo
```

この出力結果は次のようになる．

```
  i =   1001   e =   0.1234E+02  i =   1002   e =   0.0000E+00
  i =   1003   e =  -0.1234E-01  i =   1004   e =  -0.9999E+00
```

2x は空白を 2 個あけるという指定であり，書式の中に引用符「"」で囲んだ文字列を入れると，上記のようにそれが出力される．この例では，'(2(...))' として，1 行に 2 回 ... 部分の書式付き出力が行われるようにしている．

なお，複素数型の変数に対しても，実数型変数に用いられる f 形式や e 形式の書式を用いることができる．

■入力の書式と read 文の改行　入力の際にも同様に書式を指定できる．しかし，書式を指定すると，そのとおりにキーボード入力，あるいは入力ファイルへの記述を行わないと正しく読み込みが行われない．このため，普通はデータを 1 つ以上のタブやスペースで区切って入力ファイルの記述やキーボード入力を行い，プログラム中では read(ファイル番号, *) として，並び入力により読み込みを行うことが多い．書式を指定する場合には，この * の部分に，書式付き出力の場合と同様の書式を記述する．連続して記述された文字や数字を指定した桁数で切り分けて読み込む場合などに，書式付きの入力が利用される．

入力の際に注意すべき事項として，read 文と改行の関係がある．read 文は，指定された変数の読み取りが終了すると**改行**を行う．たとえば，次のような内容の入力ファイル data.d があり，

```
1 2 3
4 5 6
```

次のようなプログラム部分で，このファイルの内容が読み込まれるとする．

```
integer a(2)
open(10, file = 'data.d')
read(10, *) a(1)
read(10, *) a(2)
write(*, *) a(1:2)
```

すると，出力結果は次のようになる．

```
           1           4
```

このように，read 文で指定された変数の読み込みが終了すると改行が行われる．このため，入力データの右側にデータの説明文などのコメントを書くことができる．なお，

本節の「出力時に用いられる書式」の項で説明した write 文と同様に，read 文でも advance = 'no' を入れると，改行されずに読み込みが行われる．

一方，同じ入力ファイル data.d に対して，次のプログラム部分で読み込みを行う．

```
integer a(6)
open(10, file = 'data.d')
read(10, *) a(1:6)
write(*, *) a(1:6)
```

この読み込みは正常に行われ，出力結果は次のようになる．

```
          1           2           3           4           5           6
```

また，もし，data.d ファイルの 1 行目と 2 行目の間に空白行があったとしても，上記と同様の出力が得られる．これは，read 文で指定された個数分のデータが見つかるまで，自動的に改行されて読み込みが行われることを示している．なお，ファイル内に指定された個数分のデータが存在しないと，読み込みエラーとなる．

■文字列の読み込みと書式　文字列を read 文により読み込む際に，書式 '(a)' を使うか否かにより，以下のような違いがある．次の内容の入力ファイル data.d があるとする．

```
abcde fghij
abcde fghij
```

このファイルの内容が，次のようなプログラム部分で読み込まれるとする．

```
character(10) char1, char2
open(10, file = 'data.d')
read(10,   *  ) char1
read(10, '(a)') char2
write(*, *) trim(char1)
write(*, *) trim(char2)
```

この出力結果は次のようになる．

```
abcde
abcde fghi
```

このように，read(10, *) char1 とすると，行中の空白がデータの区切りとみなされて，abcde という 5 文字が読み取られる．一方，read(10, '(a)') char2 のように，書式を指定すると，空白も含めた変数の文字数分の文字が読み込まれる．

■open 文のファイル名を文字型変数で指定する　ファイル入出力を行う場合に用いられる open 文では，以下の例のように，ファイル名を文字型変数で指定することができる．

```
character(100) fname                    ! ファイル名を格納する文字型変数
write(*, *) 'input file name : '
read(*, *) fname                        ! ファイル名をキーボード入力
```

```
open (10, file = fname)             ! 文字型変数を使ってファイル名を指定
write(10, *) 'hello'                ! ファイルへ出力
```

上記の例では，文字型変数 fname に格納された文字列を名称とするファイルが作られ，そこに出力データが書き込まれる．ファイル名は処理系で適切に扱われるものでなければならない．なお，文字型変数に含まれる後続の空白は無視される仕様となっている．

1.4 書式なし入出力

本文中では，write 文による出力を行う際に，括弧内のカンマの右側に * と書いて並び出力とするか，あるいは '(e12.4)' のようにして具体的な書式を指定した．これらは，いずれも「書式付き出力」であり，テキスト形式でディスプレイ画面上，あるいはファイル内に可読な形式（画面上で読んだり，テキストエディタで開いて読める形）で結果の出力が行われた．read 文についても同様である．

この「書式付き入出力」に対して，「書式なし入出力」がある．書式なし出力を行うと，変数のメモリイメージがそのままファイルに出力されるので，普通のテキストエディタでは読むことができない形式となってしまうが，一般にファイルのサイズは小さくなり，入出力に要する時間は短くなるという利点がある．これは，多量の出力を何度も行うような計算では有用である．書式なし出力の問題点は，内容の可読性がないことと，計算機により互換性がとれない場合があることである．

書式なし出力を行うためには，まず，ファイルが「書式なし」で開かれていなければならない．こうして結果が書き込まれたファイルは，**バイナリファイル**といわれる．以下に書式なし入出力を行う例を示す．

```
program non_format_output1
  implicit none
  integer, parameter :: n = 3
  real(8) a(n, n)
  integer i
  call random_number(a(1:n, 1:n))  ! 配列要素に乱数を設定
  write(*, *) 'display initial values ...'
  do i = 1, n
     write(*, *) a(i, 1:n) ! 要素の初期値をディスプレイに表示
  enddo
  open (10, file = 'binary.d', form = 'unformatted') ! 書式なしファイルを開く
  write(10) a(1:n, 1:n)     ! 書式なし出力
  a(1:n, 1:n) = 0.0d0       ! 念のため，配列をゼロクリアしておく
  write(*, *) 'display data from binary file ...'
  rewind(10)                ! 読み取り位置をファイルの先頭まで戻す
  read(10) a(1:n, 1:n)      ! 書式なし入力 (バイナリファイルからの読み込み)
  do i = 1, n
     write(*, *) a(i, 1:n) ! 読み取った結果をディスプレイに表示
```

```
  enddo
  close(10)                 ! ファイルを閉じる
end program non_format_output1
```

この例では，配列要素に乱数を代入し，それを書式なし出力でファイル binary.d に書き出している．書式なし入出力を行う場合には，open 文で，form = 'unformatted' という指示を行い，ファイルを書式なし入出力として開く必要がある[5]．

上記の例を書き換えて，同じ配列をテキストファイルとバイナリファイルへ書き出して，それらのファイルの大きさを比べると，通常後者のほうが小さいことが確認できる．また，配列要素数を大きくして，入出力に要する時間を比較すると，一般に書式なし入出力のほうがアクセスに要する時間が短いことがわかる（配列要素数を大きくした場合には，ディスプレイ画面への出力は行わないほうがよい）．時間計測には，リスト 2.10 で用いた組み込みサブルーチン cpu_time を利用するとよい．なお，UNIX PC では，ファイルの大きさは通常 ls -l というコマンドで確認できる．

1.5 計算誤差

計算誤差には，計算機内部の数値の取り扱いに起因する誤差と，計算アルゴリズムで用いられる近似により発生する誤差がある．後者の誤差は，利用される近似により性質が異なるため，各解法ごとにその計算精度が検討されている．一方，前者の誤差の影響を抑えるためには，計算機における数値，とくに実数の取り扱いを理解しておくことが重要である．以下にその概略を示す．

プログラム中の変数が扱える数値に関して，最初に注意すべきことは，付録 1.1 で述べたように，

- 変数が扱える数値の範囲が定められている

ということである．整数型，実数型変数ともに取り扱い可能な数値の範囲があり，その範囲外の数値が変数に代入されないよう注意する．変数の種別や，扱える数値の範囲を確認するには，組み込み関数 kind や range を利用すればよい（付録 1.1）．

次に，実数型変数は，以下のような形式（**浮動小数点**型）で扱われている．

$$\textbf{仮数} \times \textbf{基数}^{\text{指数}}$$

たとえば，42.195 という数値は，基数を 10 とすると 0.42195×10^2 と表示され，仮数と指数はそれぞれ 0.42195 および 2 となる．計算機では，仮数は常にある一定の桁数の数値として表されるため，次の誤差が生ずる．

- 丸め誤差
- 桁落ち

5) form = 'binary' というレコード長がファイルに組み込まれない形式を利用するコンパイラもある．

これらの誤差の具体例と，誤差の影響を小さくするための対応策を以下に示す．

■丸め誤差 仮数の桁数を超える数値が変数に代入されるときには，「丸め」(round off) が行われて桁数が短くなる．たとえば，0.42195×10^2 という数値の有効数字は 5 桁であるが，もし仮数が 3 桁であるとすると，4 桁目の 9 が四捨五入あるいは切り捨てられて，0.422×10^3 あるいは 0.421×10^3 とされて変数に格納される．このような扱いにより生ずる誤差を丸め誤差という．演算過程で生ずる桁数の長い数値に対しても，同様の丸めが行われる[6]．演算過程で発生する丸め誤差が蓄積して，計算結果に影響を及ぼすことがないよう注意が必要である．

また，計算機内部では，**基数**は 10 ではなく 2 となっていることが多い[7]．このため，0.1 のように 10 進数で有限小数であり，仮数の桁数に納まるように見える数値でも，2 進数で表すと循環小数となって，上記の丸めの影響が入る場合がある．

丸め誤差の具体例を見るために，次のプログラム部分を考える．

```
real r, dr
integer i, n
do n = 2, 10
   dr = real(n) ** (-8)
   r = 0.0
   do i = 1, n ** 8
      r = r + dr
   enddo
   write(*, *) 'n = ', n, '  r = ', r
enddo
```

これは，n^{-8} を n^8 回加えた合計を求めるプログラムである．プログラム中では n を 2 から 10 まで変化させてそれぞれの合計を出力している．いずれの合計も 1 となるはずであるが，計算結果の一例は以下のようになる．

```
n =  2   r =  1.
n =  3   r =  0.999962
n =  4   r =  1.
n =  5   r =  1.0010608
n =  6   r =  1.0011092
n =  7   r =  1.0176351
n =  8   r =  1.
n =  9   r =  0.5
n =  10  r =  0.25
```

上記のように，合計 r が正しく 1 となる場合と誤差が生ずる場合がある．とくに，n=10 の場合には，dr は 10^{-8} であり，10 進法で有限小数として表されるにもかかわらず，そ

6) 計算の中間結果をより長い桁数で扱い，精度の低下を防ぐ処理系もある．

7) 基数や丸めの方法を確認するには計算機やコンパイラの仕様を確認する．文献 [14] には，これらを検出するプログラム例が掲載されている．

れを 10^8 回加算すると合計は 0.25 となってしまい，大きな誤差が生じている．これは，上述のように，計算機内部では基数が 2 であって，dr に丸めの影響が入り，それが多数の加算で蓄積して大きな誤差となったためである．実際，n が 2，4，8 の場合には，2 進数で仮数が有限小数として表されるため丸めの影響が入らず，合計は正しく求められている．計算結果に対するこのような丸め誤差の影響を小さくするには，

- 仮数の桁数が長い変数を利用する
- 誤差が蓄積しない演算方法を選択する

という対策をとる．上記のプログラム例では**単精度実数型**変数が用いられているが，これを**倍精度実数型**とすると仮数の桁数が長くなり，丸め誤差の影響を軽減することができる．一方，演算方法については，1 つの具体例を見るため，ある刻み幅 dx で各点の x の値を求める次の計算を考える．

```
x = 0.0d0
do n = 1, nm
   x = x + dx
   y = func(x)
   ...
enddo
```

この計算では，上記のように dx を加算して x を定める代わりに，

```
do n = 1, nm
   x = dx * dble(n)
   y = func(x)
   ...
enddo
```

とするほうが，nm が大きい場合などに丸め誤差の影響を小さくできる．

■桁落ち　計算機で大きさが非常に近い実数の減算を行うと，計算精度が急激に低下することがある．これは桁落ちとよばれる．また，大きさ（指数部の大きさ）が極端に異なる実数の加算が正しく求められない場合がある．これらは，仮数が有限桁であることに起因する誤差である．

次のプログラム部分は，初期値が 1 である変数 r に 10^{-8} を 10^8 回加算した結果を出力するものであり，結果は 2 となるはずである．

```
real :: r = 1.0, dr = 1.0e-8
integer i
do i = 1, 10 ** 8
   r = r + dr
enddo
write(*, *) 'r = ', r
```

しかし，上記を実行すると，多くの場合に r は初期値のままの 1 と出力され，10^8 回も行った加算がまったく反映されていない結果となる．これは r と dr の数値の指数部が

大きく異なるため，両者を加えた結果は，限られた桁数の仮数と共通の指数（この場合は r の指数）では正確に表現できないことが原因である．これを防ぐには，丸め誤差の場合と同様に，倍精度実数型変数など仮数の桁数が長い変数を利用することと，指数部の大きさが近い数値の和を先に求める，という計算法を用いることが重要である．

一方，大きさが非常に近い実数の減算を行うと，仮数の桁数が限られているため，上位の仮数が打ち消されて**有効数字の桁数**が減少してしまう．この桁落ちの例とそれを防ぐ計算方法を，次の 2 次方程式の解の公式を用いて示す．

$$x = \frac{-b \pm \sqrt{b^2 - 4ac}}{2a} \tag{1}$$

右辺の分子の $-b \pm \sqrt{b^2 - 4ac}$ を計算するときに，$b^2 \gg 4|ac|$ であると，一方の解（絶対値が小さいほうの解）を求める演算で，大きさが非常に近い実数の減算が行われることになる．具体例として，次の 2 次方程式を考える．

$$x^2 - 100.00001x + 0.001 = (x - 10^2)(x - 10^{-5}) = 0 \tag{2}$$

この解は，10^2 と 10^{-5} である．実際に単精度実数型変数を用いて，式 (2) の解を式 (1) の公式どおりに計算するプログラムを作って答えを求めると，一例として以下のようになる．

```
100.0000       7.6293945E-06
```

上記のように，絶対値が小さいほうの解には大きな誤差が含まれている．

桁落ちを防ぐには，これまでと同様に仮数の桁数が長い変数を使用することと，可能であれば計算法を工夫して，大きさが近い実数の減算を行わないようにすることが有効である．式 (1) に対しては，多くの文献に紹介されているように，絶対値の大きいほうの解を式 (1) の公式から求め，他方を別の関係から求める以下のようなプログラムとする．

```
d = b * b - 4.0d0 * a * c
if (d > 0.0d0) then
   x1 = 0.5d0 * (- b + sign(sqrt(d), - b) ) / a
   x2 = c / (a * x1)
else
   ...
```

`sign(a, b)` は，絶対値が `|a|` で符号が `b` と同じ数値を返す組み込み関数である．

以上をまとめると，仮数が有限桁であることに起因する誤差を防ぐには，

- 仮数の桁数が長い変数を利用する
- 大きさが非常に近い実数の減算と，指数部の大きさが極端に異なる実数の和の演算に注意する

ということが重要である．ここでは数値誤差の基本的な部分のみを示した．より詳細については，文献などを参照されたい[8)]．

2 組み込み手続き

Fortran 90/95 で用意されている関数とサブルーチンをそれぞれ組み込み関数および組み込みサブルーチンといい，これらをまとめて**組み込み手続き**（intrinsic procedures）という．組み込み手続きの多くのものは，**総称名**の機能により，型や種別パラメタが異なる変数を実引数とすることができる．また，**引数キーワード**を利用すれば，実引数の順序を変更することができる．さらに，いくつかの手続きでは，optional **属性**の機能により引数の一部を省略することが可能となっている[9)]．

プログラム中で組み込み手続きと同じ名称の変数を宣言したり，プログラム名を組み込み手続きの総称名などと同一にすること自体は誤りではない．しかし，そのようにすると同一名称の組み込み手続きは使用できなくなるので注意が必要である．

本節では，基本的な数値計算に関係のある主な組み込み手続きの一覧表を示す．これは以下の要領で作成されている．

- 引数名は引数キーワードを表す．
- 引数の型を次のように略記している．i：整数型，r：実数型，z：複素数型，c：文字型，l：論理型である．また，これらの記号の後に d を付けた場合は，種別パラメタの指定なしに宣言された基本型（default）を意味する．たとえば，id は基本整数型，cd は基本文字型を表す．また，記号の後の s はスカラ初期値式[10)] を表す．たとえば，is はスカラ整数型初期値式である．
- いくつかの引数キーワードは，次のような用途に用いられる．kind：変数の型に対する種別パラメタ（スカラ整数型初期値式 is とされることが多い），string および string_a：任意の文字列，mask：要素が真あるいは偽である論理型配列，dim：配列の何番目の次元かを表す整数，などである．
- 省略可能な引数は [ ] で囲んでいる．
- 関数あるいはサブルーチンが返す結果は，**戻り値**と表現する場合がある．
- 代表的な利用方法のみを記述したものがある．該当するものは，表 1 の機能欄に「(簡略)」と記している．

8）計算誤差に関する書籍に [14] がある．
9）総称名については 5.3 節参照．また，引数キーワードと optional 属性は 5.1 節参照．
10）数値あるいはコンパイル時点で値が定められている定数など．

- 以下の組み込み手続きは，表 1 から省略している．
  - 数体系の問い合わせや操作に関するもの（digits，epsilon，huge，maxexponent，minexponent，radix，tiny，exponent，fraction，nearest，rrspacing，scale，set_exponent，spacing．ただし 10 進数に関するものは記載した）
  - ビット演算に関係するもの（bit_size，btest，iand，ibclr，ibits，ibset，ichar，ieor，ior，ishft，ishftc，not，mvbits，transfer）
  - ポインタ結合状態関数（associated，null）
  - その他（index，lge，lgt，lle，llt，repeat，scan，verify）

2.1 主な組み込み関数

上記の要領で作成された主な組み込み関数を表 1 に示す．

表 1 主な組み込み関数（その 1）

名 称	引数の型など	戻り値の型など	機 能
abs(a)	i，r，z	a が z のとき r，ほかは a と同じ	引数の絶対値を返す
achar(i)	i	種別パラメタが kind('A') である長さ 1 の c	ASCII コード表の i 番目の文字を返す（iachar(c) の逆）．たとえば achar(88) は 'X'
acos(x)	r（$\lvert x \rvert \leq 1$）	x と同じ r	$\cos^{-1} x$（戻り値はラジアン単位，p. 21 脚注参照）
adjustl(string)	c	string と長さと種別パラメタが同じ c	文字列の先頭の空白を取り除き，末尾に空白を入れて左詰めにする
adjustr(string)	c	string と長さと種別パラメタが同じ c	文字列の末尾の空白を取り除き，先頭に空白を入れて右詰めにする
aimag(z)	z	z と同じ種別パラメタの r	複素数の虚部を返す（p. 227 参照）
aint(a [, kind])	a=r；kind=is	種別パラメタが kind の r（kind 省略時は a と同じ r）	切り捨てによる整数値（戻り値は i ではなく r）を返す
all(mask [, dim])	mask=l（配列）；dim=i（スカラ）	mask と同じ種別パラメタの l（スカラあるいは配列）	mask の dim 番目の次元の要素の値がすべて真であるかを判定（p. 247 参照）
allocated(array)	割付け配列	ld（スカラ）	割り付けられているとき真，そうでないとき偽を返す

表 1 主な組み込み関数（その 2）

名 称	引数の型など	戻り値の型など	機 能
anint(a [, kind])	a=r; kind=is	種別パラメタが kind の r（kind 省略時は a と同じ r）	四捨五入による整数値（戻り値は i ではなく r）を返す
any(mask [, dim])	mask=l（配列）; dim=i（スカラ）	mask と同じ種別パラメタの l（スカラあるいは配列）	mask の dim 番目の次元の要素の値が 1 つでも真であるかを判定（p. 247 参照）
asin(x)	r（$\|x\| \leq 1$）	x と同じ r	$\sin^{-1} x$（戻り値はラジアン単位，p. 21 脚注参照）
atan(x)	r	x と同じ r	$\tan^{-1} x$（戻り値はラジアン単位，p. 21 脚注参照）
atan2(y, x)	y, x= 種別パラメタが同じ r	引数と同じ	$\tan^{-1}(y/x)$（戻り値はラジアン単位）
ceiling(a [, kind])	a=r; kind=is	種別パラメタが kind の i（kind 省略時は id）	引数の値以上で最小の整数を返す
char(i [, kind])	i=i; kind=is	種別パラメタが kind の c（kind 省略時は cd）	処理系コード表の i 番目の文字を返す
cmplx(x [, y, kind])	x=i, r, z; y=i, r; kind=is	種別パラメタが kind の z（kind 省略時は zd）	x, y=r のとき実部が x，虚部が y の複素数を返す（簡略）
conjg(z)	z	引数と同じ z	共役複素数を返す（p. 227 参照）
cos(x)	r, z	x と同じ r, z	$\cos x$ を返す（x=r のとき x はラジアン単位）（簡略）
cosh(x)	x=r	x と同じ r	双曲線余弦関数 $\cosh x$ を返す
count(mask [, dim])	mask=l（配列）; dim=i（スカラ）	id（スカラあるいは配列）	mask の dim 番目の次元の真の要素の個数を返す（p. 247 参照）
cshift(array, shift [, dim])	array= 任意の型の配列; shift=i（スカラまたは配列）; dim=i（スカラ）	array と型と種別パラメタが同じで同一形状の配列	配列要素を循環移動させる（p. 248 参照）
dble(a)	i, r, z	倍精度実数型	倍精度実数型に変換する
dim(x,y)	x=i, r; y=x と同じ型と種別パラメタ	x と同じ i, r	$x > y$ のとき $x - y$，それ以外は 0 を返す
dot_product (vector_a, vector_b)	引数は要素数が同じ i, r, z, l の 1 次元配列	i, r, z, l（スカラ）	数値型または論理型のベクトルの内積を返す（p. 47, p. 250 参照）

表 1 主な組み込み関数（その 3）

名 称	引数の型など	戻り値の型など	機 能
dprod(x,y)	x, y=rd	倍精度実数型	倍精度実数型の積を返す
eoshift(array, shift [, boundary, dim])	array=任意の型の配列; shift=i（スカラまたは配列）; boundary=array と同じ型と種別パラメタのスカラまたは配列; dim=i（スカラ）	array と型と種別パラメタが同じ同一形状の配列	配列要素を切捨て移動させる（p. 248 参照）
exp(x)	r, z	x と同じ r, z	e^x を返す
floor(a [,kind])	r; kind=is	種別パラメタが kind の i（kind 省略時は id）	引数の値以下の最大の整数を返す（ガウス記号）
iachar(c)	長さ 1 の cd	id	ASCII コード表の文字の番号を返す（achar(i) の逆）. たとえば iachar('X') は 88
ichar(c)	長さ 1 の cd	id	処理系コード表の文字の番号を返す（char(i) の逆）
int(a [, kind])	a=i, r, z; kind=is	種別パラメタが kind の i（kind 省略時は id）	切り捨てによる整数値を返す
kind(x)	任意の型（スカラまたは配列）	id（スカラ）	引数の種別パラメタ値を返す（p. 225 参照）
lbound(array [, dim])	array=任意の型の配列; dim=i（スカラ）	id（スカラまたは配列）	配列のすべての次元の添字下限（1 次元配列），または dim で指定した次元の添字下限（スカラ）を返す
len(string)	c（スカラまたは配列）	id（スカラ）	string がスカラのとき文字数，配列のとき各要素の文字数を返す
len_trim(string)	c	id	string の末尾の空白を除いた文字数を返す
log(x)	正の r, 0 でない z	x と同じ r, z	自然対数（底は e）
log10(x)	正の r	x と同じ r	常用対数（底は 10）
logical(l [, kind])	l=l; kind=is	種別パラメタが kind の l（kind 省略時は ld）	論理型の種別パラメタを変換する
matmul(matrix_a, matrix_b)	i, r, z, l の 1 次元または 2 次元配列	i, r, z, l（配列）	数値型，論理型の行列積，行列ベクトル積（p. 67, p. 250 参照）

表1　主な組み込み関数（その4）

名　称	引数の型など	戻り値の型など	機　能
max(a1, a2 [, a3, ...])	i, r（引数はすべて同じ型と種別パラメタ）	引数と同じ	引数の中の最大値を返す
maxloc(array, dim [, mask])または maxloc(array [, mask])	array=i, r（配列）; dim=i（スカラ）; mask=l（配列）	id（スカラまたは配列）	mask の真の要素に対応する array 要素のうち，dim 番目の次元の最大値をもつ要素位置を返す（p. 251 参照）
maxval(array, dim [, mask])または maxval(array [, mask])	array=i, r（配列）; dim=i（スカラ）; mask=l（配列）	array と同じ型と種別パラメタ（スカラまたは配列）	mask の真の要素に対応する array 要素のうち，dim 番目の次元の最大値を返す（p. 251 参照）
merge(tsource, fsource, mask)	tsource, fsource=任意の型（型と種別パラメタが同じスカラまたは配列）; mask=論理型	tsource と同じ	mask の要素が真のとき配列 tsource の要素，偽のとき配列 fsource の要素を選んで構成した配列を返す（tsource と fsource がスカラの場合はいずれかが選択される，p. 254 参照）
min(a1, a2 [, a3, ...])	i, r（引数はすべて同じ型と種別パラメタ）	引数と同じ	引数の中の最小値を返す
minloc(array, dim [, mask])または minloc(array [, mask])	array=i, r（配列）; dim=i（スカラ）; mask=l（配列）	id（スカラまたは配列）	mask の真の要素に対応する array 要素のうち，dim 番目の次元の最小値をもつ要素位置を返す（p. 251 参照）
minval(array, dim [, mask])または minval(array [, mask])	array=i, r（配列）; dim=i（スカラ）; mask=l（配列）	array と同じ型と種別パラメタ（スカラまたは配列）	mask の真の要素に対応する array 要素のうち，dim 番目の次元の最小値を返す（p. 251 参照）
mod(a, p)	i, r（a, p は同じ型と種別パラメタ）	a と同じ	余り関数（p. 251 参照）
modulo(a, p)	i, r（a, p は同じ型と種別パラメタ）	a と同じ	剰余関数（p. 251 参照）
nint(a [, kind])	a=r; kind=is	種別パラメタが kind の i（kind 省略時は id）	四捨五入した整数を返す
pack(array, mask [, vector])	array=任意の型（配列）; mask=l（配列）; vector=array と同じ型と種別パラメタの 1 次元配列	array と同じ型と種別の 1 次元配列	mask に従い配列を 1 次元配列とする（p. 254 参照）

表 1 主な組み込み関数（その 5）

名 称	引数の型など	戻り値の型など	機 能
precision(x)	r，z（スカラまたは配列）	id（スカラ）	引数の 10 進精度を返す（p. 226 参照）
present(a)	a= 任意の型（スカラまたは配列）	ld（スカラ）	仮引数 a に対応する実引数が存在するか否かを判定（p. 141 参照）
product(array, dim [, mask]) または product(array [, mask])	array=i，r，z（配列）；dim=i（スカラ）；mask=l（配列）	array と同じ型と種別パラメタ（スカラまたは配列）	mask の真の要素に対応する array の要素の dim 番目の次元についての積（p. 251 参照）
range(x)	i，r，z（スカラまたは配列）	id（スカラ）	引数の 10 進指数範囲を返す（p. 225 参照）
real(a [, kind])	i，r，z；kind=is	種別パラメタが kind の r（kind 省略時は rd）	実数型に変換（引数が z のとき実部を返す，p. 227 参照）
reshape(source, shape [,pad, order])	source= 任意の型の配列；shape=i（1 次元配列）；pad=source と同じ型と種別パラメタ（配列）；order=i（shape と同じ形状）	source と型と種別パラメタが同じで形状が shape である配列	source の要素を shape に従う形状の配列に変換（p. 257 参照）
selected_int_kind (r)	i（スカラ）	id（スカラ）	$-10^{\mathrm{r}} < n < 10^{\mathrm{r}}$ の範囲にある整数 n を表現できる整数型の種別パラメタ値を返す
selected_real_kind ([p, r])	いずれも i（スカラ，少なくとも 1 つの引数を指定）	id（スカラ）	10 進精度が p 桁以上で 10 進指数範囲が r 以上である実数型の種別パラメタ値を返す（p. 226 参照）
shape(source)	source= 任意の型（スカラまたは配列）	id（1 次元配列）	source の形状を 1 次元配列として返す（スカラの形状は大きさゼロの 1 次元配列，p. 49 参照）
sign(a, b)	a，b= 型と種別パラメタが同じ i，r	引数と同じ	a の絶対値に b の符号を付けた値を返す（p. 239 参照）
sin(x)	r，z	x と同じ	$\sin x$ を返す（x=r のとき x はラジアン単位）（簡略）
sinh(x)	r	x と同じ	双曲線正弦関数 $\sinh x$ を返す

表 1　主な組み込み関数（その 6）

名　称	引数の型など	戻り値の型など	機　能
size(array [, dim])	array= 任意の型（配列）; dim=i（スカラ）	id（スカラ）	array の dim 番目の次元の寸法（dim 省略時は要素総数）を返す
spread(source, dim, ncopies)	source= 任意の型（スカラまたは配列）; dim, ncopies=i（スカラ）	source と型と種別パラメタが同じで 1 つ次元が高い配列	スカラまたは配列要素を複製して 1 つ次元が高い配列とする（p. 254 参照）
sqrt(x)	r（0.0 以上）, z	x と同じ	平方根（簡略）
sum(array, dim [, mask]) または sum(array [, mask])	array=i, r, z（配列）; dim=i（スカラ）; mask=l（配列）	array と同じ型と種別パラメタ（スカラまたは配列）	mask の真の要素に対応する array の要素の dim 番目の次元についての総和（p. 251 参照）
tan(x)	r	x と同じ	$\tan x$ を返す（x はラジアン単位）
tanh(x)	r	x と同じ	双曲線正接関数 $\tanh x$ を返す
transpose(matrix)	matrix= 任意の型の 2 次元配列	matrix の形状が (m,n) のとき，形状が (n,m) の 2 次元配列	2 次元配列 matrix を転置する
trim(string)	string=c（スカラ）	string と同じ c（string の後ろの空白を除いた文字長さとなる）	文字列 string の後ろの空白を削除した文字型変数を返す（p. 228 参照）
ubound(array [, dim])	array= 任意の型の配列; dim=i（スカラ）	id（スカラまたは配列）	配列のすべての次元の添字上限（1 次元配列），または dim で指定した次元の添字上限（スカラ）を返す
unpack(vector, mask, field)	vector= 任意の型の 1 次元配列; mask=l（配列）; field=mask と同一形状で vector と型と種別パラメタが同じ配列	vector と型と種別パラメタが同じで，mask と同じ形状の配列	vector の要素を mask の条件に従って field の該当する要素位置に上書きする（p. 254 参照）

2.2 主な組み込みサブルーチン

表 2 に主な組み込みサブルーチンを示す．引数の欄で in は実引数で値を指定するもの，out はサブルーチンにより値が定められた戻り値を表す．変数の型の略号は，表 1 の組み込み関数と同様である．引数の名称は，引数キーワード[11] として利用できる．

表 2 主な組み込みサブルーチン

名　称	引　数	機　能
cpu_time(time)	r（スカラ，out）	処理系の時間を秒単位で返す（p. 59 参照）
date_and_time([date, time, zone, values])	values=id（1 次元配列，out）; ほかの引数=cd（スカラ，out）	実時間時計の日付や時刻を取得する（p. 250 参照）
random_number(harvest)	r（スカラまたは配列，out）	0 以上 1 未満の区間に一様に分布する疑似乱数を返す（p. 256 参照）
random_seed([size, put, get])	size=id（スカラ，out）; put=id（1 次元配列，in）; get=id（1 次元配列，out）	random_number で使われる疑似乱数の初期値生成あるいは問い合わせ（p. 256 参照）
system_clock([count, count_rate, count_max])	引数はいずれも id（スカラ，out）	実時間時計から整数を返す（p. 256 参照）

2.3 組み込み手続きの利用例

■**count, any, all**　組み込み関数 count(mask [, dim]) は，論理型配列 mask の dim 番目の次元の要素のうち，真であるものの個数を返す．この関数の使用例を示す前に，**論理型配列**の内容を確認しておこう．配列変数を用いる論理式を書くと，その結果は形状が同じ論理型配列となる．たとえば，同じ形状の 2 次元配列 a，b を用いる論理式 a(:,:)==b(:,:) の結果は，同一形状の論理型配列となる．以下のプログラム部分では，これを論理型配列 g に代入して出力している．

```
integer a(2, 3), b(2, 3), i   ! a,b は整数型の 2 次元配列
logical g(2, 3)               ! g は論理型の 2 次元配列
a(1, 1:3) = (/ 1, 2, 3 /)
a(2, 1:3) = (/ 4, 5, 6 /)
b(1, 1:3) = (/ 0, 2, 0 /)
b(2, 1:3) = (/ 0, 5, 6 /)
write(*, *) shape(a(:, :) == b(:, :)) ! 論理式の形状を出力
g(:, :) = a(:, :) == b(:, :) ! 論理式の結果を配列 g に代入
do i = 1, 2
   write(*, *) g(i, :)        ! g の要素を出力
enddo
```

11）5.1 節参照．

上記のプログラム部分の出力結果は，以下のようになる．

```
2 3
F T F
F T T
```

これより，論理式 a(:,:)==b(:,:) は形状が (2, 3) の 2 次元配列であり，各要素は論理型スカラであることがわかる．論理式の値は，配列 a，b の対応する要素が等しければ真（T），等しくなければ偽（F）となる．なお，論理式 a(:,:)==b(:,:) は a==b と書くこともできる．

さて，組み込み関数 count(mask [, dim]) は，上記のような論理型配列 mask と，次元を表す整数型スカラ dim（省略可）を引数とし，条件に応じて次の結果を返す．

- dim を省略した場合，mask の全要素のうち，真である要素の個数をスカラとして返す．
- dim を指定した場合，dim 番目の次元の真の要素の数を返す．戻り値は dim 番目の次元を除いた形状の配列となる．たとえば mask が 3 次元配列で，形状が (2,3,4) であれば，count(mask,1)，count(mask,2)，count(mask,3) の各形状は順に (3,4)，(2,4)，(2,3) となる．
- mask が 1 次元配列であれば，count(mask) および count(mask,1) はいずれもスカラとなる．

上記のプログラム例では，count(a==b) の結果は 3 となり，count(a==b,1) の結果は形状が (3) の 1 次元配列 (0,2,1) となる．また，count(a==b,2) の結果は形状が (2) の 1 次元配列 (1,2) となる．

一方，組み込み関数 any(mask [, dim]) は，論理型配列 mask の dim 番目の次元の要素の値が 1 つでも真であるかどうかを判定する．引数や戻り値などの特性は，count と同様である．上記のプログラム例では，any(a==b) の結果は T となり，any(a==b,1) の結果は形状が (3) の 1 次元配列 (F,T,T) となる．また，any(a==b,2) の結果は形状が (2) の 1 次元配列 (T,T) となる．

これに対して，組み込み関数 all(mask [, dim]) は，論理型配列 mask の dim 番目の次元の要素の値がすべて真であるかどうかを判定する．引数や戻り値などの特性は count と同様である．上記のプログラム例では，all(a==b) の結果は F となり，all(a==b,1) の結果は形状が (3) の 1 次元配列 (F,T,F) となる．また，all(a==b,2) の結果は形状が (2) の 1 次元配列 (F,F) となる．

■cshift，eoshift　cshift と eoshift は，それぞれ配列要素を**循環移動**（circular shift）および**切捨て移動**（end-off shift）する組み込み関数である．

cshift(array, shift [, dim]) は，任意の型の配列 array の要素を dim 番目の次元方向に shift で指定した量だけ移動する．配列の端からはみ出した要素は，逆側の端に送られ，循環移動する形となる．array が 1 次元配列であれば引数 shift は整数型スカラであり，array の要素を左から右に添字順に並べたとき，shift が正であれば要素は左，負であれば右に循環移動する．また，array が n 次元（$n \geq 2$）のときには，shift は整数型スカラまたは $n-1$ 次元以下の整数型配列となる．shift を配列とするときには，その m 番目の次元の要素にそれぞれ異なる移動量を設定すれば，m 番目の次元方向に各要素を指定した量だけ独立に循環移動させることができる．

以下に，cshift の使用例を示す．なお，print_imatc は，演習 3.27 で作成したタイトルと整数型配列要素を出力するサブルーチンであり，組み込み手続きではない．

```
integer i
integer :: a(3, 3), b(9) = (/ (i, i = 1, 9) /)
a = reshape(b, (/ 3, 3 /)) ! 組み込み関数 reshape を利用して b を a にコピー
call print_imatc(a, 'original matrix a')
call print_imatc(cshift(a,  1, 1), 'cshift(a,  1,  1)')
call print_imatc(cshift(a, -1, 2), 'cshift(a, -1,  2)')
call print_imatc(cshift(a, (/ 1, -1, 2 /), 2), &
     'cshift(a, (/ 1, -1, 2 /), 2)')
```

```
(実行結果)
original matrix a
  1   4   7
  2   5   8
  3   6   9
cshift(a,  1,  1)
  2   5   8
  3   6   9
  1   4   7
cshift(a, -1,  2)
  7   1   4
  8   2   5
  9   3   6
cshift(a, (/ 1, -1, 2 /), 2)
  4   7   1
  8   2   5
  9   3   6
```

次に，eoshift(array, shift [, boundary, dim]) は，cshift と同様に要素の移動を行う組み込み関数であるが，配列の端からはみ出した要素は捨てられ，反対側の端では引数 boundary で指定した値が移動量分だけ取り込まれる．もし，引数 boundary を省略すると，配列 array が数値型の場合には 0 が入り，論理型では偽，文字型では空白が入る．以下に使用例を示す．配列 a は，上記のプログラム例と同じとする．

```
call print_imatc(a, 'original matrix a')
call print_imatc(eoshift(a, (/ 1, -1, 2 /), dim = 2), &
     'eoshift(a, (/ 1, -1, 2 /), dim = 2)')
call print_imatc(eoshift(a, (/ 2, -2, 2 /), (/ -1, -2, -3 /), 2), &
     'eoshift(a, (/ 2, -2, 2 /), (/ -1, -2, -3 /), 2)')
```

```
 (実行結果)
original matrix a
  1   4   7
  2   5   8
  3   6   9
eoshift(a, (/ 1, -1, 2 /), dim = 2)
  4   7   0
  0   2   5
  9   0   0
eoshift(a, (/ 2, -2, 2 /), (/ -1, -2, -3 /), 2)
  7  -1  -1
 -2  -2   2
  9  -3  -3
```

■**date_and_time**　組み込みサブルーチン date_and_time([date, time, zone, values]) を用いると，日付や時刻などを取得できる．使用例を以下に示す．

```
character date * 8, time * 10, zone * 5  ! これらは文字型のスカラ
integer ia(8)                             ! ia は基本整数型の 1 次元配列
call date_and_time(date, time, zone, ia)
write(*, *) date
write(*, *) time
write(*, *) zone
write(*, *) ia(1:8)
```

文字型変数の文字数は，上記より長くとってもよい．また，配列 ia の要素数は 8 以上とする．実行例を以下に示す（各行の！とその右の記述は後から付け加えた解説であり，出力結果ではない）．

```
20061110     ! 2006 年 11 月 10 日
210843.162   ! 21 時 08 分 43 秒 162 ミリ秒
+0900        ! 協定世界時 (UTC) からの時差 09 時間 00 分
2006 11 10 540 21 8 43 162  ! 配列 ia の各要素の値
```

配列 ia の 8 個の要素 ia(1) から ia(8) には，上の実行結果に示されるように，順に年（2006），月（11），日（10），分単位の UTC（協定世界時）からの時差（540），時（21），分（8），秒（48），ミリ秒（162）を表す整数が格納される．

■**dot_product, matmul**　dot_product と matmul はベクトルの内積と行列積（あるいは行列ベクトル積）を返す組み込み関数であり，本文中では倍精度実数型配列を実引数とする場合のいくつかの例を示した．これらの関数は，実数型配列のほかに整数型，複

素数型，論理型の配列を引数とすることができる．ここでは，複素数型あるいは論理型配列を実引数とした場合の演算を補足しておく．

dot_product(vector_a, vector_b) では，引数 vector_a は数値型または論理型の 1 次元配列とする．vector_b は，vector_a が数値型のときは数値型，vector_a が論理型のときは論理型であり，いずれの場合も vector_a と同じ大きさの 1 次元配列でなければならない．vector_a が複素数型であるとき，dot_product(vector_a, vector_b) は，演算 sum(conjg(vector_a)*vector_b) と同じ結果を返す．また，vector_a が論理型であるとき，dot_product(vector_a, vector_b) は，演算 any(vector_a.and.vector_b) と同じ結果を返す．

matmul(matrix_a, matrix_b) では，引数が数値型の配列であるときには，行列積（あるいは行列ベクトル積）が計算される．戻り値の i, j 要素は，sum(matrix_a(i,:) * matrix_b(:,j)) により計算された結果と同一となる．一方，引数が論理型配列であるときには，戻り値の i, j 要素は，any(matrix_a(i,:).and.matrix_b(:,j)) により定められる結果となる．論理型の行列ベクトル積の場合も，同様の演算が行われる．

■**mod, modulo**　組み込み関数 mod と modulo は，それぞれ**余り関数**，**剰余関数**とよばれる．mod(a, p) は，a-int(a/p)*p という演算の結果を返す（演習 1.11 参照）．ただし，引数 p が 0 のときには結果は処理系依存とされる．

一方，modulo(a, p) は，a と p が整数型のとき，r=a-q*p という演算結果 r を返す．ここで，q は p が正のとき $0 \leq$ r $<$ p を満たし，p が負のときは p $<$ r ≤ 0 を満たす整数とする．また，a と p が実数型であるときは，modulo(a,p) は a-floor(a/p)*p という演算結果を返す．なお，引数 p が 0 のときには，結果は処理系依存とされる．

■**sum, product, maxval, minval, maxloc, minloc**　組み込み関数 sum(array, dim [, mask]) あるいは sum(array [, mask]) は，論理型配列 mask[12] の真である要素に対応する配列 array の要素を選び，それらの総和を dim 番目の次元に対して求める．配列 mask と array の形状は，当然同一でなければならない．戻り値の特性は，組み込み関数 count の場合と同様である（p. 248）．

- dim と mask を省略した場合：array の全要素の和をスカラとして返す．
- dim を省略し，mask を指定する場合：mask の真である要素に対応する array の要素の和をスカラとして返す．
- array が 2 次元以上の配列で dim を指定した場合：mask が指定されていればその真である要素に対応する array の要素，指定されていなければ array のすべての要素を対象として，dim 番目の次元の要素の和を 1 次元配列として返す．戻り値は dim 番

12）論理型配列については，p. 247 を参照．

目の次元を除いた形状の配列となる．たとえばcが3次元配列で，形状が(2,3,4)であれば，sum(c,1)，sum(c,2)，sum(c,3)の各形状は順に(3,4)，(2,4)，(2,3)となる．

- arrayが1次元配列であれば，sum(array)およびsum(array,1)はいずれもスカラとなる．

組み込み関数sumの使用例を以下に示す．

```
integer a(2, 3), b(4)
a(1, 1:3) = (/ -1,  2, -3 /)
a(2, 1:3) = (/  4, -5,  6 /)
b(1:4) = (/ -1,  2, -3,  4 /)
write(*, *) sum(b), sum(b, 1), sum(b, b >= 0) ! いずれもスカラが返される
write(*, *) sum(a), sum(a, a >= 0)            ! いずれもスカラが返される
write(*, *) sum(a, 1), ':', sum(a, 1, a >= 0) ! 1次元配列が返される
write(*, *) sum(a, 2), ':', sum(a, 2, a >= 0) ! 1次元配列が返される
```

```
(実行結果)
 2   2   6
 3  12
 3  -3   3   :   4   2   6
-2   5   :   2  10
```

組み込み関数sumが上記のように要素の総和を求めるのに対して，該当するすべての要素の積を計算するのが組み込み関数product(array, dim [, mask])あるいはproduct(array [, mask])である．sumとは演算が異なるだけで，戻り値の特性は同様である．上記のプログラム例における出力結果を以下に示す．

```
write(*, *) product(b), product(b, 1), product(b, b >= 0)
write(*, *) product(a), product(a, a >= 0)
write(*, *) product(a, 1), ':', product(a, 1, a >= 0)
write(*, *) product(a, 2), ':', product(a, 2, a >= 0)
```

```
(実行結果)
  24   24    8
-720   48
  -4  -10  -18    :    4    2    6
   6 -120    :    2   24
```

上記のsumあるいはproductが該当する配列要素の和あるいは積の演算を行うのに対し，maxval(array, dim [, mask])あるいはmaxval(array [, mask])は，該当する要素の中の最大値を返す組み込み関数である．戻り値の特性はsumと同様である．上記のプログラム例に対する出力例を以下に示す．

```
write(*, *) maxval(b), maxval(b, 1), maxval(b, b >= 0)
write(*, *) maxval(a), maxval(a, a >= 0)
write(*, *) maxval(a, 1), ':', maxval(a, 1, a >= 0)
write(*, *) maxval(a, 2), ':', maxval(a, 2, a >= 0)
```

```
(実行結果)
4 4 4
6 6
4 2 6 : 4 2 6
2 6 : 2 6
```

また，minval(array, dim [, mask]) あるいは minval(array [, mask]) は，最小値を返す．出力例は次のようになる．

```
write(*, *) minval(b), minval(b, 1), minval(b, b >= 0)
write(*, *) minval(a), minval(a, a >= 0)
write(*, *) minval(a, 1), ':', minval(a, 1, a >= 0)
write(*, *) minval(a, 2), ':', minval(a, 2, a >= 0)
```

```
(実行結果)
-3 -3  2
-5  2
-1 -5 -3  :  4  2  6
-3 -5  :  2  4
```

さらに，最大値となる要素の位置は，maxloc(array, dim [, mask]) あるいは maxloc(array [, mask]) により求められる．maxloc の引数の与え方は，maxval と同様であるが，戻り値は上記の 4 つの関数とは異なり，次のようになる．

- mask が指定された場合には，mask の真の要素に対応する array の要素，また mask が省略された場合には，array の全要素を対象として以下が行われる．
- 引数 dim を省略した場合：maxloc の結果は，array の次元数に等しい大きさの 1 次元配列となる．たとえば，c が 3 次元配列であれば，maxloc(c) は大きさ（全要素数）3 の 1 次元配列を返す．その 1 次元配列の要素の値は最大値を与える要素位置となる．また，c が 1 次元配列であれば，maxloc(c) は要素数 1 の 1 次元配列を返す．
- 引数 dim が指定された場合：maxloc の結果は，上記の sum と同様に，array の形状から dim 番目の次元を除いた形状の配列となる．たとえば，c が 3 次元配列で，形状が (2,3,4) であれば，maxloc(c,1)，maxloc(c,2)，maxloc(c,3) の各形状は順に (3,4)，(2,4)，(2,3) となる．ただし，c が 1 次元配列であれば，maxloc(c,1) はスカラを返す．
- maxloc が返す要素位置は，配列の添字の下限値にかかわらず，各次元の最初の要素位置が 1 とされ，そこから何番目の要素であるかという整数値となる．

上記のプログラム例における maxloc の出力結果を以下に示す．

```
write(*, *) maxloc(b), maxloc(b, b < 0) ! 要素数 1 の 1 次元配列を返す
write(*, *) maxloc(b, 1)                ! スカラを返す
write(*, *) maxloc(a), maxloc(a, a < 0) ! 要素数 2 の 1 次元配列を返す
write(*, *) maxloc(a, 1)                ! 要素数 3 の 1 次元配列を返す
write(*, *) maxloc(a, 2)                ! 要素数 2 の 1 次元配列を返す
```

```
(実行結果)
 4   1
 4
 2   3   1   1
 2   1   2
 2   3
```

また，最小値となる要素の位置は，minlocにより同様に求められる．

■pack，unpack，merge，spread pack(array, mask [, vector])は，任意の型の配列arrayの要素のうち，論理型配列maskが真である要素に対応するものを抽出して1次元配列とする組み込み関数である[13]．省略可能な引数vectorは，arrayと型および種別パラメタが同じ1次元配列で，maskにより抽出された要素が格納される．このため，vectorの要素数は抽出された要素数以上でなければならない．packの使用例を以下に示す．

```
integer a1(10), a2(2, 3)
a2(1, :) = (/ -1,  2,  3 /)
a2(2, :) = (/  4, -5, -6 /)
a1(:) = 0
a1(:) = pack(a2, a2 > 0, a1)
write(*, *) a1(:)
```

```
(実行結果)
4 2 3 0 0 0 0 0 0 0
```

上記の例では，2次元配列a2の正の要素が抽出され，1次元配列a1の先頭から順に格納される．

一方，組み込み関数unpack(vector, mask, field)は，任意の型の1次元配列vectorの要素を，論理型配列maskの条件に従って配列fieldの該当する要素位置に上書きするはたらきをする．論理型配列maskと配列fieldは同一形状であることが必要で，vectorの要素数はmaskの真の要素数以上でなければならない．unpackの使用例を以下に示す．

```
integer i, a1(10), a2(2, 3), b(2, 3)
a2(1, :) = (/ -1,  0, -1 /)
a2(2, :) = (/  0, -1,  0 /)
a1(:) = (/ (i, i = 1, 10) /)
b(:, :) = unpack(a1, a2 == -1, a2)
do i = 1, 2
   write(*, *) b(i, :)
enddo
```

13) 論理型配列については，p. 247参照．

```
(実行結果)
1  0  3
0  2  0
```

上記の例では，2 次元配列 a2 の要素が -1 である位置に 1 次元配列 a1 の要素が順に上書きされた結果が返され，これを 2 次元配列 b に代入して出力を行っている．

merge(tsource, fsource, mask) は，論理型配列 mask の要素が真のとき配列 tsource の要素，偽のとき配列 fsource の要素を選んで構成した配列を返す．merge の使用例を以下に示す．

```
integer i, a(2, 3), b(2, 3), c(2, 3), d(2, 3)
a(1, :) = (/ -1,  1, -1 /)
a(2, :) = (/  1, -1,  1 /)
b(1, :) = (/  1,  2,  3 /)
b(2, :) = (/  4,  5,  6 /)
c(:, :) = - b(:, :)
d(:, :) = merge(b, c, a > 0)
do i = 1, 2
   write(*, *) d(i, :)
enddo
```

```
(実行結果)
-1  2 -3
 4 -5  6
```

組み込み関数 spread(source, dim, ncopies) は，任意の型のスカラまたは配列 source を dim 番目の次元方向へ ncopies だけ拡張した 1 つ高い次元の配列を返す．Fortran 90/95 で扱われる配列は 7 次元までであるので，source の次元 n は 7 未満でなければならない．dim と ncopies は整数型スカラで，$1 \leq$ dim $\leq n+1$ であり，通常の使用では ncopies は 2 以上であろう（ncopies を 0 とすると，大きさゼロの配列となってしまう）．使用例を以下に示す．

```
integer i, a(2), a2(2, 2)
a(:) = (/ 1, 2 /)               ! 1 次元配列 a の要素の値を設定
a2 = spread(a, 1, 2)            ! 第 1 次元方向へ 2 だけ拡張
write(*, *) 'spread(a, 1, 2)'
do i = 1, 2
   write(*, *) a2(i, :)
enddo
a2 = spread(a, 2, 2)            ! 第 2 次元方向へ 2 だけ拡張
write(*, *) 'spread(a, 2, 2)'
do i = 1, 2
   write(*, *) a2(i, :)
enddo
write(*, *) 'shape = ', shape( spread(a, 1, 0) )
write(*, *) 'shape = ', shape( spread(a, 1, 1) )
write(*, *) 'shape = ', shape( spread(a, 1, 2) )
```

```
(実行結果)
spread(a, 1, 2)
1  2
1  2
spread(a, 2, 2)
1  1
2  2
shape =  0  2
shape =  1  2
shape =  2  2
```

上記の例では，ncopies を 0 とすると形状が (0,2) となり，要素をもたない配列となる．また ncopies を 1 とすると形状は (1,2) となり，2 次元配列となるが，要素数は a と同じ 2 である．

■random_number，random_seed，system_clock　これらは，いずれも組み込みサブルーチンである．random_number(harvest) は，本文中でも触れたように，0 以上 1 未満の区間に一様に分布する疑似乱数を生成する．引数 harvest は実数型のスカラまたは配列であり，これを call 文で呼び出すと引数に上記の疑似乱数が設定される．

疑似乱数は，ある初期値（種子，seed）を用いて，定められた演算により生成される．このため，初期値が同一であれば，生成される乱数（列）も同一になる．初期値には複数の値が利用される場合もある．random_seed([size, put, get]) は，この初期値の設定あるいは問い合わせを行う組み込みサブルーチンである．引数を指定せずに call random_seed とすると，処理系が初期値を再設定する．引数 size は乱数生成のために利用する初期値の個数 N（基本整数型スカラ），また get は現在の初期値（要素数 N の基本整数型配列）を呼び出し側に返す．いずれも intent 属性は out である．また，引数 put は，呼び出し側で初期値を指定するために用いる．put の intent 属性は in であり，呼び出し側で要素数 N の基本整数型配列に値を設定して実引数とする．

system_clock([count, count_rate, count_max]) は，システムの実時間時計に基づいた整数値を返すサブルーチンである[14)]．省略可能な 3 つの引数は，いずれも基本整数型スカラで，intent 属性は out である．このうち，count_rate は処理系の時計が 1 秒間に刻む回数，count_max は count が取りうる最大値を表す．これらは処理系により定められるもので，引数を通じて値を取得することができる．一方，count は count_rate と count_max の条件に従い，時刻により変化する整数である．この値は，一例として乱数生成の初期値に利用することができる．以下にプログラム例を示す．

```
integer c, cr, cm, n, i
integer, allocatable :: ns(:), ms(:)
real(8) r
```

14）一部のコンパイラでは count が適当な値を返さない場合があるので，事前に値を確認するとよい．

```
call system_clock(c, cr, cm)  ! system_clock の情報を取得し,
write(*, *) c, cr, cm         ! それを出力
call random_seed(size = n)    ! 乱数初期値の個数 n を取得
write(*, *) 'n  = ', n
allocate(ns(n), ms(n))        ! 大きさ n の 1 次元配列を割り付け
call random_seed(get = ns(:)) ! 現在の初期値を取得し,
write(*, *) 'ns = ', ns(:)    ! それを出力
!
do i = 1, n
   call system_clock(count = ms(i)) ! system_clock が返す整数を ms に設定
enddo
write(*, *) 'ms = ', ms
call random_seed(put = ms(:)) ! ms を乱数初期値として与える
call random_number(r)         ! 乱数を 1 つ生成し,
write(*, *) 'r  = ', r        ! その値を出力
```

```
(実行結果)
 903040907        10000  2147483647
 n  =           2
 ns =   2147483562  2147483398
 ms =    903040912   903040912
 r  =   0.892092731235492
```

上記の例では，まず乱数初期値の個数を取得して，その大きさの 1 次元配列 ns と ms を割り付け，現在の初期値取得と初期値設定に利用している．なお，count_rate は 10000 であるが，do ループ内の system_clock の呼び出し間隔がそれより短いため，ms の 2 つの要素には同じ値（903040912）が設定されている．

■reshape　組み込み関数 reshape(source, shape [, pad, order]) は，任意の型の配列 source を形状が shape である配列に変換する．shape は形状を表す整数型 1 次元配列であり，要素の個数は 1 以上 7 以下で，どの要素も負であってはならない．この関数の動作のイメージは，まず source の要素が列順（p. 58 参照）に並べられ，それらを順に形状が shape である配列の列順の要素位置に格納していくというものである．もし，shape により指定される大きさ（全要素数）が source の大きさより小さければ，入りきらない要素は捨てられる．逆に，shape が指定する大きさが大きければ，引数 pad で指定される配列の要素が順に足りない部分に補われる．また，配列 order を引数とすると，格納順序を列順から指定した順序に変えることができる．order は整数型配列で，shape の次元を n とするとき，order の要素の値は 1 から n を並べ替えたものとする．使用例を以下に示す．

```
integer i
integer :: a(4) = (/ (i, i = 1, 4) /), b(2, 2)
b(:, :) = reshape(a, (/ 2, 2 /)) ! a の要素を列順に b へ格納
do i = 1, 2
   write(*, *) b(i, :)
```

```
enddo
b(:, :) = reshape(b, shape(b), order = (/ 2, 1 /)) ! bの転置行列
do i = 1, 2
   write(*, *) b(i, :)
enddo
```

```
(実行結果)
1  3
2  4
1  2
3  4
```

上記のプログラム部分の前半では，1次元配列aの要素を列順で2次元配列bに格納している．後半では，引数orderを(/ 2, 1 /)と指定することにより，bの要素を「行順」にbに格納し直している．引数のshape(b)はbの形状を取得する組み込み関数である．その結果，組み込み関数transposeを用いる場合と同様に転置された形となる．なお，関数の引数には，引数キーワードorderを用いてorder = (/ 2, 1 /)と指定している．引数キーワードを用いると，引数の順序は任意となり，引数padを省略できる[15)]．

次に，引数padを用いる例を以下に示す．

```
integer i
integer :: a(6) = (/ (i, i = 1, 6) /), b(6), c(2, 5)
b(:) = - a(:)
c(:, :) = reshape(a, shape(c), b)
do i = 1, 2
   write(*, *) c(i, :)
enddo
c(:, :) = reshape(a, shape(c), (/ -1, -2 /), (/ 2, 1 /))
do i = 1, 2
   write(*, *) c(i, :)
enddo
```

```
(実行結果)
1  3  5 -1 -3
2  4  6 -2 -4
1  2  3  4  5
6 -1 -2 -1 -2
```

上記で最初にreshapeを使う部分では，shape(c)で指定される全要素数（10）が配列aのそれより大きいので，不足部分にbの要素が補われる．この例では，bの要素数（6）は不足部分の要素数（4）より大きいので，余った分は切り捨てられる．2番目にreshapeを使う部分では，引数padに相当する配列(/ -1, -2 /)の要素が2つしかないので，配列cの不足部分にこの要素が繰り返し補われる．

15） 5.1節参照.

3 グラフ描画ソフト gnuplot の簡単な使い方

グラフ描画のためのフリーウエアは数多くあるが，gnuplot は手軽に使える便利な描画ツールであり，機能も豊富である．ここでは gnuplot の簡単な使い方を紹介する．gnuplot の詳細に関しては，解説書やインターネット上の情報を参照されたい．

なお，gnuplot のインストール方法などについては，インターネットから得られる情報や本書のサポートページ https://www.morikita.co.jp/books/mid/084722 の情報を参考にしていただきたい．

gnuplot には多くの機能があるが，ここではファイルに書き出された数値を使って 2 次元あるいは 3 次元のグラフを書いたり，ベクトルを描画する方法を簡単に示す．

次のような数値データを含むテキストファイル data.d が用意されているとする．同一行の数値と数値の間には，1 つ以上のスペースあるいはタブが入っているとする．

```
# x     y     u     v
2.2   6.4   1.2   0.7
3.3   8.7   2.2   0.5
4.4   9.8   3.2   0.1
5.5   9.8   3.2  -0.1
6.6   8.7   1.2  -0.5
7.7   6.4   2.2  -0.7
```

上記のデータの 1 行目のように，# で始まる行は，gnuplot ではコメント行とみなされ，その内容は無視される．2 行目以降の 4 カラムの数値データが描画の対象となる．

最初に，data.d を含むディレクトリ内において，gnuplot と入力して[16]，gnuplot を起動する．すると，次のように gnuplot のプロンプトが表示される．

```
gnuplot>
```

このプロンプトの後に，次のように入力すると，1 カラム目のデータを横軸，2 カラム目を縦軸としたグラフが描画される．各点がシンボルで示され，それらが直線で結ばれて表示されるだろう．

```
gnuplot> plot 'data.d' with linespoints
```

プロンプト gnuplot> の後で q と入力すれば，gnuplot が終了する．

データを直線で結びたくない場合には with points，各点のシンボルを表示しない場合には with lines とすればよい．ほかのカラム，たとえば 2 カラムと 4 カラムのデータを表示するには次のようにする．

16） Linux PC ではシェルウィンドウ，Apple PC ではターミナル，Windows PC ではコマンドプロンプトでこのように入力する．また，Windows PC では wgnuplot と入力して gnuplot を起動する．以下の記述でも同様である．

```
gnuplot> plot 'data.d' using 2:4 with linespoints
```

同様に，using 4:2 とすれば，縦軸と横軸を入れ替えたグラフが表示される．

次に，data.d をコピーして data2.d とし，これをエディタで開いて，空行を 1 行入れてみる．

```
# x    y    u    v
2.2   6.4  1.2  0.7
3.3   8.7  2.2  0.5
4.4   9.8  3.2  0.1

5.5   9.8  3.2 -0.1
6.6   8.7  1.2 -0.5
7.7   6.4  2.2 -0.7
```

上記の data2.d に対して，

```
gnuplot> plot 'data2.d' with linespoints
```

としてグラフ表示を行うと，数値データのうち，3 行目と 4 行目の点の間に直線が引かれず，2 本の折れ線グラフが描かれる．このように，同一ファイル中のデータを直線で結びたくないときには，その間に空行を入れればよい．

今度は，data.d のデータを 3 次元的に表示してみよう．gnuplot のプロンプトに続いて次のように入力すると，(x, y, z) 空間中に (x, y, u) をプロットした 3 次元グラフが表示される．

```
gnuplot> splot 'data.d' with linespoints
```

gnuplot のバージョン 4.0 以上ではマウス操作がサポートされているので，グラフ上でマウスをドラッグして表示を変えてみるとよい．data.d の 4 カラム目のデータを z 軸方向にプロットする場合には，次のように入力すればよい．

```
gnuplot> splot 'data.d' using 1:2:4 with linespoints
```

次に，1，2 カラムのデータを始点とし，3，4 カラムのデータを要素とする 2 次元ベクトルを表示してみよう．gnuplot のプロンプトに続いて次のように入力する．

```
gnuplot> plot 'data.d' with vectors filled
```

上記のように末尾に filled を付けると，ベクトルの矢尻が塗りつぶされる．data.d の内容を変更せずにベクトルの長さを変えて表示するには，次のような方法がある．

```
gnuplot> plot 'data.d' using 1:2:(0.5*$3):(0.5*$4) with vectors
```

このようにすると，表示されるベクトルの長さが半分になる．また，先に描いたグラフとベクトルを合わせて表示するには，

```
gnuplot> plot 'data.d' with vectors, 'data.d' with linespoints
```

とすればよい．

このコマンドを打ち込んだ後，次のように入力すると，グラフの設定情報が script という名称のスクリプトファイル（描画のためのコマンドなどが記述されたテキストファイル）として保存される．

```
gnuplot> save 'script'
```

ここで gnuplot> のプロンプトの後で q と入力し，いったん gnuplot を終了しよう．すると，ディレクトリ内に script という名前のテキストファイルが作成されている．スクリプトファイルはテキストファイルなので，エディタで開いて編集することができる．このスクリプトファイルの末尾付近には，次のような記述がある[17]．

```
...
plot 'data.d' with vectors, 'data.d' with linespoints
#    EOF
```

これは，スクリプトファイルを保存する前に，プロンプト gnuplot> に入力したコマンドである．script ファイルのこの部分を，次のように書き換えて保存する．# とその右側の説明文は入力する必要はない．

```
...
set grid                  # グリッドを表示
set size 0.75, 1          # グラフの横・縦の長さをそれぞれ 0.75, 1 とする
set xrange [0 : 10]       # 横軸の範囲を 0 から 10 と指定
set yrange [5 : 10]       # 縦軸の範囲を 5 から 10 と指定
set xlabel "x"            # 横軸のタイトルを x とする
set ylabel "y"            # 縦軸のタイトルを y とする
set noclip                # グラフの軸と交わる曲線やベクトルを描かない
set format x '%4.1f'      # 横軸の数値のフォーマットを設定
set format y '%4.1f'      # 縦軸の数値のフォーマットを設定
plot 'data.d' with vectors filled title "vector", \
     'data.d' with linespoints title "x-y" pointsize 5 linewidth 1
#    EOF
```

最終行（# EOF がある行）の１つ上の行は，その上の行からの継続行である．このように，記述が継続する場合には，先行する行の行末にバックスラッシュ「\」を付ける．各行の命令の意味は，右側のコメントのとおりである．再び gnuplot を起動して，次のようにしてこのスクリプトファイルを読み込む．

```
gnuplot> load 'script'
```

すると，スクリプトファイルで指定した表示が行われるのが確認できるだろう．以降は，スクリプトファイルを編集して上記のようにロードすることとすれば，gnuplot> のプロンプトの後で毎回コマンドを打ち込む手間が省ける．

17） # EOF はファイルの末尾（end of file）を意味する．

最後に，ディスプレイ画面に表示されたグラフを，たとえば LaTeX で利用する eps 形式のファイルとして保存する方法を示す．まず，次のような内容のテキストファイルをエディタで作成しておく[18]．

```
set terminal postscript eps enhanced color "Helvetica" 24
set output "test.eps"
replot
set terminal x11
```

作成したテキストファイルの名称が outeps であるとする．gnuplot を起動してディスプレイ画面にグラフの表示を行い，描画を行った後に，次のようにして outeps をロードする．

```
gnuplot> load 'script'
gnuplot> load 'outeps'
```

outeps は，eps ファイルへの書き出しを行うスクリプトファイルとなっており，上記の 2 行目の load を行った後には，test.eps という名称でグラフに対する eps 形式の画像ファイルが生成されている．このようにして，gnuplot で作成したグラフを画像ファイルとして取り扱うことができる．

4　コンパイルの方法に関する補足

4.1　make コマンドを利用する複数のファイルのコンパイル

プログラムが複数のソースファイルから構成されるときには，UNIX PC では，make コマンドを使用するとコンパイル作業を効率的に行うことができる．make の基本的な動作原理は，複数のソースファイル（拡張子が .f90 のファイル）があるとき，それらのタイムスタンプ（最後に作成あるいは編集された日付や時刻）を関連するオブジェクトファイル（拡張子が .o のファイル）のタイムスタンプと比較して，もしソースファイルのほうが新しいか，あるいはオブジェクトファイルが存在しない場合には，そのソースファイルをオブジェクトファイルに変換する，というものである．関連するオブジェクトファイルのタイムスタンプのほうが新しければ，コンパイルは行われない．このため，不必要なコンパイルが省けるので，コンパイル作業に要する時間を短縮できるというのが make の利点である．

make には豊富な機能があり，これを解説する図書も複数出版されている．紙面の都合上，ここではごく基本的な Makefile の例を示すこととし，記述の詳しい規則などについては触れない．より進んだ使い方に興味がある読者は，参考書やインターネット上

18）このスクリプトは，Linux PC あるいは Apple PC で X11 を起動した後のターミナル（xterm）で gnuplot を起動した場合に使用できる．Apple PC で X11 を起動せずに gnuplot を起動した場合，また Windows PC の場合には，4 行目の set terminal x11 は不要である．

の情報を参照されたい．

ここでは，4.6 節で述べた「外部副プログラム型」あるいは「混在型」の構成を対象とし，Linux PC（Linux 2.6.0，gcc-3.3.1-5，GNU Make 3.80）で make コマンドを利用する例を示す．

- プログラムは，1 つの主プログラムと複数の外部副プログラムから構成される．
- グローバル変数モジュールを含むファイルと，インターフェイス・モジュールを含むファイルを使用する（「混在型」の場合には，モジュール副プログラムはグローバル変数モジュールの中に含まれているものとする）．

主プログラムを main.f90，外部副プログラムを含む 2 つのファイルを sub1.f90，sub2.f90 とし，グローバル変数モジュールとインターフェイス・モジュールを含むファイルをそれぞれ globals.f90 および interface.f90 とする．これら 5 つのファイルからプログラムが構成されているとき，これらの依存関係を次のように設定する．

- globals.f90 あるいは interface.f90 に含まれるモジュールの内容が変更されたときには，すべてのファイルをコンパイルし直す．
- main.f90，sub1.f90 あるいは sub2.f90 の各ファイルの内容が変更されたときには，修正されたファイルに対するオブジェクトファイルのみを作成する．
- 上記のコンパイルを行った後，実行ファイル go を作成する．

このような条件では，次のような簡単な Makefile の利用が考えられる．

```
TARGET  = go
MODULES = interface.f90 globals.f90
OBJECTS = globals.o interface.o main.o sub1.o sub2.o
F90     = gfortran
FFLAGS  = -Wall -fcheck=all -fall-intrinsics -fimplicit-none
OPENMP  = -fopenmp

.SUFFIXES :
.SUFFIXES : .o .f90
.f90.o:
${F90} -c $< ${FFLAGS} ${OPENMP}

${TARGET} : ${OBJECTS}
${F90}  -o $@ ${OBJECTS} ${OPENMP}

${OBJECTS} : ${MODULES}

clean:
$(RM) $(OBJECTS) $(TARGET) *.mod
```

上記のような内容の Makefile をテキストファイルとして作成し，ファイルの名称を Makefile あるいは makefile として，プログラムファイルと同じディレクトリ内に保存する．すると，make とコマンドを打ったときに，上記の Makefile の内容のとおりにコンパイル・リンクが行われ，実行ファイル（上記の例では go という名前のファイル）が作られる．また，make clean と入力すると，実行ファイル，オブジェクトファイル（拡張子が .o であるファイル），そしてモジュールの中間ファイル（拡張子が .mod であるファイル）がすべて消去される．

この Makefile の 1 行目から 6 行目までは，マクロの定義であり，たとえば F90 = gfortran という行以降では，${F90} は gfortran に置き換えられる．このマクロ定義の部分を，各自のプログラムファイルや，利用するコンパイラ，コンパイラのオプションなどに合わせて書き換えればよい．具体的には，1 行目から 6 行目までの右辺を次のように記述すればよい．

```
TARGET = [実行ファイルの名称]
MODULES = [モジュールのファイル名.f90]
OBJECTS = [モジュールのファイル名.o] [主・副プログラムのファイル名.o]
F90 = [コンパイラを起動するコマンド]
FFLAGS = [コンパイルのオプション]
OPENMP = [OpenMPを利用する場合のオプション]
（以下変更不要）
```

上記 2 行目の MODULES = の右辺には，モジュールファイル名（拡張子は .f90）を書く．ここに書いたファイルの内容が変更されると，3 行目の右辺に書いたすべてのオブジェクトファイル（拡張子が .o であるファイル）が再生成される[19]．なお，モジュールファイルを使用しない場合には，

```
MODULES =
```

として，= のすぐ後で改行し，空のマクロとしておけばよい．

3 行目の OBJECTS = の右辺には，ソースファイル名の拡張子を .o としたものをすべて列挙する．このとき，モジュールを含むファイル名を先に書く必要がある．もし，1 行に書ききれない場合には，行末にバックスラッシュを使って次のように記述する．

```
OBJECTS = interface.o globals.o \
main.o sub1.o sub2.o
```

なお，行頭にスペースを入れると誤った記述とされる場合がある[20]．

```
OBJECTS = interface.o globals.o \
（スペースキー入力）  main.o sub1.o sub2.o     <- エラーとなる場合がある
```

Makefile の 4 行目の右辺には，コンパイラを起動するコマンドを書く．たとえば，コンパイラとして gfortran を使う場合には，上記 Makefile の 4 行目を F90 = gfortran

19） 実際にはモジュールを使用しない外部副プログラムがあるかもしれないが，安全のため，モジュールが変更されたときには，すべてのソースファイル（拡張子が .f90 であるファイル）を再コンパイルする設定としている．

20） 行頭にタブを入力することは，多くの場合に許可されているようである．

とする．また，5 行目の右辺にはコンパイル時のオプションを書く．上記の Makefile では，オプションは，-Wall -fcheck=all -fall-intrinsics -fimplicit-none としている．-Wall により，コンパイル時の警告（ワーニング）をすべて出力し，-fcheck=all により，実行時のエラーをすべて出力する．配列の添字の上下限をチェックするオプション -fbounds-check は，-fcheck=bounds と同じであり，後者は -fcheck=all に含まれているので，このチェックが行われる．また，-fall-intrinsics は，付録 2 で示した組み込み手続きをすべて利用できるようにし，-fimplicit-none は，プログラム単位中に implicit none 宣言を書き忘れたときの安全策として付けるオプションである．また，6 行目では，gfortran を使う場合に，第 7 章で述べた OpenMP による並列処理を行うために，-fopenmp というオプションを利用している[21]．コンパイル時にオプションを付けない場合には，

```
FFLAGS =
```

のように，= のすぐ後で改行して，何も書かずに空のマクロとしておく．OpenMP を使わない場合も同様で，Makefile の 6 行目を以下のようにすればよい．

```
OPENMP =
```

Makefile は，プログラムが複数のファイルから構成されているときに有効性を発揮するが，プログラムが単一のファイルである場合でも，これを利用するとオプション等を毎回入力しなくて済むので便利である．

4.2 make によるコンパイルの方法

ソースファイルが存在するディレクトリ内に，4.1 で示した Makefile を作成し，シェルウィンドウで make と入力すると，以下の表示が出力され，実行ファイル go が作られる（% はプロンプトを表し，入力は不要）．

```
% make
gfortran -c globals.f90 -Wall -fcheck=all （以下オプションが表示されるが省略）
gfortran -c interface.f90 -Wall -fcheck=all （同上）
gfortran -c main.f90 -Wall -fcheck=all （同上）
gfortran -c sub1.f90 -Wall -fcheck=all （同上）
gfortran -c sub2.f90 -Wall -fcheck=all （同上）
gfortran  -o go globals.o interface.o main.o sub1.o sub2.o -fopenmp
```

初めてコンパイルする場合には，上記のように各ファイルのオブジェクトファイルが作られ，最後にそれらから実行ファイル go が作られる．上記のように make が正常に実行された後，./go と入力すれば演算が実行される．

21) これらのオプションは，コンパイラにより変わる場合があるので注意．なお，gfortran のオプションは，バージョンアップに伴う変更の可能性もあるので，gfortran の公式ホームページで確認されたい．

プログラムを編集し，sub1.f90 の内容が修正されたとする．これをコンパイルするには，再び make と入力する．すると，以下のように実行ファイルが作られる．

```
% make
gfortran -c sub1.f90 -Wall -fcheck=all （以下オプションが表示されるが省略）
gfortran  -o go globals.o interface.o main.o sub1.o sub2.o -fopenmp
```

上記では，sub1.f90 のみが新しくコンパイルされて，実行ファイル go が作られている．このように，make を用いると，不要なコンパイルを自動的に省略することができる．sub2.f90 あるいは main.f90 が修正された場合も同様で，該当するファイルのみが再コンパイルされる．一方，モジュールを含む globals.f90 あるいは interface.f90 が修正された場合には，make と入力すると，初めてコンパイルする場合と同様に，すべてのファイルが再コンパイルされる．

3.11 節で述べたように，モジュールの記述に変更があった場合には，そのモジュールを含むファイルだけでなく，モジュールを使用するすべてのプログラム単位を含むファイルを再コンパイルする必要がある．しかし，そのような依存関係の解析は実際には容易ではなく，依存関係の解析が不完全であるとプログラムは正常に動作しない．これを防ぐために，上記に示された Makefile では，モジュールが修正されたときには，安全策としてすべてのファイルを再コンパイルすることとしている．

参考文献

[1] 牛島省：OpenMP による並列プログラミングと数値計算法，丸善株式会社，2006.
[2] JIS X 3001-1:1998（ISO/IEC 1539-1:1997）プログラム言語 Fortran——第 1 部：基底言語，日本規格協会，1998.
[3] SOJIN 編訳，C. K. Caldwell 編著：素数大百科，共立出版，2004.
[4] 森正武：数値解析，共立出版，2002.
[5] 一松信：数値解析，朝倉書店，2001.
[6] C. Redwine: *Upgrading to Fortran 90*, Springer, 1995.
[7] 藤野清次，張紹良：反復法の数理，朝倉書店，1996.
[8] R. S. バーガ（渋谷政昭訳）：計算機による大型行列の反復解法，サイエンス社，1975.
[9] 仁木滉，河野敏行：楽しい反復法，共立出版，1998.
[10] 戸川隼人：マトリクスの数値計算，オーム社，1971.
[11] 戸川隼人：共役勾配法，教育出版，1993.
[12] H. A. Van Der Vorst: "Bi-CGSTAB: A fast and smoothly converging variant of Bi-CG for the solution of nonsymmetric linear systems," *SIAM J. Sci. Stat. Comput.*, Vol. 13, pp. 631–644, 1992.
[13] 谷内俊弥，西原功修：非線形波動，岩波書店，1998.
[14] 戸川隼人：計算機のための誤差解析の基礎，サイエンス社，1979.

▶ 索引

記号・英数字

あ行

か行

著 者 紹 介
牛島　省（うしじま・さとる）
京都大学教授　学術情報メディアセンター

主な著書
いまさら聞けない計算力学の定石（共著），丸善，2020．
OpenMP による並列プログラミングと数値計算法，丸善，2006．
並列計算法入門（共著），丸善，2003．

編集担当　大野裕司（森北出版）
編集責任　富井　晃（森北出版）
組　　版　プレイン
印　　刷　丸井工文社
製　　本　　同

数値計算のための
Fortran 90/95 プログラミング入門（第 2 版）

2007 年 7 月 27 日　第 1 版第 1 刷発行
2019 年 3 月 29 日　第 1 版第 11 刷発行
2020 年 1 月 29 日　第 2 版第 1 刷発行
2022 年 9 月 2 日　第 2 版第 4 刷発行

著　　者　牛島　省
発 行 者　森北博巳
発 行 所　**森北出版株式会社**
東京都千代田区富士見 1-4-11（〒102-0071）
電話 03-3265-8341／FAX 03-3264-8709
https://www.morikita.co.jp/
日本書籍出版協会・自然科学書協会　会員
JCOPY ＜（一社）出版者著作権管理機構 委託出版物＞

落丁・乱丁本はお取替えいたします．

Printed in Japan／ISBN978-4-627-84722-4